U0250942

Before　After

Before　After

Before　After

Love

It is been years since any Hanamuko-work site as dramatic as
Love Canal has been discovered

Before　After

训练8-1 利用"快速蒙版"对挎包抠图　　P162

视频文件：第8章\训练8-1　利用"快速蒙版"对挎包抠图.avi

训练8-2 使用"矢量蒙版"对帽子抠图　　P162

视频文件：第8章\训练8-2　使用"矢量蒙版"对帽子抠图.avi

训练8-3 利用"图层蒙版"对眼镜抠图及透明　　P163
　　处理

视频文件：第8章\训练8-3　利用"图层蒙版"对眼镜抠图
及透明处理.avi

练习9-1 利用"亮度/对比度"打造新鲜水果　　P175

视频文件：第9章\练习9-1　利用"亮度/对比度"打造新鲜水果.avi

练习9-2 利用"色相/饱和度"更改花朵颜色　　P176

视频文件：第9章\练习9-2　利用"色相/饱和度"更改花朵颜色.avi

练习9-3 利用"色彩平衡"打造树林里的黄昏氛围　P176

视频文件：第9章\练习9-3　利用"色彩平衡"打造树林里的黄昏
氛围.avi

练习9-4 利用"通道混合器"打造火红的晚霞效果　P177

视频文件：第9章\练习9-4　利用"通道混合器"打造火红的晚
霞效果.avi

练习9-5 应用"变化"命令快速为黑白图像着色　P178

视频文件：第9章\练习9-5　应用"变化"命令快速为黑白图像
着色.avi

练习9-6 使用"匹配颜色"命令匹配图像　　P179

视频文件：第9章\练习9-6　使用"匹配颜色"命令匹配图像.avi

练习9-7 使用"替换颜色"命令替换花朵颜色　　P179

视频文件：第9章\练习9-7　使用"替换颜色"命令替换花朵颜色.avi

练习9-8 利用"渐变映射"快速为黑白图像着色 P180

视频文件：第9章\练习9-8 利用"渐变映射"快速为黑白图像着色.avi

训练9-4 利用"照片滤镜"打造冷色调 P183

视频文件：第9章\训练9-4 利用"照片滤镜"打造冷色调.avi

练习9-9 利用"色调均化"打造亮丽风景图像 P181

视频文件：第9章\练习9-9 利用"色调均化"打造亮丽风景图像.avi

练习10-1 利用"消失点"处理透视图像 P193

视频文件：第10章\练习10-1 利用"消失点"处理透视图像.avi

训练9-1 利用"色相/饱和度"调出复古照片 P182

视频文件：第9章\训练9-1 利用"色相/饱和度"调出复古照片.avi

练习10-2 通过"凸出"表现三维特效 P195

视频文件：第10章\练习10-2 通过"凸出"表现三维特效.avi

训练9-2 使用"黑白"命令快速将彩色图像变单色 P182

视频文件：第9章\训练9-2 使用"黑白"命令快速将彩色图像变单色.avi

练习10-3 利用"波纹"制作拍立得艺术风格相框 P197

视频文件：第10章\练习10-3 利用"波纹"制作拍立得艺术风格相框.avi

训练9-3 利用"色调分离"制作绘画效果 P183

视频文件：第9章\训练9-3 利用"色调分离"制作绘画效果.avi

练习10-4 以"铬黄渐变"表现液态金属质感 P199

视频文件：第10章\练习10-4 以"铬黄渐变"表现液态金属质感.avi

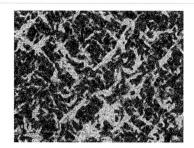

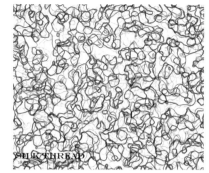

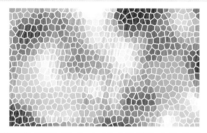

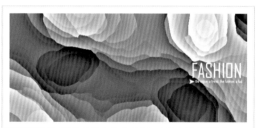

11.2 打造彩色眼影效果　　　　　　　P214

视频文件：第11章\11.2 打造彩色眼影效果.avi

11.3 让头发充满光泽　　　　　　　P216

视频文件：第11章\11.3 让头发充满光泽.avi

11.4 甜蜜回忆　　　　　　　　　　P217

视频文件：第11章\11.4 甜蜜回忆.avi

训练11-1 打造高鼻梁效果　　　　　P220

视频文件：第11章\训练11-1 打造高鼻梁效果.avi

训练11-2 打造粉色诱人唇彩效果　　P220

视频文件：第11章\训练11-2 打造粉色诱人唇彩效果.avi

训练11-3 美女艺术写真　　　　　　P221

视频文件：第11章\训练11-3 美女艺术写真.avi

12.1 怒放的油漆特效表现　　　　　P223

视频文件：第12章\12.1 怒放的油漆特效表现.avi

12.2 闪电侠艺术特效表现　　　　　P229

视频文件：第12章\12.2 闪电侠艺术特效表现.avi

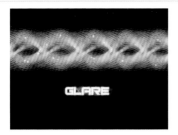

12.3 炫光艺术特效表现　　　　P234

视频文件：第12章\12.3　炫光艺术特效表现.avi

13.2 无线连接图标　　　　P247

视频文件：第13章\13.2　无线连接图标.avi

训练12-1 爆裂特效艺术表现　　　　P241

视频文件：第12章\训练12-1　爆裂特效艺术表现.avi

13.3 私人电台界面　　　　P250

视频文件：第13章\13.3　私人电台界面.avi

训练12-2 撕裂旧照片特效　　　　P242

视频文件：第12章\训练12-2　撕裂旧照片特效.avi

训练13-1 写实收音机　　　　P253

视频文件：第13章\训练13-1　写实收音机.avi

13.1 加速图标　　　　P244

视频文件：第13章\13.1　加速图标.avi

训练13-2 存储数据界面　　　　P253

视频文件：第13章\训练13-2　存储数据界面.avi

训练13-3 游客统计界面   P254

视频文件：第13章\训练13-3 游客统计界面.avi

14.1 水墨书签设计   P256

视频文件：第14章\14.1 水墨书签设计.avi

14.2 黄昏美景招贴设计   P257

视频文件：第14章\14.2 黄昏美景招贴设计.avi

14.3 打造游戏网站主页   P260

视频文件：第14章\14.3 打造游戏网站主页.avi

训练14-1 别墅海报设计   P270

视频文件：第14章\训练14-1 别墅海报设计.avi

训练14-2 音乐CD装帧设计   P270

视频文件：第14章\训练14-2 音乐CD装帧设计.avi

训练14-3 POP商场招贴设计   P270

视频文件：第14章\训练14-3 POP商场招贴设计.avi

训练14-4 木盒酒包装设计   P271

视频文件：第14章\训练14-4 木盒酒包装设计.avi

零基础学

Photoshop CS6

全视频教学版

水木居士 ◎ 编著

人民邮电出版社

北京

图书在版编目（CIP）数据

零基础学Photoshop CS6：全视频教学版 / 水木居
士编著. -- 北京：人民邮电出版社，2019.1
ISBN 978-7-115-49482-5

Ⅰ. ①零… Ⅱ. ①水… Ⅲ. ①图象处理软件 Ⅳ.
①TP391.413

中国版本图书馆CIP数据核字(2018)第223307号

内 容 提 要

本书以理论知识与实际操作相结合的形式，图文并茂地介绍了 Photoshop CS6 软件的应用技巧。

全书总计 14 章内容，分为 4 篇：入门篇、提高篇、精通篇和实战篇。以循序渐进的方法讲解 Photoshop 的基础知识、颜色及图案填充、绘画功能、选区及抠图、路径及文字、图层及图层样式、蒙版与通道、色彩与滤镜，并安排了 4 章实战案例，深入剖析了利用 Photoshop CS6 软件进行数码照片处理、特效艺术合成、UI 图标及界面设计、商业广告艺术设计的方法和技巧，使读者尽可能多地掌握设计中的关键技术与设计理念。

配书资源包含所有实例的素材文件、案例文件和多媒体教学视频文件，读者在学习的过程中，可以随时进行调用。随书还附赠学习资料，包括 3 本学习手册、164 个珍藏素材和各种素材库。

本书适合学习 Photoshop 的初级用户，从事平面广告设计、工业设计、CIS 企业形象策划、产品包装造型设计、印刷制版等工作的人员，以及计算机美术爱好者阅读，也可作为社会培训学校、大中专院校相关专业的教学参考书或上机实践指导用书。

◆ 编　　著　　水木居士
　　责任编辑　　张丹阳
　　责任印制　　陈　犇

◆ 人民邮电出版社出版发行　　北京市丰台区成寿寺路 11 号
　　邮编　100164　　电子邮件　315@ptpress.com.cn
　　网址　http://www.ptpress.com.cn
　　河北画中画印刷科技有限公司印刷

◆ 开本：700×1000　1/16
　　印张：18　　　　　　　　　彩插：4
　　字数：432 千字　　　　　　2019 年 1 月第 1 版
　　印数：1-3 500 册　　　　　2019 年 1 月河北第 1 次印刷

定价：59.00 元

读者服务热线：(010)81055410　印装质量热线：(010)81055316
反盗版热线：(010)81055315
广告经营许可证：京东工商广登字 20170147 号

本书是作者根据多年的教学实践经验编写而成的，主要是为 Photoshop 的初学者、平面广告设计者及爱好者编写的。针对这些群体的实际需要，本书以讲解命令为主，全面、系统地讲解了图像处理过程中所用到的工具、命令的功能及其使用方法。

本书内容

本节在内容的讲解上按照由浅入深的顺序，将每个实例与知识点的应用结合讲解，并将实例按照设计作品编辑的一般思路安排，让读者在学习基础知识的同时，掌握创意设计的技巧。全书共 14 章，分为 4 篇，分别是入门篇、提高篇、精通篇和实战篇。入门篇包括第 1 ~ 3 章，主要讲解 Photoshop 的基础内容，包括 Photoshop 基础、颜色及图案填充和绘画功能；提高篇包括第 4 ~ 7 章，主要讲解 Photoshop 的进阶提高内容，包括选区及抠图应用、路径的操作技能、图层及图层样式管理和文字的运用；精通篇包括第 8 ~ 10 章，主要讲解 Photoshop 的深层次功能应用，包括通道和蒙版、调色辅助与色彩校正、滤镜特效的应用技法；实战篇包括第 11 ~ 14 章，这 4 章从数码照片处理讲起，讲解了特效艺术合成、UI 图标及界面设计和商业广告艺术设计，全部是综合性的实例操作，包括大量商业性质的广告实例，每一个实例都渗透了设计理念、创意思路和 Photoshop 的操作技巧，不仅详细地介绍了实例的制作技巧和不同效果的实现，而且为读者提供了一个较好的"临摹"蓝本。只要读者能够耐心地按照书中的步骤去完成每一个实例，就会提高 Photoshop 的实践技能，提高艺术审美能力，同时也能从中获取一些深层次的设计理论知识，足不出户就可以从一个初学者蜕变为一个设计高手。

本书 5 大特色

1. 全新写作模式

"命令讲解 + 详细文字讲解 + 实例演示"，使读者能够以全新的感受掌握软件应用方法和技巧。

2. 全程多媒体视频语音录像教学

全书为读者安排了课堂练习和课后拓展训练的操作视频讲解，详细演示了 Photoshop 的基本使用方法，并一步步教读者完成书中所有实例的制作，使读者身在家中就能享受专业老师面对面的讲解。

3. 丰富的特色段落

作者根据多年的教学经验，将 Photoshop 中常见的问题及解决方法以提示和技巧的形式展现出来，并以技术延伸的形式将全书知识进行串联，让读者轻松掌握核心技法。

4. 实用性强，易于获得成就感

本书对于每个重点知识都安排了一个案例，并附有提示或技巧。书中的案例典型，任务明确，便于活学活用，帮助读者在短时间内掌握操作技巧，并应用在实践工作中，从而产生成就感。

5. 针对想快速上手的读者

从入门到入行，在全面掌握软件使用方法和技巧的同时，掌握专业设计知识与创意设计手法，从零到专，迅速提高，初学者快速入门，进而创作出好的作品。

重点：带有❷的为重点内容，是实际应用中使用极为频繁的命令，需重点掌握。

功能介绍：Photoshop 体系庞大，许多功能之间有着密切联系，增加底色加深印象。

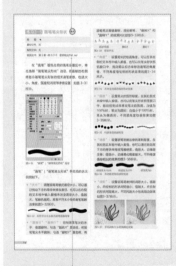

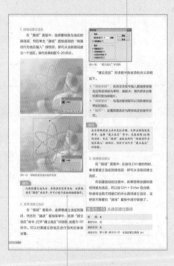

案例：书中提供了 124 个绘图相关案例，可以让读者边学边练，随时强化所学技术。

提示和技巧：针对软件中的难点以及设计操作过程中的技巧进行重点讲解。

扫码看教学视频：本书所有案例均附带高清教学视频，扫章前的二维码即可观看。

本书附赠资源（扫码"资源下载"二维码获得下载方法）

资 源 下 载

1. 素材、效果文件

随书提供了所有案例的素材文件和效果文件，读者在学习的同时可以随时进行操作练习，提高学习效率。

图书技术答疑服务卡

向老师请教，与同学交流

技术答疑服务内容介绍

1.本书难点答疑：Adobe官方认证讲师、狂人学院讲师为读者深度解答学习中遇到的技术疑问和难题，高效学习

2.本书读者学习交流群：找到同班同学，讨论学习方法、分享学习经验，共同进步

服务相关说明

1.服务获取方式：微信扫描服务卡二维码，关注"狂人时代教学学院"服务号，点击"答疑交流"加入服务QQ群获取服务

2.服务时间：周一至周五（法定节假日除外）

上午：10:00-12:00　下午：13:00-20:00

技术答疑服务最终解释权归狂人学院所有，更多服务可百度搜索"狂人学院"登录官网了解详情

2. 操作演示视频

本书所有案例都提供了操作演示视频，并以扫描二维码移动端在线观看和下载后本地观看两种形式提供，方便不同需求的读者进行学习。

3. 海量资料

（1）3 本附赠手册：《中文版 Photoshop 常用外挂滤镜手册》《中文版 Photoshop 技巧即问即答手册》《中文版 Photoshop 数码照片常见问题处理手册》。

（2）164 个珍藏素材：内容包括光效、火与烟雾、墨迹、水、羽毛 5 个方面。

（3）动作库、画笔库、渐变库、形状库、样式库、笔刷库。

4. 在线课程

随书附赠 Photoshop 精讲视频课和案例直播课，读者可以通过扫描随书附赠学习卡上的二维码进入交流群，获得相关内容。

鸣谢

本书由水木居士编著，在此感谢所有创作人员对本书艰辛的付出。在创作的过程中，由于时间仓促，错误在所难免，希望广大读者批评指正。如果在学习过程中发现问题，或有更好的建议，欢迎发邮件到 bookshelp@163.com 与我们联系。

编者

2018 年 6 月

目录
CONTENTS

第 **2** 篇
提高篇

第 4 章 认识选区及抠图应用

第4篇
实战篇

第11章 数码照片处理秘技

第12章 创意设计艺术合成表现

第13章 UI图标及界面设计

第14章 商业广告艺术设计

附录 Photoshop CS6快捷键说明

第**1**篇

入门篇

第**1**章

Photoshop基础

Photoshop CS6 是 Adobe 公司推出的一款优秀的图形处理软件，功能强大，使用方便。本章主要讲解 Photoshop CS6 的基础知识，首先介绍了 Photoshop CS6 的新增功能，然后介绍了 Photoshop 的工作区和各主要组成部分的功能，最后讲解了 Photoshop 的工作环境创建。掌握这些基础知识是使用 Photoshop CS6 的前提，希望读者仔细阅读本章内容并能多加练习。

教学目标

了解 Photoshop CS6 的新增功能

认识 Photoshop 工作界面及相关组成部分的功能

掌握工作环境的创建方法

掌握不同格式文件的打开及置入方法

扫码观看本章
案例教学视频

Photoshop CS6 是 Adobe 公司推出的一款优秀的图形处理软件，下面来讲解它的新功能。

练习1-1 多变的工作界面

难　　度：★	
素材文件：无	
案例文件：无	
视频文件：第 1 章 \ 练习 1-1 多变的工作界面 .avi	

　　Photoshop CS6应用了全新的界面颜色，打开软件时，会发现不再是以前的亮灰色而变成了更能凸显图像的黑色，如图1-1所示。

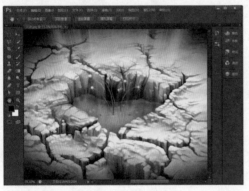

图1-1　全新的工作界面

　　习惯 Photoshop 之前的版本中界面显示方式的用户，在 Photoshop CS6 中也可以随意切换，使用 Alt + F2 组合键，可以将工作界面的亮度逐渐从黑色调至亮灰色；使用 Alt + F1 组合键，可以将工作界面从亮灰色逐渐调至黑色，如图 1-2 所示。

图1-2　工作界面颜色切换

1.1.1 强大的"内容感知移动工具"（难点）

　　使用"内容识别移动工具"选中对象并移动或扩展到图像的其他区域，然后内容识别移动功能会重组和混合对象，产生出色的视觉效果。扩展模式可对头发、树或建筑等对象进行扩展或收缩；移动模式可将对象置于完全不同的位置中，当对象与背景相似时效果最佳。内容感知移动工具的应用效果如图 1-3 所示。

图1-3　内容感知移动效果

1.1.2　创新的侵蚀效果画笔

使用具有侵蚀效果的绘图笔尖来绘制图像会产生更加自然逼真的效果。还可以使用任意磨钝和削尖炭笔或蜡笔，来创建出不同的笔触效果，并且可以将常用的钝化笔尖效果存储为预设，方便下次编辑时使用。

1.1.3　全新的裁剪工具

Photoshop CS6 使用了全新的非破坏性裁剪工具快速精确地裁剪图像。可以在画布上调整图像的位置大小，如图1-4 所示。

图1-4　裁剪工具

1.1.4　内容识别修补工具 （难点）

Photoshop CS6中的"修补工具"包含了"内容识别"选项，可通过合成邻近内容来无缝替换不需要的图像元素。

练习1-2　神奇的油画滤镜 （重点）

难　　度：	★
素材文件：	无
案例文件：	无

视频文件：第 1 章 \ 练习 1-2 神奇的油画滤镜 .avi

在 Photoshop CS6 中，增添了油画滤镜。油画滤镜的使用非常简单，但却有着超凡的表现力，只需简单地设置油画滤镜的参数，即可将图像制作出油画绘制效果，如图 1-5 所示。

图1-5　油画滤镜效果对比

1.1.5　肤色选择和人脸检测

在 Photoshop CS6 的"色彩范围"命令中增加了一项肤色识别选择和蒙版选项，用户能够精细地选择人物肤色，轻松编辑调整肤色等图像元素，效果如图 1-6 所示。

图1-6 肤色识别选择和蒙版

图1-7 光圈模糊

难 度：	★ ★
素材文件：无	
案例文件：无	
视频文件：第1章\练习1-3 场景模糊、光圈模糊和倾斜偏移.avi	

Photoshop CS6 的模糊滤镜组中添加了场景模糊、光圈模糊和倾斜偏移 3 种模糊滤镜，可以使用直观的图像控件快速创建三种不同的照片模糊效果。使用"场景模糊"可以放置多个具有不同模糊程度的图钉，以产生渐变模糊效果；使用"光圈模糊"可将一个或多个焦点添加到照片中，移动图像控件，以改变焦点的大小与形状、图像其余部分的模糊数量及清晰区域与模糊区域之间的过渡效果；使用"倾斜偏移"使模糊程度与一个或多个平面一致。模糊调整完成后，再使用"散景""亮度"和"颜色"选项来调整整体效果。光圈模糊效果如图1-7所示。

难 度：	★ ★ ★
素材文件：无	
案例文件：无	
视频文件：第1章\练习1-4 64位光照效果库.avi	

Photoshop CS6 使用了全新的 64 位光照效果库，能获得更好的性能表现和光照效果。使用专用的工作区提供画布控制和预览，可轻松直观地实现照明增强的可视化，如图1-8 所示。

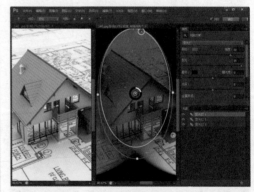

图1-8. 光照效果

1.1.6 自适应广角滤镜

使用"自适应广角"滤镜，可以将全景图像或用鱼眼、广角镜头拍摄的照片中的弯曲线条迅速拉直。"自适应广角"滤镜还可以根据一些镜头的物理特性来自动校正图像。

难　度：★★
素材文件：无
案例文件：无
视频文件：第1章\练习1-5 矢量图层 .avi

　　"形状工具"现在可创建完全基于矢量的对象。使用选项栏可以为矢量对象描边和设置填充效果。还可以自定义渐变、颜色和图案，如图1-9 所示。

图1-9　矢量图层

1.1.7　图层搜索

　　Photoshop CS6 的"图层面板"中增加了图层搜索功能，可以在繁多的图层中快速定位锁定某一类型的图层，如图1-10 所示。

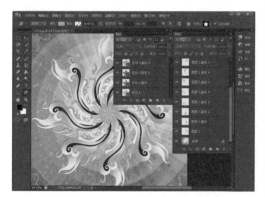

图1-10　图层搜索

1.1.8　文字样式

　　Photoshop 的"字符样式"和"段落样式"面板可以保存文字样式，并可以快速便捷地应用至其他选择的文字、文本段落和线条，既节省了时间又确保了文字样式的一致。

1.1.9　背景保存与自动恢复

　　Photoshop CS6 新增的背景保存功能可以在选择"存储"命令之后，在保存文件的同时仍可以继续工作，无须等待保存完成。此项性能的改善可以协助用户提高工作效率。

　　Photoshop CS6 的自动恢复功能可以自动恢复信息，如果在操作过程中意外崩溃，在下次启动软件时会自动恢复工作内容。此功能是将正在编辑的图像备份到暂存盘中的"PSAutoRecover"文件夹中，在每隔 10 分钟时便会存储用户工作内容，以便在意外关机时可以自动恢复用户的文件。自动恢复选项处于后台工作，所以不会影响到当前的工作。

1.1.10　视频

　　Photoshop CS6 的"时间轴面板"在经过重新设计后，可以为视频提供专业的效果过渡和特效，可轻松更改剪辑持续时间和速度，并将动态效果应用到文字、静态图像和智能对象。重新设计的视频引擎还支持更广泛的导入格式。

　　"视频组"可在单一时间轴轨道上，将多个视频剪辑和文本、图像或形状等内容合并。单独的音轨可轻松地进行编辑和调整。

1.1.11　Mercury 图形引擎

　　Photoshop CS6 采用了全新的 Adobe Mercury 图形引擎，即使使用"液化""变形""操控变形"和"裁切"等密集型命令时也有着惊人的响应速度。

1.1.12 创建3D图像

在经过简化的 3D 界面中，可在画布上轻松直观地创建 3D 模型，可轻松拖动阴影到所需位置、将 3D 对象制作成动画、更改场景和对象方向、编辑光线属性、控制框架以创建和调整 3D 凸出效果，以及实现其他更多功能，如图 1-11 所示。

在 Photoshop CS6 中，新增了素描和卡通预设，鼠标单击"预设"选项即可使 3D 对象表现出素描和卡通的外观效果，如图 1-12 所示。

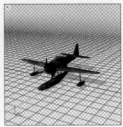

图1-12 原图与使用素描细铅笔预设对比

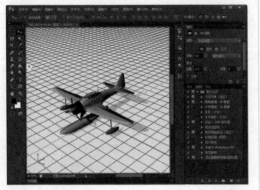

图1-11 3D工作界面

1.2 Photoshop CS6的工作界面

可以使用各种元素，如面板、栏及窗口等来创建和处理文档和文件。这些元素的任何排列方式称为工作区。可以通过从多个预设工作区中进行选择或创建自己的工作区来调整各个应用程序。

Photoshop CS6 的工作区主要由应用程序栏、菜单栏、选项栏、选项卡式文档窗口、工具箱、面板组和状态栏等组成，如图 1-13 所示。

图1-13 Photoshop CS6的工作区

难　度:	★ ★
素材文件:	无
案例文件:	无
视频文件:	第1章 \ 练习1-6 管理文档窗口 .avi

Photoshop CS6 可以对文档窗口进行调整，以满足不同用户的需要，如浮动或合并文档窗口、缩放或移动文档窗口等。

1. 浮动或合并文档窗口

默认情况下，打开的文档窗口处于合并状态，可以通过拖动的方法将其变成浮动状态。当然，如果当前窗口处于浮动状态，也可以通过拖动将其变成合并状态。将指针移动到窗口选项卡位置，即文档窗口的标题栏位置。按住鼠标向外拖动，以窗口边缘不出现蓝色边框为限，释放鼠标即可将其由合并状态变成浮动状态。合并状态变浮动状态窗口操作过程如图 1-14 所示。

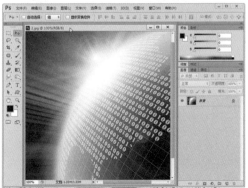

图1-14　合并变浮动窗口操作过程

当窗口处于浮动状态时，将指针移动到标题栏位置，按住鼠标将其向工作区边缘靠近，当工作区边缘出现蓝色边框时，释放鼠标，即可将窗口由浮动状态变成合并状态。操作过程如图 1-15 所示。

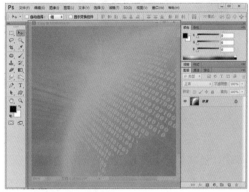

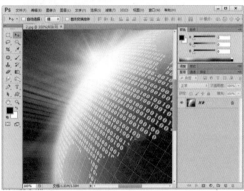

图1-15　浮动变合并窗口操作过程

提示

文档窗口不但可以和工作区合并，还可以将多个文档窗口进行合并，操作方法相同，这里不再赘述。

2. 快速浮动或合并文档窗口

除了使用前面讲解的利用拖动方法来浮动或合并窗口外，还可以使用菜单命令来快速合并或浮动文档窗口，执行菜单栏中的"窗口"|"排列"命令，在其子菜单中选择"在窗口中浮动""使所有内容在窗口中浮动"或"将所有内容合并到选项卡中"命令，可以快速将单个窗口浮动、所有文档窗口浮动或所有文档窗口合并，如图 1-16 所示。

图1-16 "排列"子菜单

3. 移动文档窗口的位置

为了操作的方便，可以将文档窗口随意地移动，但需要注意的是，文档窗口不能处于选项卡式或最大化，处于选项卡式或最大化的文档窗口是不能移动的。将指针移动到标题栏位置，按住鼠标将文档窗口向需要的位置拖动，到达合适的位置后，释放鼠标，即可完成文档窗口的移动。移动文档窗口的位置操作过程如图1-17所示。

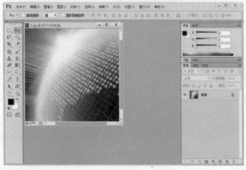

图1-17 移动文档窗口的位置操作过程

技巧

在移动文档窗口时，经常会不小心将文档窗口与工作区或其他文档窗口合并，为了避免这种现象发生，可以在移动位置时按住 Ctrl 键。

4. 调整文档窗口大小

为了操作的方便，还可以调整文档窗口的大小，将指针移动至窗口的右下角位置，指针将变成一个双箭头。如果想放大文档窗口，按住鼠标向右下角拖动，即可将文档窗口放大。如果想缩小文档窗口，按住鼠标向左上方拖动，即可将文档窗口缩小。缩小文档窗口操作过程如图1-18所示。

双箭头指针

图1-18 缩小文档窗口操作过程

提示

缩放文档窗口时，指针不但可以放在右下角，也可以放在其他位置，比如左上角、右上角、左下角、上、下、左、右边缘位置。只要注意指针变成双箭头即可拖动调整。

难　　度：★★	
素材文件：无	
案例文件：无	

视频文件：第1章\练习1-7 操作面板组 .avi

默认情况下，面板以面板组的形式出现，位于 Photoshop CS6 界面的右侧，主要用于对当前图像的颜色、图层、信息导航、样式及相关的操作进行设置。Photoshop 的面板可以任意进行分离、移动和组合。首先以"色板"面板为例来看一下面板的基本组成。如图 1-19 所示。

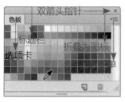

图1-19　面板的基本组成

面板有多种操作，各种操作方法如下。

1. 打开或关闭面板

在"窗口"菜单中选择不同的面板名称，可以打开或关闭不同的面板，也可以单击面板右上方的关闭按钮来"关闭"该面板。

技巧

按 Tab 键可以隐藏或显示所有面板、工具箱和选项栏；按 Shift + Tab 键可以只隐藏或显示所有面板，不包括工具箱和选项栏。

2. 显示面板内容

在多个面板组中，如果想查看某个面板的内容，可以直接单击该面板的选项卡名称。如单击"色板"选项卡，即可显示该面板内容。其操作过程如图 1-20 所示。

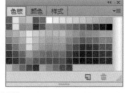

图1-20　显示面板内容的操作过程

3. 移动面板

在移动面板时，可以看到蓝色突出显示的放置区域，可以在该区域中移动面板。例如，通过将一个面板拖动到另一个面板上面或下面的窄蓝色放置区域中，可以在停放中向上或向下移动该面板。如果拖动到的区域不是放置区域，该面板将在工作区中自由浮动。

- 要移动单独某个面板，可以拖动该面板顶部的标题栏或选项卡位置。
- 要移动面板组或堆叠的浮动面板，需要拖动该面板组或堆叠面板的标题栏。

4. 分离面板

在面板组中，在某个选项卡名称处按住鼠标左键向该面板组以外的位置拖动，即可将该面板分离出来。操作过程如图 1-21 所示。

图1-21　分离面板效果

5. 组合面板

在一个独立面板的选项卡名称位置按住鼠标，然后将其拖动到另一个浮动面板上，当另一个面板周围出现蓝色的方框时，释放鼠标即可将面板组合在一起。操作过程及效果如图 1-22 所示。

图1-22　组合面板操作过程及效果

6. 停靠面板组

为了节省空间，还可以将组合的面板停靠在右侧软件的边缘位置，或与其他的面板组停靠在一起。

拖动面板组上方的标题栏或选项卡位置，将其移动到另一组或一个面板边缘位置，当看到一条垂直的蓝色线条时，释放鼠标即可将该面板组停靠在其他面板或面板组的边缘位置。操作过程及效果如图1-23所示。

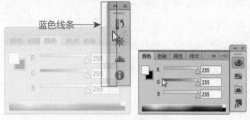

蓝色线条 →

图1-23 停靠面板组操作过程及效果

7. 堆叠面板

当将面板拖出停放但并不将其拖入放置区域时，面板会自由浮动。可以将浮动的面板放在工作区的任何位置。也可以将浮动的面板或面板组堆叠在一起，以便在拖动最上面的标题栏时将它们作为一个整体进行移动。堆叠不同于停靠，停靠是将面板或面板组停靠在另一面板或面板组的左侧或右侧，而堆叠则是将面板或面板组堆叠起来，形成上下的面板组效果。

堆叠浮动的面板，要拖动面板的选项卡或标题栏位置到另一个面板底部的放置区域，当面板的底部产生一条蓝色的直线时，释放鼠标即可完成堆叠。要更改堆叠顺序，可以向上或向下拖移面板选项卡。堆叠面板操作过程及效果如图1-24所示。

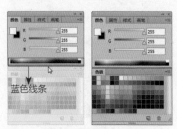

蓝色线条 →

图1-24 堆叠面板操作过程及效果

8. 折叠面板组

为了节省空间，Photoshop提供了面板组的折叠操作，可以将面板组折叠起来，以图标的形式来显示。

单击折叠为图标按钮 ，可以将面板组折叠起来，以节省更大的空间；如果想展开折叠面板组，可以单击展开面板按钮 ，将面板组展开。折叠效果如图1-25所示。

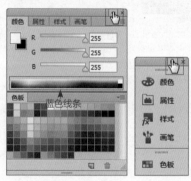

图1-25 面板组折叠效果

练习1-8 认识选项栏 重点

难 度：	★ ★
素材文件：	无
案例文件：	无
视频文件：	第1章\练习1-8 认识选项栏.avi

选项栏也叫工具选项栏，默认位于菜单栏的下方，用于对相应的工具进行各种属性设置。选项栏内容不是固定的，它会随所选工具的不同而改变，在工具箱中选择一个工具，选项栏中就会显示该工具对应的属性设置。例如，在工具箱中选择"矩形选框工具" ，选项栏的显示效果如图1-26所示。

图1-26　选项栏

1.2.1 复位工具和复位所有工具

在选项栏中设置完参数后，如果想将该工具选项栏中的参数恢复为默认，可以在工具选项栏左侧的工具图标处单击右键，从弹出的快捷菜单中选择"复位工具"命令，即可将当前工具选项栏中的参数恢复为默认值。如果想将所有工具选项栏的参数恢复为默认，请选择"复位所有工具"命令，如图1-27所示。

图1-27　快捷菜单

练习1-9 认识工具箱 **重点**

难　　度：	★ ★
素材文件：	无
案例文件：	无
视频文件：	第1章 \ 练习1-9认识工具箱 .avi

工具箱在初始状态下一般位于窗口的左侧，当然也可以根据自己的习惯拖动到其他的位置。利用工具箱中所提供的工具，可以进行选择、绘画、取样、编辑、移动、注释和查看图像等操作。还可以更改前景色和背景色，以及进行图像的快速蒙版等操作。

若想知道各个工具的快捷键，可以将指针指向工具箱中某个工具按钮图标，如"快速选择工具"，稍等片刻后，即会出现一个工具名称的提示，提示括号中的字母即为该工具的

快捷键，如图1-28所示。

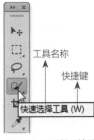

图1-28　工具提示效果

工具箱中工具的展开效果如图1-29所示。

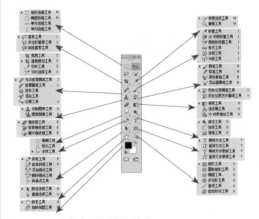

图1-29　工具箱中工具的展开效果

1.2.2 隐藏工具的操作

在工具箱中没有显示出全部工具，有些工具被隐藏起来了。只要细心观察，会发现有些工具图标中有一个小三角的符号，这表明在该工具中还有与之相关的其他工具。要打开这些工具，有两种方法。

- **方法1**：将指针移至含有多个工具的图标上，按住鼠标不放，此时出现一个工具选择菜单，然后拖动鼠标至想要选择的工具处，释放鼠标即可。如选择"标尺工具" 的操作效果如图1-30所示。
- **方法2**：在含有多个工具的图标上单击鼠标右键，就会弹出工具选项菜单，单击选择相应的工具即可。

图1-30　选择"标尺工具"的操作效果

1.3 创建工作环境

在这一小节中，将详细介绍有关 Photoshop 的一些基本操作，包括图像文件的新建、打开、存储和置入等基，为以后的深入学习打下一个良好的基础。

练习1-10 创建一个用于印刷的新文件 **重点**

难　　度：★
素材文件：无
案例文件：无

视频文件：第1章\练习1-10　创建一个用于印刷的新文件 .avi

创建新文件的方法非常简单，具体的操作方法如下。

`01` 执行菜单栏中的"文件"|"新建"命令，打开"新建"对话框。

技巧

按 Ctrl + N 组合键，可以快速打开"新建"对话框。

`02` 在"名称"文本框中输入新建的文件的名称，其默认的名称为"未标题-1"，这里输入名称为电影海报。

`03` 可以从"预设"下拉菜单中选择新建文件的图像大小，也可以在"宽度"和"高度"文本框中直接输入大小，不过需要注意的是，要先改变单位再输入大小，不然可能会出现错误。比如设置

"宽度"的值为50厘米，"高度"的值为70厘米，如图1-31所示。

图1-31　设置宽度和高度

`04` 在"分辨率"文本框中设置适当的分辨率。一般用于彩色印刷的图像分辨率应达到300；用于报刊、杂志等一般印刷的图像分辨率应达到150；用于网页、屏幕浏览的图像分辨率可设置为72。分辨率的单位通常采用"像素/英寸"。因为这里新建的是印刷海报，所以设置为300像素/英寸。

`05` 在"颜色模式"下拉菜单中选择图像所要应用的颜色模式。可选的模式有："位图""灰度""RGB颜色""CMYK颜色""Lab颜色"，以及"1位""8位""16位""32位"4个通道模式选项。根据文件输出的需要可以自行设置，一般情况下选择"RGB颜

色""CMYK颜色"模式和"8位"通道模式。另外，如果用于网页制作，要选择"RGB颜色"模式；如果要印刷，一般选择"CMYK颜色"模式。这里选择"CMYK颜色"模式。

06 在"背景内容"下拉菜单中，选择新建文件的背景颜色。这里选择白色。"背景内容"下拉菜单中包括3个选项。选择"白色"选项，则新建的文件背景色为白色；选择"背景色"选项，则新建的图像文件以当前的工具箱中设置的颜色作为新文件的背景色；选择"透明"选项，则新创建的图像文件背景为透明，背景将显示灰白相间的方格。选择不同背景内容创建的画布效果如图1-32所示。

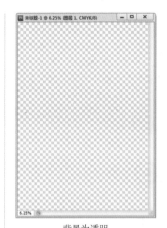

背景为透明

图1-32 选择不同背景内容创建的画布效果（续）

07 设置好文件参数后，单击"确定"按钮，即可创建一个用于印刷的新文件，如图1-33所示。

技巧

在新建文件时，如果用户希望新建的图像文件与工作区中已经打开的一个图像文件的参数设置相同。可在执行菜单栏中的"文件"|"新建"命令后，执行菜单栏中的"窗口"命令，然后在弹出的菜单底部选择需要与之匹配的图像文件名称即可。

背景为白色

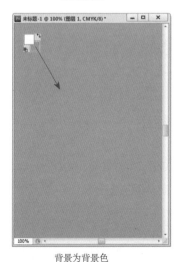

背景为背景色

图1-32 选择不同背景内容创建的画布效果

图1-33 创建的新文件效果

练习1-11 使用"打开"命令打开文件 重点

难　度：	★
素材文件：	第 1 章 \ 唱片 .jpg
案例文件：	无
视频文件：	第 1 章 \ 练习 1-11　使用"打开"命令打开文件 .avi

要编辑或修改已存在的 Photoshop 文件或其他软件生成的图像文件时，可以使用"打开"命令将其打开，具体操作如下。

`01` 执行菜单栏中的"文件"|"打开"命令，或在工作区空白处双击，弹出"打开"对话框。

`02` 在"查找范围"下拉列表中，可以查找要打开图像文件的路径。如果打开时看不到图像预览，可以单击对话框右上角的"'查看'菜单"按钮，从弹出的菜单中选择"大图标"命令，如图1-34所示。这样可以显示图片的缩略图，方便查找相应的图像文件。

图1-34　选择"大图标"

`03` 将指针指向要打开的文件名称或缩略图位置时，系统将显示出该图像的尺寸、类型和大小等信息，如图1-35所示。

图1-35　显示图像信息

`04` 单击选择要打开的图像文件，比如，选择"唱片.jpg"文件，如图1-36所示。

图1-36　选择图像文件

`05` 单击"打开"按钮，即可将该图像文件打开，打开的效果如图1-37所示。

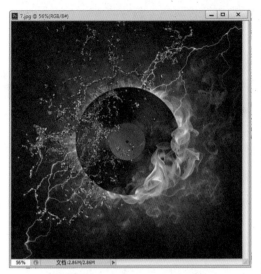

图1-37　打开的图像

1.3.1 打开最近使用的文件

在"文件"|"最近打开文件"子菜单中显示了最近打开过的 10 个图像文件，如图 1-38 所示。如果要打开的图像文件名称显示在该子菜单中，选中该文件名即可打开该文件，省去了查找该图像文件的烦琐操作。

文件(F)	
新建(N)...	Ctrl+N
打开(O)...	Ctrl+O
在 Bridge 中浏览(B)...	Alt+Ctrl+O
在 迷你Bridge 中浏览(G)...	Alt+Shift+Ctrl+O
打开为...	
打开为智能对象...	
最近打开文件(T)	▶
关闭(C)	Ctrl+W
关闭全部	Alt+Ctrl+W
关闭并转到 Bridge...	Shift+Ctrl+W
存储(S)	Ctrl+S
存储为(A)...	Shift+Ctrl+S
签入(I)...	
存储为 Web 和设备所用格式(D)...	Alt+Shift+Ctrl+S
恢复(V)	F12
置入(L)...	

1 10.jpg
2 9.jpg
3 8.jpg
4 7.jpg
5 6.jpg
6 5.jpg
7 4.jpg
8 ...素材\3.jpg
9 2.jpg
10 1.jpg

清除最近

图1-38　最近打开文件

1.3.2 修改文档窗口的打开模式

打开的文档窗口分为两种模式：以选项卡方式和浮动形式。执行菜单栏中的"编辑"|"首选项"|"界面"命令，将打开"首选项"|"界面"对话框，如图 1-39 所示。

图1-39　"首选项"|"界面"对话框

在"面板和文档"选项组中，如果勾选"以选项卡方式打开文档"，则新打开的文档窗口将以选项卡的形式显示，如图 1-40 所示；如果不勾选"以选项卡方式打开文档"，则新打开的文档窗口将以浮动形式显示，如图 1-41 所示。

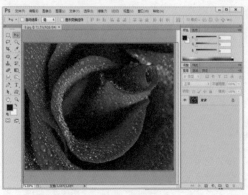

图1-40　以选项卡显示

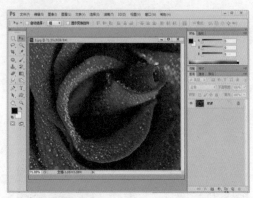

图1-41　以浮动显示

1.4 知识拓展

　　本章主要对 Photoshop CS6 基础知识进行了详细的讲解，重点放在了对新增功能及工作界面的认识，同时也对工作环境的创建进行了细致的分析，读者朋友首先要对工作界面有个详细的了解，并对工作环境的创建加以熟练掌握。

1.5 拓展训练

　　本章通过 4 个课后习题，对 Photoshop CS6 的基础知识加以巩固，以便快速入门，为以后的学习打下坚实的基础。

训练1-1 肤色选择和人脸检测

◆实例分析

　　本例主要讲解"色彩范围"命令中增加了一项肤色识别选择和蒙版选项。

难　　度：	★ ★
素材文件：无	
案例文件：无	
视频文件：第 1 章 \ 训练 1-1　肤色选择和人脸检测 .avi	

◆本例知识点

色彩范围

训练1-2 打开 EPS 文件

◆实例分析

　　EPS 格式文件是 PostScript 的简称，可以表示矢量数据和位图数据，在设计中应用相当广泛，几乎所有的图形、插画和排版软件都支持这种格式。EPS 格式文件主要是 Adobe Illustrator 软件生成的。当打开包含矢量图片的 EPS 文件时，将对它进行栅格化，矢量图片中经过数学定义的直线和曲线会转换为位图图像的像素或位。本例主要讲解打开 EPS 文件的方法。

难　　度：★
素材文件：第 1 章\EPS 素材 .eps
案例文件：无
视频文件：第 1 章\训练 1-2　打开 EPS 文件 .avi

◆ 本例知识点

"打开" 命令

训练1-3 置入PDF或Illustrator文件

◆实例分析

　　Photoshop CS6 中可以置入其他程序设计的矢量图形文件和 PDF 文件，置入的矢量素材将以智能对象的形式存在，对智能对象进行缩放、变形等操作不会对图像造成质量上的影响。本例主要讲解 "置入" 命令的使用方法。

难　　度：★
素材文件：第 1 章\ 矢量素材 .ai
案例文件：无
视频文件：第 1 章\训练 1-3　置入 PDF 或 Illustrator 文件 .avi

◆ 本例知识点

"置入" 命令

训练1-4 将一个PSD格式文件存储为JPG格式

◆实例分析

　　当完成一件作品或者处理完成一幅打开的图像时，需要将完成的图像进行存储，这时就可应用存储命令，存储文件时格式非常关键，下面以实例的形式来讲解文件的保存。

难　　度：★
素材文件：第 1 章\ 春天主题曲 .psd
案例文件：无
视频文件：第 1 章\训练 1-4　将一个 PSD 格式文件存储为 JPG 格式 .avi

◆ 本例知识点

"保存" 命令

第 **2** 章

颜色及图案填充

本章主要讲解了颜色设置与图案填充，首先了解前景色和背景色，讲解前景色和背景色的不同设置方法，详细介绍了"色板""颜色"面板的使用，以及"吸管工具"吸取颜色的方法；然后讲解了填充工具及渐变工具的使用方法，透明渐变和杂色渐变的编辑技巧。通过本章的学习，掌握颜色设置与图案填充的应用技巧。

教学目标

了解前景色和背景色

学习前景色和背景色的不同设置方法

掌握色板、颜色面板的使用

掌握吸管工具及颜色取样器的使用技巧

掌握渐变工具的使用及多种渐变的编辑方法

掌握图案的自定义与填充控制技巧

扫码观看本章
案例教学视频

2.1 设置单一颜色

在进行绘图前，首先学习绘画颜色的设置方法，在 Photoshop CS6 中，设置颜色通常指设置前景色和背景色。设置前景色和背景色方法很多，比较常用的分别为利用"工具箱"设置颜色、利用"颜色"面板设置、利用"色板"设置、利用"吸管工具"设置指定前景色或背景色。下面分别介绍这些设置前景色和背景色的方法。

练习2-1 前景色和背景色 重点

难　度：★
素材文件：无
案例文件：无
视频文件：第 2 章 \ 练习 2-1　前景色和背景色 .avi

前景色一般应用在绘画、填充和描边选区上，比如使用"画笔工具" 绘图时，在画布中拖动绘制的颜色即为前景色，如图 2-1 所示。

背景色一般可以在擦除、删除和涂抹图像时显示，比如在使用"橡皮擦工具" 在画布中拖动擦除图像，显示出来的颜色就是背景色，如图 2-2 所示。在某些滤镜特效中，也会用到前景色和背景色。

图2-1　前景色效果

图2-2　背景色效果

练习2-2 在"工具箱"中设置前景色和背景色

难　度：★
素材文件：无
案例文件：无
视频文件：第 2 章 \ 练习 2-2　在"工具箱"中设置前景色和背景色 .avi

在"工具箱"的底部，有一个颜色设置区域，利用该区域，可以进行前景色和背景色的设置，默认情况下前景色显示为黑色，背景色显示为白色，如图 2-3 所示。

图2-3　颜色设置区域

更改前景色或背景色的方法很简单，在"工具箱"中只需要在代表前景色或背景色的颜色区域内单击鼠标，即可打开"拾色器"对话框。在"拾色器"的颜色域中单击即可选择所需的颜色。

2.1.1 "拾色器"对话框

在"拾色器"对话框中，可以使用 4 种颜色模型来拾取颜色：HSB、RGB、Lab 和 CMYK。使用"拾色器"可以设置前景色、背景色和文本颜色。也可以为不同的工具、命令和选项设置目标颜色。"拾色器"对话框如图 2-4 所示。

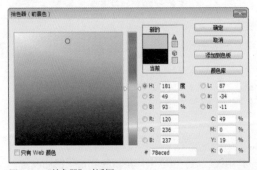

图2-4　"拾色器"对话框

在颜色预览区域的右侧，根据选择颜色的不同，会出现"打印时颜色超出色域" 和"不是 Web 安全颜色"标志，这是因为，用于印刷的颜色和浏览器显示的颜色有一定的显示范围造成的。

当选择的颜色超出印刷色范围时，将出现"打印时颜色超出色域"标志 以示警告，并在其下面的颜色小方块内显示打印机能识别的颜色中与所选色彩最接近的颜色。一般它比所选的颜色要暗一些。单击"打印时颜色超出色域"标志 或颜色小方块，即可将当前所选颜色置换成与之最接近的打印机所能识别的颜色。

当选择的色彩超出浏览器支持的色彩显示范围时，将出现"不是 Web 安全颜色"标志 以示警告。并在其下方的颜色小方块中显示浏览器支持的与所选色彩最接近的颜色。单击"不是 Web 安全颜色"标志 或颜色小方块，即可将当前所选颜色置换成与之最接近的 Web 安全色，以确保制作的 Web 图片在 256 色的显示系统上不会出现仿色。

在对话框右下角，还有 9 个单选框，即 HSB、RGB、Lab 色彩模式的三原色按钮，当选中某单选框时，滑杠即成为该颜色的控制器。例如，单击选中 R 单选框，即滑杆变为控制红色，然后在颜色域中选择决定 G 与 B 颜色值，如图 2-5 所示。因此，通过调整滑杆并配合颜色域即可选择成千上万种颜色。每个单选框所代表控制的颜色功能分别为："H"-色相、"S"-饱和度、"B"-亮度、"R"-红、"G"-绿、"B"-蓝、"L"-明度、"a"-由绿到鲜红、"b"-由蓝到黄。

图2-5　选择R

另外，在"拾色器"对话框的左侧底部，有一个"只有 Web 颜色"复选框，选择该复选框后，在颜色域中就只显示 Web 安全色，便于 Web 图像的制作，如图 2-6 所示。

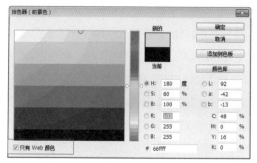

图2-6 选择"只有Web颜色"

在"拾色器"对话框中单击"颜色库"按钮，将打开"颜色库"对话框，如图2-7所示。通过该对话框，可以从"色库"下拉菜单中，选择不同的色库，颜色库中的颜色将显示在其下方的颜色列表中；也可以从颜色条位置选择不同的颜色，在左侧的颜色列表中显示相关的一些颜色，单击选择需要的颜色即可。

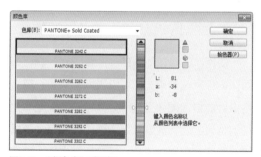

图2-7 "颜色库"对话框

2.1.2 "色板"面板

Photoshop提供了一个"色板"面板，如图2-8所示。"色板"由很多颜色块组成，单击某个颜色块，可快速选择该颜色。该面板中的颜色都是预设好的，不需要进行配置即可使用。当然，为了用户的需要，还可以在"色板"面板中添加自己常用的颜色，比如单击"创建

前景色的新色板"按钮 创建新颜色，或单击"删除色板"按钮 ，删除一些不需要的颜色。

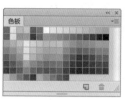

使用色板菜单，还可以修改色板的显示效果、复位、载入或存储色板。

图2-8 "色板"面板

要使用色板，首先执行菜单栏中的"窗口"|"色板"命令，将"色板"面板设置为当前状态，然后移动指针至"色板"面板的色块中，此时指针将变成吸管形状，单击即可选定当前指定颜色。通过"色板"的相关命令，用户还可以修改"色板"面板中的颜色，其具体操作方法如下。

1. 添加颜色

如果要在"色板"面板中添加颜色，将指针移至"色板"面板的空白处，当指针变成油漆桶状 时，单击鼠标打开"色板名称"对话框，输入名称后单击"确定"按钮，即可添加颜色，添加的颜色为当前工具箱中的前景色。直接单击添加颜色的操作过程如图2-9所示。

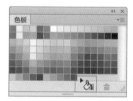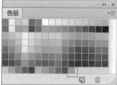

图2-9 直接单击添加颜色的操作过程

2. 删除颜色

如果要删除"色板"面板中的颜色，按住Alt键，将指针放置在不需要的色块上，当指针

变成剪刀状时单击，即可删除该色块，如图2-10所示。

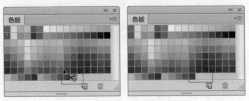

图2-10 辅助键删除色块操作过程

提示

在"色板"中，拖动不需要的色块到"删除色板"按钮上，也可以删除色块。

2.1.3 "颜色"面板 重点

使用"颜色"面板选择颜色，如同在"拾色器"对话框中选色一样轻松。在"颜色"面板中不仅能显示当前前景色和背景色的颜色值，而且使用"颜色"面板中的颜色滑块，可以根据几种不同的颜色模式编辑前景色和背景色。也可以从显示在面板底部的色谱条中选取前景色或背景色。

执行菜单栏中的"窗口"|"颜色"命令，将"颜色"面板设置为当前状态。单击其右上角的按钮，在弹出的面板菜单中还可以选择不同的色彩模式和色谱条显示，如图 2-11 所示。

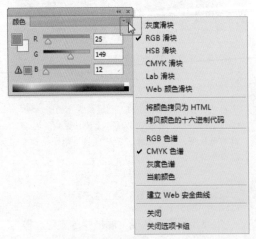

图2-11 "颜色"面板与面板菜单

单击选择前景色或背景色区域，选中后该区域将有黑色的边框显示。将指针移动到右侧的"C""M""Y"或"K"任一颜色的滑块上，按住鼠标左右拖动，比如"Y"下方的滑块，或在最右侧的文本框中输入相应的数值，即可改变前景色或背景色的颜色值；也可以选择要修改的前景色或背景色区域后，在底部的色谱条中直接单击，选择前景色或背景色。如果想设置白色或黑色，可以单击色谱条右侧的白色或黑色区域，直接选择白色或黑色，如图 2-12所示。

图2-12 滑块与数值

练习2-3 "吸管工具"快速吸取颜色 重点

难 度：	★
素材文件：	无
案例文件：	无
视频文件：	第2章\练习2-3 "吸管工具"快速吸取颜色.avi

使用"工具箱"中的"吸管工具" ，在图像内任意位置单击，可以吸取前景色；或者将指针放置在图像上，按住鼠标左键在图像任何位置拖动，前景色范围框内的颜色会随着鼠标的移动而发生变化，释放鼠标左键，即可吸取新的颜色，如图 2-13 所示。

技巧

在图像上采集颜色时，直接在需要的颜色位置单击，可以改变前景色；按住键盘上的 Alt 键，在需要的颜色位置单击，可以改变背景色。

图2-13 使用吸管工具选择颜色

颜色的圆环,以更好地采集色样,如图2-15所示。

图2-15 显示取样环效果

要使用"显示取样环"功能,需要勾选"首选项"|"性能"|"GPU 设置"选项栏中的"启用OpenGL 设置"复选框。

选择"吸管工具" 后,在选项栏中,不但可以设置取样大小,还可以指定图层和选择是否显示取样环,选项栏如图 2-14 所示。

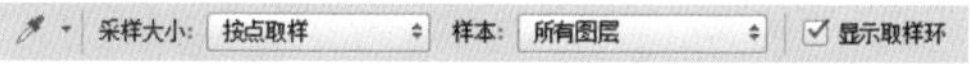

图2-14 选项栏

选项栏中各选项含义说明如下。

- "取样大小":指定取样区域。包含7种选择颜色的方式;选择"取样点"表示读取单击像素的精确值;选取"33×3平均"表示在单击区域内以3像素×3像素范围的平均值作为选取的颜色。

除了"3×3平均"取样外,还有"5×5平均""11×11平均"等,用法和含义与"3×3平均"相似,这里不再赘述。

- "样本":指定取样的样本图层。选择"当前图层"表示从当前图层中采集色样;选择"所有图层"表示从文档中的所有图层中采集色样。
- "显示取样环":勾选该复选框,可预览取样

2.1.4 "颜色取样器工具"查看颜色信息

Photoshop 除了提供"吸管工具"以外,还提供了一个方便查看颜色信息的"颜色取样器工具" 。它借助"信息"面板帮助用户查看图像窗口中任一位置的颜色信息。

1. 添加取样点

在"工具箱"中选择"颜色取样器工具" ,然后将指针移动到图像窗口中,在需要的位置单击,即可完成颜色取样,此时,系统会自动打开"信息"面板,并在"信息"面板中显示取样点的颜色信息,如图 2-16 所示。

取样点最多可以添加 4 个,并在"信息"面板的底部以 #1、#2、#3、#4 显示,通过"信息"面板可以查看所有取样点的颜色信息。

图2-16 取样点和颜色信息

提示

如果想一次删除所有取样点，可以单击工具"选项"栏中的"清除"按钮，删除所有取样点。

2. 移动取样点

取样点的位置可以任意调整，确认选择"颜色取样器工具" ![icon]，然后将指针移动到取样点上方，指针将变成移动标志，此时，按住鼠标拖动取样点到其他位置，释放鼠标即可完成取样点的移动，操作过程如图2-17所示。在移动过程中，用户可以随时查看"信息"面板中的颜色值变化。

提示

"颜色取样器工具"只能用来查看颜色信息，而不能吸取颜色。取样点可以保存在图像中，因此，用户能够在下次打开图像后重复使用。此外，在应用调整颜色命令进行调色时，颜色取样点的颜色信息会随色彩的变化而变化，使用户能随时观察颜色取样点位置的信息变化，方便色彩的调整。

图2-17 移动取样点操作过程

3. 显示和隐藏取样点

在"信息"面板中，单击面板右侧按钮 ![icon]，打开"信息"面板菜单，取消"颜色取样器"命令左侧的√（对号），就可以隐藏取样点。同理，再次单击"颜色取样器"命令，显示√（对号），可以显示取样点，如图 2-18 所示。

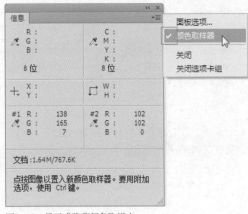

图2-18 显示或隐藏颜色取样点

2.2 设置渐变颜色

渐变工具可以创建多种颜色的逐渐混合效果。选择"渐变工具" ▇ 后，在选项栏中设置需要的渐变样式和颜色，然后在画布中按住鼠标拖动，就可以填充渐变颜色。"渐变工具"选项栏如图2-19所示。

| ▇ ▾ | ▇▇▾ | ▣ ▣ ▣ ◣ ▭ ▣ | 模式: 正常 ⇕ | 不透明度: 100% ▾ | □ 反向 | ☑ 仿色 | ☑ 透明区域 |

图2-19　"渐变工具"选项栏

2.2.1 认识"渐变"拾色器

在工具箱中选择"渐变工具" ▇ 后，单击工具选项栏中 ▇▇▾ 右侧的"点按可打开'渐变'拾色器"三角形按钮 ▾，将弹出"'渐变'拾色器"。从中可以看到现有的一些渐变，如果想使用某个渐变，直接单击该渐变即可。

单击"'渐变'拾色器"的右上角的三角形图标按钮 ❀，将打开"'渐变'拾色器"菜单，如图 2-20 所示。

点按可打开"渐变"拾色器

图2-20　"'渐变'拾色器"菜单

"'渐变'拾色器"菜单各命令的含义说明如下。

- "新建渐变"：选择该命令，将打开"渐变名称"对话框，可以将当前渐变保存到"'渐变'拾色"器中，以制作创建新的渐变。
- "重命名渐变"：为渐变重新命名。在"'渐变'拾色器"中，单击选择一个渐变，然后选择该命令，在打开的"渐变名称"对话框中，输入新的渐变名称即可。如果没有选择渐变，该命令将处于灰色的不可用状态。
- "删除渐变"：用来删除不需要的渐变。在"'渐变'拾色器"中，单击选择一个渐变，然后选择该命令，可以将选择的渐变删除。

"纯文本""小缩览图""大缩览图""小列表"和"大列表"：用来改变"'渐变'拾色器"中渐变的显示方式。

- 预设管理器：选取该命令，将打开"预设管理器"对话框。对渐变预设进行管理。
- "复位渐变"：将"'渐变'拾色器"中的渐变恢复到默认状态。
- "载入渐变"：可以将其他的渐变添加到当前的"'渐变'拾色器"中。
- "存储渐变"：将设置好的渐变保存起来，供以后调用。
- "替换渐变"：与"载入渐变"相似，将其他的渐变添加到当前"'渐变'拾色器"中，不同的是，"替换渐变"将新载入的渐变替换掉原有的渐变。
- "协调色1""协调色2""杂色样本"等：选取不同的命令，在"'渐变'拾色器"中将显示与其对应的渐变。

练习2-4 认识渐变样式 难点

难　　度：★★★	
素材文件：无	
案例文件：无	
视频文件：第 2 章 \ 练习 2-4　认识渐变样式 .avi	

Photoshop CS6 中包括 5 种渐变样式，分别为线性渐变■、径向渐变■、角度渐变■、对称渐变■和菱形渐变■。5 种渐变样式具体的效果和应用方法介绍如下。

- "线性渐变"■：单击该按钮，在图像或选区中拖动，将从起点到终点产生直线型渐变效果，拖动线及渐变效果如图2-21所示。
- "径向渐变"■：单击该按钮，在图像或选区中拖动，将以圆形方式从起点到终点产生环形渐变效果，拖动线及渐变效果如图2-22所示。

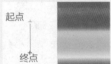
图2-21　线性渐变

图2-22　径向渐变

- "角度渐变"■：单击该按钮，在图像或选区中拖动，以逆时针扫过的方式围绕起点产生渐变效果，拖动线及渐变效果如图2-23所示。
- "对称渐变"■：单击该按钮，在图像或选区中拖动，将从起点的两侧产生镜向渐变效果，拖动线及渐变效果如图2-24所示。

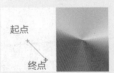
图2-23　角度渐变

图2-24　对称渐变

> **提示**
>
> "对称渐变"如果对称点设置在画布外，将产生与"线性渐变"一样的渐变效果。所以在某些时候，"对称渐变"可以代替"线性渐变"来使用。

- "菱形渐变"■：单击该按钮，在图像或选区中拖动，将从起点向外形成菱形的渐变效果，拖动线及渐变效果如图2-25所示。

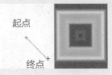
图2-25　菱形渐变

> **提示**
>
> 在进行渐变填充时，如果按住 Shift 键拖动填充，可以将线条的角度限定为 45 度的倍数。

2.2.2 "渐变工具"选项栏

"渐变工具"选项栏除了"'渐变'拾色器"和渐变样式选项外，还包括"模式""不透明度""反向""仿色"和"透明区域"5 个选项，如图 2-26 所示。

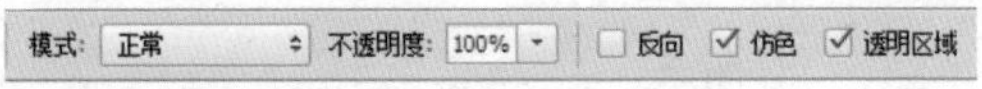

图2-26　其他选项

其他选项具体的应用方法介绍如下。

- "模式"：设置渐变填充与图像的混合模式。
- "不透明度"：设置渐变填充颜色的不透明程度，值越小越透明。不透明度为30%和不透明度为60%的不同填充效果如图2-27所示。

不透明度为30%　　　　不透明度为60%
图2-27　不同不透明度填充效果

- "反向"：勾选该复选框，可以将编辑的渐变颜色的顺序反转过来。比如，黑白渐变可以变成白黑渐变。
- "仿色"：勾选该复选框，可以使渐变颜色间产生较为平滑的过渡效果。
- "透明区域"：该项主要用于对透明渐变的设

置。勾选该复选框，当编辑透明渐变时，填充的渐变将产生透明效果；如果不勾选该复选框，填充的透明渐变将不会出现透明效果。

练习2-5 渐变编辑器的使用 难点

难　　度：	★★
素材文件：	无
案例文件：	无
视频文件：	第2章\练习2-5　渐变编辑器的使用.avi

　　在工具箱中选择"渐变工具"▉后，单击选项栏中的"点按可编辑渐变"区域▉▉▉▉，将打开"渐变编辑器"对话框，如图2-28所示。通过"渐变编辑器"可以选择需要的现有渐变，也可以创建自己需要的新渐变。

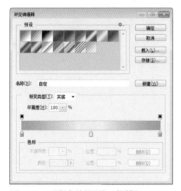

图2-28　"渐变编辑器"对话框

　　"渐变编辑器"对话框各选项的含义说明如下。

- "预设"：显示当前默认或载入的渐变，如果需要使用某个渐变，直接单击即可选择。要使新渐变基于现有渐变，可以在该区域选择一种渐变。
- "渐变菜单"：单击该三角形按钮❖，将打开面板菜单，可以对渐变进行预览、复位、替换和载入等操作。
- "名称"：显示当前选择的渐变名称。也可以直接输入一个新的名称，然后单击右侧的"新建"按钮，创建一个新的渐变，新渐变将显示在"预设"栏中。

- "渐变类型"：从弹出的菜单中，选择渐变的类型，包括"实底"和"杂色"两个选项。
- "平滑度"：设置渐变颜色的过渡平滑，值越大，过渡越平滑。
- 渐变条：显示当前渐变效果，并可以通过下方的色标和上方的不透明度色标来编辑渐变。

1. 添加/删除色标

　　将指针移动到渐变条的上方，当指针变成手形标志🖐时单击鼠标，可以创建一个不透明度色标；将指针移动到渐变条的下方，当指针变成手形标志🖐时单击鼠标，可以创建一个色标。多次单击可以添加多个色标，添加色标前后的效果如图2-29所示。

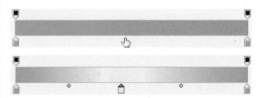

图2-29　色标添加前后效果

　　如果想删除不需要的色标或不透明度色标，选择色标或不透明度色标后，单击"色标"选项组对应的"删除"按钮即可；也可以直接将色标或不透明度色标拖动到"渐变编辑器"对话框以外，释放鼠标，即可将选择的色标或不透明度色标删除。

2. 编辑色标颜色

　　单击渐变条下方的色标🔲，该色标上方的三角形变黑🔺，表示选中了该色标，可以使用如下方法来修改色标的颜色。

- **方法1:** 双击法。在需要修改颜色的色标上，双击鼠标，打开"选择色标颜色"对话框，选择需要的颜色后，单击"确定"按钮即可。

- **方法2:** 利用"颜色"选项。选择色标后，在"色标"选项组中，激活颜色控制区，单击"颜色"右侧的"更改所选色标的颜色"区域 ▬，打开"选择色标颜色"对话框，选择需要的颜色后，单击"确定"按钮即可。
- **方法3:** 直接吸取。选择色标后，将指针移动到"颜色"面板的色谱条或打开的图像中需要的颜色上，单击鼠标即可采集吸管位置的颜色。

3. 移动或复制色标

直接左右拖动色标，即可移动色标的位置。如果在拖动时按住 Alt 键，可以复制出一个新的色标。移动色标的操作效果如图 2-30 所示。

图2-30　移动色标操作效果

如果要精确移动色标，可以选择色标或不透明度色标后，在"色标"选项组中，修改颜色控制区中的"位置"参数，精确调整色标或不透明度色标的位置，如图 2-31 所示。

图2-31　精确移动色标

4. 编辑色标和不透明度色标中点

当选择一个色标时，在当前色标与临近的色标之间将出现一个菱形标记，这个标记称为颜色中点。拖动该点，可以修改颜色中点两侧的颜色比例，操作效果如图 2-32 所示。

图2-32　编辑颜色中点

位于"渐变条"上方的色块叫作不透明度色标。同样，当选择一个不透明度色标时，在当前不透明色标与临近的不透明度色标之间将出现一个菱形标记，这个标记称为不透明度中点。拖动该点，可以修改不透明度中点两侧的透明度所占比例，操作效果如图 2-33 所示。

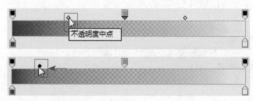

图2-33　编辑不透明度中点

练习2-6 创建杂色渐变

难　　度:	★
素材文件:	无
案例文件:	无
视频文件: 第 2 章 \ 练习 2-6　创建杂色渐变 .avi	

除了创建上面的实色渐变和透明渐变外，利用"渐变编辑器"对话框还可以创建杂色渐变，具体的创建方法如下。

01 在工具箱中选择"渐变工具" ▬，单击选项栏中"点按可编辑渐变"区域 ▬，打开"渐变编辑器"对话框，然后选择一种渐变，比如选择"色谱"渐变。在"渐变类型"下拉列表中，选择"杂色"选项，此时渐变条将显示杂色效果，如图 2-34 所示。

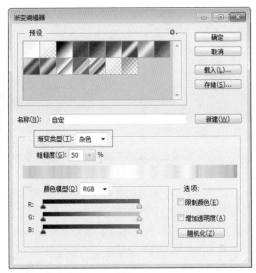

图2-34 "渐变编辑器"面板

图2-35 填充几种不同渐变样式的杂色渐变效果

- "粗糙度"：设置整个渐变颜色之间的粗糙程度。可以在文本框中输入数值，也可以拖动弹出式滑块来修改数值。值越大，颜色之间的粗糙度就越大，颜色之间的对比度就越大。不同的值将显示不同的粗糙程度。
- "颜色模型"：设置不同的颜色模式。包括RGB、HSB和LAB3种颜色模式。选择不同的颜色模式，其下方将显示不同的颜色设置条，拖动不同颜色滑块，可以修改颜色的显示，以创建不同的杂色效果。
- "限制颜色"：勾选该复选框，可以防止颜色过度饱和。
- "增加透明度"：勾选该复选框，可以向渐变中添加透明杂色，以制作带有透明度的杂色效果。
- "随机化"：单击该按钮，可以在不改变其他参数的情况下，创建随机的杂色渐变。

02 读者可以根据上面的相关参数，自行设置一个杂色渐变。利用"渐变工具" 进行填充，填充几种不同渐变样式的杂色渐变效果如图2-35所示。

练习2-7 油漆桶工具

难 度：	★ ★
素材文件：	无
案例文件：	无
视频文件：	第2章\练习2-7 油漆桶工具.avi

"油漆桶工具" 通过在图像中单击进行颜色或图案的填充。在填充时，可以辅助工具选项栏的相关参数设置，更好地达到填充的效果。填充颜色时，所使用的颜色为当前工具箱中的前景色，所以在填充前，要先设置好前景色，然后再进行填充；也可以选择使用图案填充，通过选项栏中填充方式的设置，可以为图像填充图案效果。"油漆桶工具"选项栏如图2-36所示。

图2-36 "油漆桶工具"的选项栏

"油漆桶工具"的选项栏各选项的含义说明如下。

- "设置填充区域的源" 前景 ⚬ ：设置填充的方式。单击右侧的三角形按钮，可以打开一个选项菜单，可以选择"前景"或"图案"两种选项命令。当选择"前景"选项命令时，填充的内容是当前工具箱中设置的前景色；当选择"图案"选项命令时，其右侧的"图案" ▦ 选项将被启用，可以从"图案"选项中选择合适的图案，然后进行图案填充。填充前景色和图案的效果如图2-37所示。

图2-37　填充前景色和图案的效果

- "模式"：设置填充颜色或图案与原图像产生的混合效果。
- "不透明度"：设置填充颜色或图案的不透明度，可以产生透明的填充效果。图2-38所示为使用不同的不透明度值填充紫色所产生的填充效果。

提示

油漆桶工具不能应用于位图或索引模式下的图像。

不透明度值为55%　　不透明度值为20%

图2-38　不同透明度填充的效果对比

- "容差"：设置油漆桶工具的填充范围。值越大，填充的范围也越大。
- "消除锯齿"：勾选该复选框，可以使填充的颜色或图案的边缘产生较为平滑的过渡效果。
- "连续的"：勾选该复选框，油漆桶工具只填充与单击点颜色相同或相近的相邻颜色区域；不勾选该复选框，油漆桶工具将填充与单击点颜色相同或相近的所有颜色区域。图2-39所示为勾选和不勾选"连续的"复选框填充的效果。

图2-39　勾选和不勾选"连续的"复选框效果

- "所有图层"：勾选该复选框，当进行颜色或图案填充时，将影响当前文档中所有的图层。

2.3 知识拓展

　　本章主要对单色、渐变及图案填充进行了详细的讲解，其中重点讲解了单一颜色与渐变颜色的编辑及填充技巧，最后以拓展训练的形式对整体图案的定义与局部图案的定义方法进行了讲解，本章是学习 Photoshop 的关键，一定要熟练掌握。

2.4 拓展训练

　　本章通过 3 个课后习题，对透明渐变及整体图案定义和局部图案定义进行了详细的讲解。

训练2-1 创建透明渐变

◆ 实例分析

利用"渐变编辑器"不但可以制作出实色的渐变效果，还可以制作出透明的渐变填充，本例讲解透明渐变的编辑方法。最终效果如图2-40所示。

难　度：★★★
素材文件：第 2 章 \ 渐变背景 .jpg
案例文件：第 2 章 \ 透明渐变 .psd
视频文件：第 2 章 \ 训练 2-1　创建透明渐变 .avi

图2-40　完成效果

◆ 本例知识点

1．渐变工具▣
2．渐变编辑器
3．图层蒙版

训练2-2 整体图案的定义

◆ 实例分析：整体图案的定义

整体定义图案，就是将打开的图片素材整个定义为图案，以填充其他画布制作背景或其他用途，本例主要讲解整体图案的定义方法。最终效果如图 2-41 所示。

难　度：★
素材文件：第 2 章 \ 定义图案 .jpg
案例文件：第 2 章 \ 透明渐变 .psd
视频文件：第 2 章 \ 训练 2-2　整体图案的定义 .avi

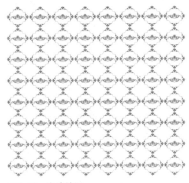

图2-41　完成效果

◆ 本例知识点

1．"定义图案"命令
2．"填充"命令

训练2-3 局部图案的定义

◆ 实例分析

整体定义图案是将打开的整个图片定义为一个图案，这就局限了图案的定义。而Photoshop CS6 为了更好地定义图案，提供了局部图案的定义方法，即可以选择打开图片中的任意喜欢的局部效果，将其定义为图案。最终效果如图 2-42 所示。

难　度：★★
素材文件：第 2 章 \ 定义图案 .jpg
案例文件：第 2 章 \ 透明渐变 .psd
视频文件：第 2 章 \ 训练 2-3　局部图案的定义 .avi

图2-42　完成效果

◆ 本例知识点

1．"定义图案"命令
2．"填充"命令

第 **3** 章

强大的绘画功能

本章主要讲解了 Photoshop 强大的绘画功能。首先讲解了"画笔工具"的使用,"画笔工具"在绘图中占有非常重要的地位,灵活使用 Photoshop 的画笔,几乎可以模仿实际中所有绘图工具所能产生的效果。读者要多加练习画笔的使用及相关参数设置,掌握画笔的应用技巧。同时,本章还讲解了擦除工具的使用,并对抠图技法进行了初步的讲解,掌握这些知识并应用在实战中,可以让你的作品更加出色。

教学目标

学习和掌握"画笔工具"的使用
掌握画笔面板参数的使用方法和技巧
掌握画笔其他效果及自定义笔触的方法
掌握擦除工具的抠图应用

扫码观看本章
案例教学视频

3.1 认识绘画工具

Photoshop CS6 为用户提供了多个绘画工具。主要包括如"画笔工具" 、"铅笔工具" 🖊、"混合器画笔工具" 🖌、"历史记录画笔工具" 🖌、"历史记录艺术画笔工具" 🖌、"橡皮擦工具" 🧽、"背景橡皮擦工具" 🧽和"魔术橡皮擦工具" 🧽等。

3.1.1 绘画工具选项栏 (重点)

在使用绘画工具进行绘图前，首先来了解一下绘画工具选项栏的相关选项，以更好地使用这些绘画工具进行绘图操作。绘画工具选项有很多是相同的，下面以"画笔工具" 选项栏为例进行详解。选择工具箱中的"画笔工具" 后，选项栏显示如图 3-1 所示。

图3-1 "画笔工具"选项栏

- **"点按可打开"画笔预设"选取器"**：单击该区域，将打开"画笔预设"选取器，如图3-2所示。用来设置笔触的大小、硬度或选择不同的笔触。
- **"切换画笔面板"**：单击该按钮，可以打开"画笔"面板，如图3-3所示。

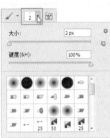

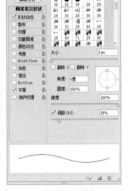

图3-2 选取器   图3-3 "画笔"面板

- **"模式"**：单击"模式"选项右侧的区域 正常，将打开模式下拉列表，从该下拉列表中，选择需要的模式，然后在画面中绘图，可以产生神奇的效果。
- **"不透明度"**：单击"不透明度"选项右侧的三角形按钮，将打开弹出式滑块框，通过拖动上面的滑块来修改笔触不透明度，也可以直接在文本框中输入数值修改不透明度。当值为100%时，绘制的颜色完全不透明，将覆盖下面的背景图像；当值小于100%时，将根据不同的值透出背景中的图像，值越小，透明性越大，当值为0%时，将完全显示背景图像。

- **"绘图板压力控制不透明度"**：单击该按钮，使用波多黎各压力可覆盖"画笔"面板中的不透明度设置。
- **"流量"**：表示笔触颜色的流出量，流出量越大，颜色越深，说白了就是流量可以控制画笔颜色的深浅。在画笔选项栏中，单击"流量"选项右侧的按钮，将打开弹出式滑块框，通过拖动上面的滑块来修改笔触流量，也可以直接在文本框中输入数值修改笔触流量。值为100%时，绘制的颜色最深最浓；当值小于100%时，绘制的颜色将变浅，值越小，颜色越淡。
- **"启用喷枪模式"**：单击该按钮将启用喷枪模式。喷枪模式在硬度值小于100%时，即使用边缘柔和度大的笔触时，按住鼠标不动，喷枪可以连续喷出颜料，扩充柔和的边缘。单击此按钮可打开或关闭此选项。
- **"绘图板压力控制大小"**：单击该按钮，使用光笔压力可覆盖"画笔"面板中的大小设置。

3.1.2 画笔或铅笔工具

"画笔工具" 和"铅笔工具" 可在图像上绘制当前的前景色。不过，"画笔工具" 创建的笔触较柔和，而"铅笔工具" 创建的笔触较生硬。要使用"画笔工具"或"铅笔工具"进行绘画，可执行如下操作。

01 首先在工具箱中设置一种前景色。

02 选择"画笔工具" 或"铅笔工具" ，在选项栏的"'画笔预设'选取器"或"画笔"面板中选择合适的画笔，并设置"模式"和"不透明度"等选项。

03 在画布中直接单击拖动即可进行绘画。使用"画笔工具" 和"铅笔工具" 不同绘画效果分别如图3-4和图3-5所示。

图3-4 画笔绘画效果

图3-5 铅笔绘画效果

要绘制直接，可以在画布中单击起点，然后按住Shift键并单击终点。

3.1.3 颜色替换工具

使用"颜色替换工具" ，在图像特定颜色区域中涂抹，可使用以设置的颜色，替换原有的颜色。"颜色替换工具"选项栏如图3-6所示。

图3-6 "颜色替换工具"选项栏

设置前景色为红色，使用"颜色替换工具" 在需要替换颜色部位进行涂抹，替换完成效果如图3-7所示。

图3-7 使用"颜色替换工具"效果

3.1.4 混合器画笔工具

"混合器画笔工具" 可以模拟真实的绘画技术，比如混合画布上的颜色、组合画笔上的颜色或绘制过程中使用不同的绘画湿度等。

"混合器画笔工具" 有两个绘画色管：一个是储槽，另一个是拾取器。储槽色管存储最终应用于画布的颜色，并且具有较多的油彩容量。拾取色管接收来自画布的油彩，其内容与画布颜色是连续混合的。"混合器画笔工具"选项栏如图3-8所示。

图3-8 "混合器画笔工具"选项栏

"混合器画笔工具"选项栏各选项含义说明如下。

● "当前画笔载入"：可以单击色块，将打开"选择绘画颜色"对话框，设置一种纯色。单击三角形按钮，将弹出一个菜单，选择"载入画笔"命令，将使用储槽颜色填充画笔；选择"清理画笔"命令将移去画笔中的油彩。如果要在每次描边后执行这些操作，可以单击"第次描边后载入画笔"按钮 或"第次描边后清理画笔"按钮 。

在按住 Alt 键的同时单击画布或直接在工具箱中选取前景色，可以直接将油彩载入储槽。当载入油彩时，画笔笔尖可以反映出取样区域中的任何颜色变化。如果希望画笔笔尖的颜色均匀，可从"当前画笔载入"菜单中选择"只载入纯色"命令。

- "潮湿"：用来控制画笔从图像中拾取的油彩量。值越大，拾取的油彩量越多，产生越长的绘画条痕。"潮湿"值分别为0和100%时产生的不同绘画效果如图3-9所示。

图3-9　值分别为0和100%时不同绘画效果

- "载入"：指定储槽中载入的油彩量大小。载入速率越低，绘画干燥的速度就越快。即值越小，绘图过程中油彩量减少量越快。"载入"值分别为1%和100%时产生的不同绘画效果如图3-10所示。

图3-10　值分别为1%和100%时不同绘画效果

- "混合"：控制画布油彩量同储槽油彩量的比例。当比例为0时，所有油彩都来自储槽；比例为100%时，所有油彩将从画布中拾取。不过，该项会受到"潮湿"选项的影响。
- "对所有图层取样"：勾选该复选框，可以拾取所有可见图层中的画布颜色。

要直接绘制，可以在画布中单击起点，然后按住 Shift 键并单击终点。

3.1.5　历史记录艺术画笔工具

"历史记录艺术画笔工具"  可以使用指定历史记录状态或快照中的源数据，以风格化笔触进行绘画。通过尝试使用不同的绘画样式、区域和容差选项，可以用不同的色彩和艺术风格模拟绘画的纹理，以产生各种不同的艺术效果。

与"历史记录画笔工具"相似，"历史记录艺术画笔工具"也可以用指定的历史记录源或快照作为源数据。但是，"历史记录画笔工具"是通过重新创建指定的源数据来绘画，而"历史记录艺术画笔工具"在使用这些数据的同时，还加入了为创建不同的色彩和艺术风格设置的效果。其选项栏如图 3-11 所示。

图3-11　"历史记录艺术画笔工具"选项栏

"历史记录艺术画笔工具"各选项的含义说明如下。

- "样式"：设置使用"历史记录艺术画笔工具"绘画时所使用的风格。包括绷紧短、绷紧中、绷紧长、松散中等、松散长、轻涂、绷紧卷曲、绷紧卷曲长、松散卷曲、松散卷曲长10种样式，使用不同的样式绘图所产生的不同艺术效果如图3-12所示。

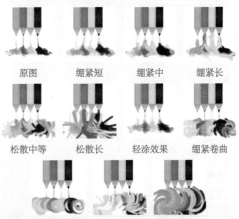

图3-12　不同的样式绘图产生的不同艺术效果

- "区域"：设置"历史艺术画笔工具"的感应范围，即绘图时艺术效果产生的区域大小。值越大，艺术效果产生的区域也越大。

- "容差"：控制图像的色彩变化程度，取值范围为0~100%。值越大，所产生的效果与原图像越接近。

3.2 画笔工具

"画笔工具" 是绘图中使用最为频繁的工具，它与现实中的画笔绘画非常相似。在实际应用中，画笔使用率要高很多，在 Photoshop 中很多工作的实际使用中与"画笔工具"有关系，所以这里就是画笔为例，讲解"画笔工具"属性设置。"画笔工具"选项栏如图 3-13 所示。

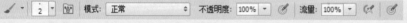

图3-13 "画笔工具"选项栏

练习3-1 直径、硬度和笔触 重点

难 度：★	
素材文件：无	
案例文件：无	
视频文件：第 3 章\练习 3-1 直径、硬度和笔触 .avi	

选择"画笔工具" 后，在工具选项栏中，单击"画笔"右侧的"点按可打开'画笔预设'选取器"区域，打开"画笔预设"选取器，如图 3-14 所示。

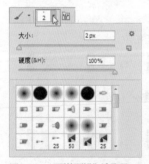

图3-14 "画笔预设"选取器

- "大小"：调整画笔笔触的直径大小。可以通过拖动下方的滑块来修改直径，也可以在右侧的文本框中输入数值来改变直径大小。值越大，笔触就越粗。不同大小的绘图效果如图3-15所示。

图3-15 不同大小的绘图效果

- "硬度"：调整画笔边缘的柔和程度。可以通过拖动下方的滑块来修改柔和程度，也可以在右侧的文本框中输入数值来改变笔触边缘的柔和程度。值越大，边缘硬度越大，绘制的效果越生硬。不同硬度值的绘图效果如图3-16所示。

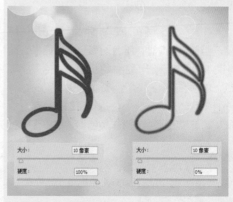

图3-16 不同硬度大小效果

- **笔触选择区**：显示当前预设的一些笔触，并可以直接单击来选择需要的笔触进行绘图。

3.2.1 画笔的预览

在"画笔预设"选取器中，单击右上角的按钮 ⚙，打开"画笔预设"菜单，可以为笔触设置不同的预览效果，包括"纯文本""小缩览图""大缩览图""小列表""大列表"和"描边缩览图"6 个选项命令，不同预览效果如图 3-17 所示。

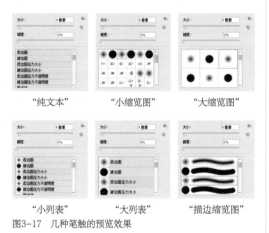

"纯文本"　　"小缩览图"　　"大缩览图"

"小列表"　　"大列表"　　"描边缩览图"

图3-17　几种笔触的预览效果

3.2.2 复位、载入、存储和替换笔触

Photoshop CS6 为用户提供了许多笔触，在默认状态下，"画笔预设"中只显示一些常用的画笔，可以通过载入或替换的方法载入更多的笔触。另外，Photoshop 第 3 方也提供了很多笔触，也可以将更多的第 3 方笔触载入进来，以供不同的需要。

练习3-2 载入Photoshop资源库

难　度：	★
素材文件：	无
案例文件：	无

视频文件：第 3 章 \ 练习 3-2　载入 Photoshop 资源库 .avi

如需载入 Photoshop 提供的预设资源库，可执行菜单栏中的"编辑"|"预设"|"预设管理器"命令，在打开的"预设管理器"对话框中，单击下拉菜单按钮选择需要使用的选项，如图 3-18 所示。

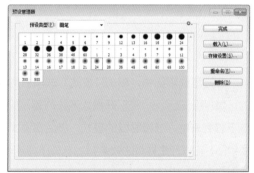

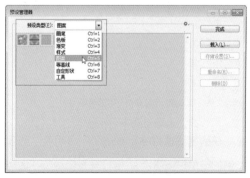

图3-18　预设管理器

单击"预设管理器"对话框右上角的按钮 ✿可打开下拉菜单，在菜单中选择一项资源，即可将其载入，如图3-19所示。

图3-19 载入资源

3.2.3 绘图模式

在画笔选项栏中，单击"模式"选项右侧的区域 正常 ‡，将打开模式下拉列表，从该下拉列表中，选择需要的模式，然后在画面中绘图，可以产生神奇的效果。

练习3-3 不透明度

难　　度：	★
素材文件：	无
案例文件：	无
视频文件：	第3章\练习3-3 不透明度.avi

在画笔选项栏中，单击"不透明度"选项右侧的三角形按钮 ▾，将打开一个调节不透明度的滑条，通过拖动上面的滑块来修改笔触的不透明度，也可以直接在文本框中输入数值修

改不透明度。

当值为100%时，绘制的颜色完全不透明，将覆盖下面的背景图像；当值小于100%时，将根据不同的值透出背景中的图像，值越小，透明度越大；当值为0时，将完全显示背景图像。不同透明度绘制的颜色效果如图3-20所示。

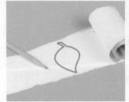

图3-20 不同透明度的笔触效果

3.2.4 画笔的流量

画笔的流量表示笔触颜色的流出量，流出量越大，颜色越深，说白了就是流量可以控制画笔颜色的深浅。在画笔选项栏中，单击"流量"选项右侧的按钮 ▾，将打开一个调节流量的滑条，通过拖动上面的滑块来修改笔触流量，也可以直接在文本框中输入数值修改笔触流量。

值为100%时，绘制的颜色最深最浓；当值小于100%时，绘制的颜色将变浅，值越小，颜色越淡。不同流量所绘制的效果如图3-21所示。

图3-21 不同流量所绘制的效果

3.2.5 喷枪效果

选择"画笔工具" ✐后，在工具选项栏中，单击"启用喷枪模式"按钮 ✦，启用喷枪工具，喷枪工具与画笔工具不同的地方在于，在硬度

值小于 100% 时，即使用边缘柔和度大的笔触 时，按住鼠标不动时，喷枪可以连续喷出颜色，

扩充柔和的边缘，而画笔不可以。

执行菜单栏中的"窗口"|"画笔"命令，或在画笔选项栏的右侧，单击"切换画笔面板"按钮，都可以打开"画笔"面板。Photoshop 为用户提供了非常多的画笔，可以选择现有预设画笔，并可以修改预设画笔设计新画笔，也可以自定义创建属于自己的画笔。

在"画笔"面板的左侧是画笔设置区，选择某个选项，可以在面板的右侧显示该选项相关的画笔选项；在面板的底部，是画笔笔触预览区，可以显示当使用当前画笔选项时绘画描边的外观。另外，单击面板菜单按钮▼≡，可以打开"画笔"面板的菜单，以进行更加详细的参数设置，如图 3-22 所示。

3.3.1 画笔预设 重点

画笔预设其实就是一种存储画笔笔尖，带有诸如大小、形状和硬度等定义的特性。画笔预设存储了 Photoshop 提供的众多画笔笔尖，当然也可以创建属于自己的画笔笔尖。在"画笔"面板中，单击"画笔预设"按钮，即可打开如图 3-23 所示的"画笔预设"面板。

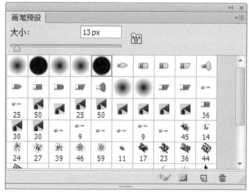

图3-23 "画笔预设"面板

1. 选择预设画笔

在工具箱中选择一种绘画工具，在选项栏中单击"点按可打开'画笔预设'选取器"区域，打开"画笔预设"选取器，从画笔笔尖形状列表中单击选择预设画笔，如图 3-24 所示。这是常用的一种选择预设画笔的方法。

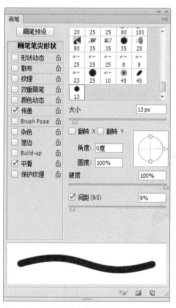

图3-22 "画笔"面板

技巧

单击选项组左侧的复选框可在不查看选项的情况下启用或停用这些选项。

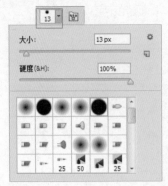

图3-24 选择预设画笔

提示

除了使用上面讲解的选择预设画笔的方法，还可以从"画笔"或"画笔预设"面板中选择预设画笔。

2. 更改预设画笔的显示方式

从"画笔预设"面板菜单 中选择显示选项，共包括6种显示：仅文本、小缩览图、大缩览图、小列表、大列表和描边缩览图。

- **仅文本**：以纯文本列表形式查看画笔。
- **小缩览图或大缩览图**：分别以小或大缩览图的形式查看画笔。
- **小列表或大列表**：分别以带有缩览图的小或大列表的形式查看画笔。
- **描边缩览图**：不但可以查看每个画笔的缩览图，而且还可以查看样式画笔描边效果。

3. 更改预设画笔库

通过"画笔预设"面板菜单 ，还可以更改预设画笔库。

- **"载入画笔"**：将指定的画笔库添加到当前画笔库。
- **"替换画笔"**：用指定的画笔库替换当前画笔库。
- **预设库文件**：位于面板菜单的底部，共包括15个，如混合画笔、基本画笔、方头画笔等。在选择库文件时，将弹出一个询问对话框，单击"确定"按钮，将已选择的画笔库替换当前的画笔库；单击"追加"按钮，可以将选择的画笔库添加到当前的画笔库中。

技巧

如果想返回到预设画笔的默认库，可以从"画笔预设"面板菜单中选择"复位画笔"命令，可以替换当前画笔库或将默认库追加到当前画笔库中。当然，如果想将当前画笔库保存起来，可以选择"存储画笔"命令。

练习3-4 自定义画笔预设 重点

难 度：★★

素材文件：第3章\花.jpg、画笔背景.jpg

案例文件：无

视频文件：第3章\练习3-4 自定义画笔预设.avi

前面讲解了画笔预设的应用，可以看到，虽然 Photoshop 为用户提供了许多的预设画笔，但还远远不能满足用户的需要，下面来讲解自定义画笔预设的方法。

01 执行菜单栏中的"文件"|"打开"命令，打开"花.jpg"图片，如图3-25所示。

02 执行菜单栏中的"编辑"|"定义画笔预设"命令，打开图3-26所示的"画笔名称"对话框，为其命名，比如"花"，然后单击"确定"按钮，即可将素材定义为画笔预设。

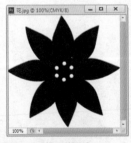

图3-25 打开的图片

图3-26 "画笔名称"对话框

03 选择"画笔工具" 后，在工具选项栏中，单击"画笔"选项右侧的"点按可打开'画笔预设'选取器"区域，打开"'画笔预设'选取器",在笔触选择区的最后将显示出刚定义的画笔笔触——花,效果如图3-27所示。

图3-27 创建的画笔笔触效果

04 为了更好地说明笔触的使用,下面设置花笔触的不同参数,绘制漂亮的图案效果。单击选项栏中的"切换画笔面板"按钮 圆,打开"画笔"面板,分别设置画笔的参数,如图3-28所示。

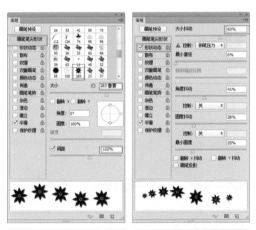

图3-28 画笔参数设置

05 参数设置完成后,执行菜单栏中的"文件"|"打开"命令,打开"画笔背景.jpg"图片,将其打开,如图3-29所示。

图3-29 打开的图片

06 将前景色设置为白色,使用设置好参数的"画笔工具" 圆,在图片中拖动绘图,绘制完成的效果如图3-30所示。

图3-30 绘制后的效果

难　度：	★
素材文件：	无
案例文件：	无

视频文件：第3章\练习3-5　画笔笔尖形状.avi

在"画笔"面板左侧的画笔设置区中，单击选择"画笔笔尖形状"选项，在面板的右侧将显示画笔笔尖形状的相关画笔参数，包括大小、角度、圆度和间距等参数设置，如图3-31所示。

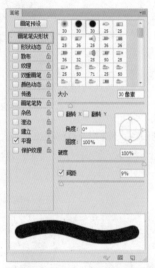

图3-31　"画笔"|"画笔笔尖形状"选项

"画笔"|"画笔笔尖形状"各选项的含义说明如下。

- "大小"：调整画笔笔触的直径大小。可以通过拖动下方的滑块来修改直径，也可以在右侧的文本框中输入数值来改变直径大小。值越大，笔触也越粗。具有不同大小值的画笔笔触效果如图3-32所示。

图3-32　具有不同大小值的画笔笔触效果

- "翻转X""翻转Y"：控制画笔笔尖的水平、垂直翻转。勾选"翻转X"复选框，将画笔笔尖水平翻转；勾选"翻转Y"复选框，将

画笔笔尖垂直翻转。原始画笔、"翻转X"和"翻转Y"的效果对比如图3-33所示。

原始效果　　　　翻转X　　　　翻转Y
图3-33　效果对比

- "角度"：设置笔尖的绘画角度。可以在其右侧的文本框中输入数值，也可以在笔尖形状预览窗口中，拖动箭头标志来修改画笔的角度值，不同角度值绘制的形状效果如图3-34所示。

✦✦✦✦✦ ✹✹✹✹✹ ✦✦✦✦✦

图3-34　不同角度值绘制的形状效果

- "圆度"：设置笔尖的圆形程度。在其右侧文本框中输入数值，也可以在笔尖形状预览窗口中，拖动控制点来修改笔尖的圆度。当值为100%时，笔尖为圆形；当值小于100%时，笔头为椭圆形。不同圆角度绘画效果如图3-35所示。

图3-35　同圆角度绘画效果

- "硬度"：设置画笔笔触边缘的柔和程度。在其右侧文本框中输入数值，也可以通过拖动其下方的滑块来修改笔触硬度。值越大，边缘越生硬；值越小，边缘柔化程度越大。不同硬度值绘制出的效果如图3-36所示。

硬度值为100%　硬度值为50%　　硬度值为0
图3-36　不同硬度值绘画的效果

- "间距"：设置画笔笔触间的间距大小。值越小，所绘制的形状间距越小；值越大，所绘制的形状间距越大。不同间距大小绘画描边效果如图3-37所示。

图3-37　不同间距大小绘画描边效果

3.3.2 硬毛刷笔尖形状

硬毛刷可以通过硬毛刷笔尖指定精确的毛刷特性，从而创建十分逼真、自然的描边。硬毛笔刷位于默认的画笔库中，在画笔笔尖形状列表单击选择某个硬毛笔刷后，在画笔选项区将显示硬毛笔刷的参数，如图3-38所示。

图3-38　硬毛笔刷的参数

硬毛笔刷的参数含义说明如下。

- "形状"：指定硬毛笔刷的整体排列。从右侧的下拉菜单中，可以选择一种形状，包括圆点、圆钝形、圆曲线、圆角、圆扇形、平点、平钝形、平曲线、平角和平扇形10种形状。不同形状笔刷效果如图3-39所示。

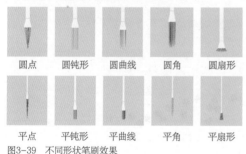

| 圆点 | 圆钝形 | 圆曲线 | 圆角 | 圆扇形 |

平点　平钝形　平曲线　平角　平扇形
图3-39　不同形状笔刷效果

- "硬毛刷"：指定硬毛刷的整体的毛刷密度。值越大，毛刷的密度就越大。不同硬毛刷值的绘画效果如图3-40所示。

图3-40　不同硬毛刷值的绘画效果

- "长度"：指定毛刷刷毛的长度。不同长度值的硬毛刷效果如图3-41所示。

图3-41　不同长度值的硬毛刷效果

- "粗细"：指定各个硬毛刷的宽度。
- "硬度"：指定毛刷的强度。值越大，绘制的笔触越浓重，如果设置的值较低，则画笔绘画时容易发生变形。
- "角度"：指定用鼠标绘画时的画笔笔尖角度。
- "间距"：指定描边中两个画笔笔迹之间的距离。如果取消选择此复选框，则拖动鼠标使用绘画时，指针的速度将决定间距的大小。

练习3-6 形状动态 （难点）

难　　度：★★
素材文件：无
案例文件：无
视频文件：第3章＼练习3-6　形状动态.avi

在"画笔"面板的左侧的画笔设置区中，单击选择"形状动态"选项，在面板的右侧将显示画笔笔尖形状动态的相关参数设置选项，包括大小抖动、最小直径、倾斜缩放比例、角度抖动、圆度抖动和最小圆度等参数的设置，如图3-42所示。

图3-42　"画笔"｜"形状动态"选项

"画笔"|"形状动态"各选项的含义说明如下。

提示

"翻转 X 抖动"和"翻转 Y 抖动"与"画笔笔尖形状"选项中的"翻转 X""翻转 Y"用法相似，不同的是，前者在翻转时不是全部翻转，而是随机性的翻转。

- "大小抖动"：设置笔触绘制的大小变化效果。值越大，大小变化越大，在下方的"控制"选项中，还可以控制笔触的变化形式，包括关、渐隐、钢笔压力、钢笔斜度和光笔轮5个选项。大小抖动的不同显示效果如图3-43所示。

图3-43 不同大小抖动值绘画效果

- "最小直径"：设置画笔笔触的最小显示直径。当使用"大小抖动"时，使用该值，可以控制笔触的最小笔触的直径。

- "倾斜缩放比例"：设置画笔笔触的倾斜缩放比例大小。只有在"控制"选项中选择了"钢笔斜度"命令后，此项才可以应用。

- "角度抖动"：设置画笔笔触的角度变化程度。值越大，角度变化也越大，绘制的形状越复杂。不同角度抖动值绘制的形状效果如图3-44所示。

抖动值为0　　　　抖动值为30%　　　抖动值为80%
图3-44 不同角度抖动值绘画效果

- "圆度抖动"：设置画笔笔触的圆角变化程度。可以从下方的"控制"选项中，选择一种圆度的变化方式。不同的圆度抖动值绘制的形状效果如图3-45所示。

抖动值为0　　　　抖动值为50%　　　抖动值为100%
图3-45 不同的圆度抖动值绘制的形状效果

- "最小圆度"：设置画笔笔触的最小圆度值。当使用"圆度抖动"时，该项才可以使用。值越小，圆度抖动的变化程度越大。

练习3-7 散布

难　　度：	★★
素材文件：	无
案例文件：	无
视频文件：	第 3 章 \ 练习 3-7　散布 .avi

画笔散布选项设置可确定在绘制过程中画笔笔迹的数目和位置。在"画笔"面板的左侧的画笔设置区中，单击选择"散布"选项，在面板的右侧将显示画笔笔尖散布的相关参数设置选项，包括散布、数量和数量抖动等参数项，如图 3-46 所示。

图3-46 "画笔"|"散布"选项

"画笔"|"散布"各选项的含义说明如下。

- "散布"：设置画笔笔迹在绘制过程中的分布方式。当勾选"两轴"复选框时，画笔的笔迹按水平方向分布，当取消"两轴"复选框时，画笔的笔迹按垂直方向分布。在其下方的"控制"选项中可以设置画笔笔迹散布的变化方式。不同散布参数值绘画效果如图3-47所示。

图3-47　不同散布参数值绘画效果

- "数量"：设置在每个间距间隔中应用的画笔笔迹散布数量。需要注意的是，如果在不增加间距值或散布值的情况下增加数量，绘画性能可能会降低。不同数量值绘画效果如图3-48所示。

图3-48　不同数量值绘画效果

- "数量抖动"：设置在每个间距间隔中应用的画笔笔迹散布的变化百分比。在其下方的"控制"选项中可以设置以何种方式来控制画笔笔迹的数量变化。

3.3.3　纹理

　　纹理画笔利用添加的图案，使画笔绘制的图像看起来像是在带纹理的画布上绘制的一样，产生明显的纹理效果。在"画笔"面板左侧的画笔设置区中，单击选择"纹理"选项，在面板的右侧将显示纹理的相关参数设置选项，包括缩放、模式、深度、最小深度和深度抖动等参数项，如图3-49所示。

图3-49　"画笔"|"纹理"选项

"画笔"|"纹理"各选项的含义说明如下。

- "图案拾色器"：单击"点按可打开'图案'拾色器"区域，将打开"图案"拾色器"，从中可以选择所需的图案，可以通过"'图案'拾色器"菜单，打开更多的图案。
- "反相"：勾选该复选框，图案中的亮暗区域将时行反转。图案中的最亮区域转换为暗区域，图案中的最暗区域转换为亮区域。
- "缩放"：设置图案的缩放比例。键入数字或拖动滑块来改变图案大小的百分比值。不同缩放效果如图3-50所示。

缩放=1%　　　　缩放=30%　　　　缩放=100%

图3-50　不同缩放效果

- "为每个笔尖设置纹理"：勾选该复选框，在绘画时，为每个笔尖都应用纹理。如果不勾选该复选框，则无法使用下面的"最小深度"和"深度抖动"两个选项。
- "模式"：设置画笔和图案的混合模式。使用不同的模式，可以绘制出不同的混合笔迹效果。
- "深度"：设置图案油彩渗入纹理的深度。键入数字或拖动滑块来改变渗入的程度，值越大，渗入的纹理深度越深，图案越明显。不同深度值绘图效果如图3-51所示。

图3-51　不同深度值绘图效果

- "最小深度"：当勾选"为每个笔尖设置纹理"复选框并将"控制"选项设置为渐隐、钢笔压力、钢笔斜度、光笔轮选项时，此参数决定了图案油彩渗入纹理的最小深度。
- "深度抖动"：设置图案渗入纹理的变化程度。当勾选"为每个笔尖设置纹理"复选框时，拖动其下方的滑块或在其右侧的文本框中输入数值，可以在其下方的"控制"选项中设置以何种方式控制画笔笔迹的深度变化。

为当前工具指定纹理时，可以将纹理的图案和比例拷贝到支持纹理的所有工具。例如，可以将画笔工具使用的当前纹理图案和比例拷贝到铅笔、仿制图章、图案图章、历史画笔、艺术历史画笔、橡皮擦、减淡、加深和海绵等工具。从"画笔"面板菜单中选择"将纹理拷贝到其他工具"命令，可以将纹理图案和比例拷贝到其他绘画和编辑工具。

练习3-8 双重画笔

难　　度：	★★
素材文件：	无
案例文件：	无
视频文件：	第3章\练习3-8 双重画笔.avi

双重画笔模拟使用两个笔尖创建画笔笔迹，产生两种相同或不同纹理的重叠混合效果。在"画笔"面板左侧的画笔设置区中，单击选择"双重画笔"选项，就可以绘制出双重画笔效果，如图3-52所示。

图3-52　"画笔"|"双重画笔"选项

"画笔"|"双重画笔"各选项的含义说明如下。

- "模式"：设置双重画笔间的混合模式。使用不同的模式，可以制作出不同的混合笔迹效果。
- "翻转"：勾选该复选框，可以启用随机画笔翻转功能，产生笔触的随机翻转效果。

- "大小"：控制双笔尖的大小。
- "间距"：设置画笔中双笔尖画笔笔迹之间的距离。键入数字或拖动滑块来改变笔尖的间距大小。不同间距的绘画效果如图3-53所示。

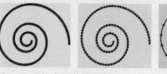

图3-53　不同间距的绘画效果

- "散布"：设置画笔中双笔尖画笔笔迹的分布方式。当勾选"两轴"复选框时，画笔笔迹按水平方向分布。当取消勾选"两轴"复选框时，画笔笔迹按垂直方向分布。
- "数量"：设置在每个间距间隔应用的画笔笔迹的数量。键入数字或拖动滑块来改变笔迹的数量。

练习3-9 颜色动态

难　　度：	★★★
素材文件：	无
案例文件：	无
视频文件：	第3章\练习3-9 颜色动态.avi

颜色动态控制笔画中油彩色相、饱和度、亮度和纯度等的变化，在"画笔"面板左侧的画笔设置区中，单击选择"颜色动态"选项，在面板的右侧将显示颜色动态的相关参数设置选项，如图3-54所示。

图3-54　"画笔"|"颜色动态"选项参数

"画笔"|"颜色动态"各选项的含义说明如下。

- "前景/背景抖动"：键入数字或拖动滑块，可以设置前景色和背景色之间的油彩变化方式。在其下方的"控制"选项中可以设置以何种方式控制画笔笔迹的颜色变化。不同前景/背景抖动值绘画效果如图3-55所示。

抖动=0　　　　　抖动=50%　　　　抖动=100%

图3-55　不同前景/背景抖动值绘画效果

- "色相抖动"：键入数字或拖动滑块，可以设置在绘制过程中颜色色彩的变化百分比。较低的值在改变色相的同时保持接近前景色的色相。较高的值增大色相间的差异。不同色相抖动绘画效果如图3-56所示。

抖动=20%　　　　抖动=50%　　　　抖动=100%

图3-56　不同色相抖动绘画效果

- "饱和度抖动"：设置在绘制过程中颜色饱和度的变化程度。较低的值在改变饱和度的同时保持接近前景色的饱和度。较高的值增大饱和度级别之间的差异。不同饱和度抖动绘图效果如图3-57所示。

抖动=0　　　　　抖动=50%　　　　抖动=100%

图3-57　不同饱和度抖动绘画效果

- "亮度抖动"：设置在绘制过程中颜色明度的变化程度。较低的值在改变亮度的同时保持接近前景色的亮度。较高的值增大亮度级别之间的差异。不同亮度抖动绘画效果如图3-58所示。

抖动=0　　　　　抖动=20%　　　　抖动=100%

图3-58　不同亮度抖动绘画效果

- "纯度"：设置在绘制过程中，颜色深度的大小。如果该值为-100，则颜色将完全去色；如果该值为100，则颜色将完全饱和。不同纯度绘画效果如图3-59所示。

纯度=-100%　　　纯度=-50%　　　纯度=100%

图3-59　不同纯度绘画效果

练习3-10　传递

难　度：	★ ★
素材文件：	无
案例文件：	无

视频文件：第3章 \ 练习3-10 传递 .avi

画笔的传递用来设置画笔不透明度抖动和流量抖动。在"画笔"面板左侧的画笔设置区中，单击选择"传递"选项，在面板的右侧将显示传递的相关参数设置选项，参数设置及绘图效果如图3-60所示。

图3-60　"画笔"|"传递"选项参数

"画笔"|"传递"各选项的含义说明如下。

- **"不透明度抖动"**：设置画笔绘画时不透明度的变化程度。键入数字或拖动滑块，可以设置在绘制过程中颜色不透明度的变化百分比。在其下方的"控制"选项中可以设置以何种方式来控制画笔笔迹颜色的不透明度变化。不同不透明度抖动绘画效果如图3-61所示。

抖动=0　　　　　抖动=50%　　　　抖动=100%

图3-61　不同不透明度抖动绘图效果

- **"流量抖动"**：设置画笔绘图时油彩的流量变化程度。键入数字或拖动滑块，可以设置在绘制过程中颜色流量的变化百分比。在其下方的"控制"选项中可以设置以何种方式来控制画笔颜色的流量变化。

3.3.4　画笔笔势

画笔笔势用来调整毛刷画笔笔尖、侵蚀画笔笔尖的角度，如图3-62所示。

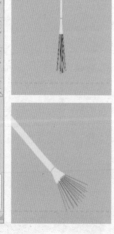

图3-62　画笔笔势及效果

3.3.5　其他画笔选项

在"画笔"面板的左侧底部，还包含一些选项，如图3-63所示。勾选这些选项，可以为画笔添加特效效果。勾选某个选项的复选框，

即可为当前画笔设置添加该特效，各选项特效的具体含义如下。

图3-63　其他选项

其他选项的含义说明如下。

- **"画笔笔势"**：勾选该复选框，可以设置倾斜、旋转和覆盖旋转等参数设置。
- **"杂色"**：勾选该复选框，可以为个别的画笔笔尖添加随机的杂点。当应用于柔边画笔笔触时，此选项非常有效。应用"杂点"特效画笔的前后效果如图3-64所示。

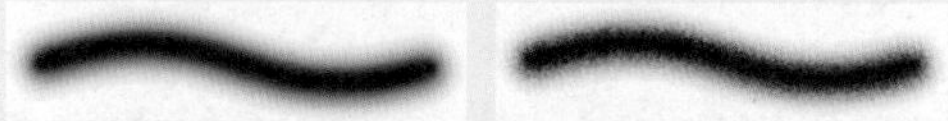

图3-64　应用"杂点"特效画笔的前后效果

- **"湿边"**：勾选该复选框，可以沿绘制出的画笔笔迹边缘增大油彩量，从而出现水彩画润湿边缘扩散的效果。应用"湿边"特效画笔的前后效果如图3-65所示。

图3-65　应用"湿边"特效画笔的前后效果

- **"建立"**：勾选该复选框，可以使用喷枪样式的建立效果。
- **"平滑"**：勾选该复选框，可以使画笔绘制出的颜色边缘较平滑。当使用光笔进行快速绘画时，此选项非常有效；但是它在笔画渲染中可能会导致轻微的滞后。
- **"保护纹理"**：勾选该复选框，可对所有具有纹理的画笔预设应用相同的图案和比例。当使用多个纹理画笔笔触绘画时，勾选此选项，可以模拟绘制出一致的画布纹理效果。

提示

如果设置了较多的画笔选项，想一次取消选中状态，可以从"画笔"面板菜单中选取"清除画笔控制"命令，可以轻松地清除所有画笔选项。

擦除图像的工具主要包括"橡皮擦工具" 、"背景橡皮擦工具" 和"魔术橡皮擦工具" ，主要用于擦除错误的绘图或将图像的某些部分擦除成背景色或透明。

3.4.1 橡皮擦工具 重点

选择"橡皮擦工具" 后，橡皮擦工具的选项栏如图3-66所示。其选项包括"画笔""模式""不透明度""流量"和"抹到历史记录"。

图3-66 橡皮擦工具选项栏

橡皮擦工具选项栏各选项的含义说明如下。

- "画笔"：设置橡皮擦工具的直径、笔触效果、硬度等参数，用法与画笔工具的用法相同。
- "切换画笔面板"：单击此按钮，即可"画笔"面板。
- "模式"：选择橡皮的擦除方式，包括"画笔""铅笔"和"块"3种方式。"画笔"可以擦除边缘较柔和的边缘效果；"铅笔"可擦除边缘较硬的效果；"块"可以擦除块状效果。3种方式不同的擦除效果如图3-67所示。

画笔方式　　　　铅笔方式　　　　块方式

图3-67 不同模式的橡皮擦除效果

- "不透明度"：设置擦除的程度。当值为100%时，将完全擦除图像；当值小于100%时，将根据不同的值擦出不同深浅的图像，值越小，透明度越大。

提示

当在"模式"中选择"块"时，"不透明度"选项将不可用。

- "绘图板压力控制不透明度"：启动该按钮可以模拟绘图板压力控制不透明度。
- "流量"：设置描边的流动速率。值越大，擦除的效果越明显。当值为100%时，将完全擦除图像；当值为1%时，将看不到擦除效果。
- "喷枪"：单击该按钮，可以启用喷枪功能。当按住鼠标不动时，可以产生扩展擦除效果。
- "抹到历史记录"：勾选该复选框后，在"历史记录"面板中可以设置擦除的历史记录画笔位置或历史快照位置，擦除时可以将擦除区域恢复到设置的历史记录位置。
- "绘图板压力控制大小"：启动该按钮可以模拟绘图板压力控制大小。

"橡皮擦工具" 的使用方法很简单，首先在工具箱中选择"橡皮擦工具" ，在工具选项栏中设置合适的橡皮擦参数，然后将指针移动到图像中，在需要的位置按住鼠标左键拖动擦除即可。在应用橡皮擦工具时，根据图层的不同，擦除的效果也不同，具体的擦除效果如下。

- 如果在背景层或透明被锁定的图层中擦除时，被擦除的部分将显示为背景色。在背景层中擦除的效果如图3-68所示。

图3-68 在背景层中擦除的效果

图3-68 在背景层中擦除的效果（续）

- 在没有被锁定透明的普通层中擦除时，被擦除的部分将显示为透明，与背景颜色无关。普通层中擦除的效果如图3-69所示。

图3-69 在普通层上擦除效果

3.4.2 背景橡皮擦工具

选择"背景橡皮工具" 后，"背景橡皮工具" 的选项栏如图3-70所示，其中包括"画笔""取样""限制""容差"和"保护前景色"等选项。

图3-70 背景橡皮擦工具选项栏

背景橡皮擦工具选项栏各选项的含义说明如下。

- "画笔"：设置背景橡皮擦工具的大小、形状、硬度等属性，设置方法与前面讲过的画笔设置方法相同，这里不再赘述，详情可参考前面画笔工具的内容讲解。
- "取样：连续" ：用法等同于橡皮擦工具，在擦除过程中连续取样，可以擦除拖动指针经过的所有图像像素。
- "取样：一次" ：擦除前选进行颜色取样，即指针定位位置的颜色，然后按住鼠标拖动，可以在图像上擦除与取样颜色相同或相近的颜色，而且每次单击取样的颜色只能做一次连续的擦除，如果释放鼠标后想继续擦除，需要再次单击重新取样。
- "取样：背景色板" ：在在擦除前先设置好背景色，即设置好取样颜色，然后可以擦除与背景色相同或相近的颜色。
- "限制"：控制背景橡皮擦工具擦除的颜色界限。包括3个选项，分别为"不连续""连续"和"查找边缘"。选择"不连续"选项，在图像上拖动可以擦除所有包含取样点颜色的区域；选择"连续"选项，在图像上拖动只擦除相互连接的包含取样点颜色的区域；选择"查找边缘"选项，将擦除包含取样点颜色的相互连接区域，可以更好地保留形状边缘的锐化程度。
- "容差"：控制擦除颜色的相近范围。输入值或拖移滑块可以修改图像颜色的精度，值越大，擦除相近颜色的范围就越大；值越小，擦除相近颜色的范围就越小。
- "保护前景色"：勾选该复选框，在擦除图像时，可防止擦除与工具箱中的前景色相匹配的颜色区域。图3-71所示为勾选和不勾选"保护前景色"复选框的擦除效果。

图3-71 勾选和不勾选复选框的擦除效果

- "绘图板压力控制大小"：启动该按钮可以模拟绘图板压力控制大小。

3.4.3 魔术橡皮擦工具 【重点】

在工具箱中，选择"魔术橡皮擦工具"后，"魔术橡皮擦工具"选项栏如图3-72所示。包括"容差""消除锯齿""连续""对所有图层取样"和"不透明度"几个选项。

图3-72 魔术橡皮擦工具选项栏

"魔术橡皮擦工具"选项栏各选项的含义说明如下。

- "容差"：控制擦除的颜色范围。在其右侧的文本框中输入容差数值，值越大，擦除相近颜色的范围就越大；值越小，擦除相近颜色的范围就越小。取值范围为0~255。不同的容差值擦除的效果如图3-73所示。

容差值为20　　　　　　容差值为60

图3-73 不同容差值的擦除效果

- "消除锯齿"：勾选该复选框，可使擦除区域的边缘与其他像素的边缘产生平滑过渡效果。
- "连续"：勾选该复选框，将擦除与鼠标单击点颜色相似并相连接的颜色像素；取消该复选框，将擦除与鼠标单击点颜色相似的所有颜色像素。

勾选与不勾选"连续"复选框的擦除效果如图3-74所示。

图3-74 勾选与不勾选复选框的擦除效果

- "对所有图层取样"：勾选该复选框，在擦除图像时，将对所有的图层进行擦除；取消勾选该项，在擦除图像时，只擦除当前图层中的图像像素。
- "不透明度"：指定被擦除图像的透明程度。100%的不透明度将完全擦除图像像素；较低的不透明度参数，将擦除的区域显示为半透明状态。不同透明度擦除图像的效果如图3-75所示。

图3-75 不同透明度擦除图像的效果

"魔术橡皮擦工具"的用法与"魔棒工具"相似，只是"魔棒工具"产生的是选区。使用"魔术橡皮擦工具"时，在图像中单击，可以擦除图像中与单击处颜色相近的像素。不过，在擦除图像时，分为两种不同的情况。

- 如果在锁定了透明的图层中擦除图像时，被擦除的像素会显示为背景色，锁定透明图层的擦除效果如图3-76所示。

图3-76 锁定透明图层的擦除效果

如果在背景层或普通层中擦除图像时，被擦除的像素会显示为透明效果。普通层中擦除图像效果如图3-77所示。

图3-77 普通层中擦除图像效果

3.5 知识拓展

本章主要对 Photoshop CS6 在绘画功能上进行了详细的讲解，Photoshop CS6 拥有强大的绘画工具及繁杂的参数设置，本章对其一一进行了阐述，通过本章掌握画笔工具的使用方法及画笔面板参数的设置技巧。

3.6 拓展训练

本章通过 3 个课后习题，对 Photoshop 强大的绘画功能加以深入，并拓展到抠图应用中，学习橡皮擦工具在抠图中的应用技巧。

训练3-1 以简单笔刷描绘心形云彩

◆ 实例分析

本例主要讲解利用画笔制作心形云彩效果。首先通过"画笔"面板调整画笔的参数，然后绘制形状并利用路径描边，制作出心形云彩效果。最终效果如图 3-78 所示。

难　度：★★★
素材文件：第 2 章\渐变背景 .jpg
案例文件：第 3 章\描绘心形云彩 .psd
视频文件：第 3 章\训练 3-1 以简单笔刷描绘心形云彩 .avi

图3-78 完成效果

◆ 本例知识点

1. 渐变工具

2．画笔工具
3．自定形状工具

◆实例分析

　　下面通过实例来讲解"橡皮擦工具" 的抠图应用及技巧。抠图前后效果对比如图3-79所示。

难　　度：★★★
素材文件：第3章\面具熊.jpg
案例文件：第3章\玩具抠图.psd
视频文件：第3章\训练3-2使用"橡皮擦工具"将玩具抠图.avi

图3-79　抠图前后效果对比

◆本例知识点

1．橡皮擦工具
2．魔棒工具

◆实例分析

　　下面通过实例来讲解"背景橡皮擦工具" 的抠图应用及技巧。抠图前后效果对比如图3-80所示。

难　　度：★★★
素材文件：第3章\女式挎包.jpg
案例文件：第3章\皮包抠图.psd
视频文件：第3章\训练3-3使用"背景橡皮擦工具"将皮包抠图.avi

图3-80　抠图前后效果对比

◆本例知识点

1．背景橡皮擦工具
2．"历史记录"面板

第 **2** 篇

提高篇

第 **4** 章

认识选区及抠图应用

在图形的设计制作中，经常需要确定一个工作区域，以便处理图形中的不同位置，这个区域就是选框或套索工具所确定的范围，而对于经常与图像打交道的设计人员来说，图像的抠图也是非常重要的。本章就以选区工具及命令的基本应用和抠图实战为着力点，详细讲解了选区工具及命令的基础知识，并将其在抠图中的应用以案例的形式进行展示，让读者不但学习到选区工具及命令的基础知识，还对图像的抠图技法有个详细的了解。

教学目标

学习选框、套索和魔棒工具的使用
掌握选区的添加、减去和交叉等操作技能
掌握方形、圆形及多边形图像的抠图技法
学习运用色彩范围选取图像的方法
掌握其他复杂图像的抠图技法

扫码观看本章
案例教学视频

4.1 创建规则形状选区

创建规则形状选区一般是由选框工具组来完成，选框工具组有 4 种工具，包括"矩形选框工具" 、"椭圆选框工具" 、"单行选框工具" 和"单列选框工具" 。

在默认状态下，工具箱中显示的为"矩形选框工具" ，其他 3 个工具隐藏了起来，将鼠标指针放在矩形选框工具上，单击鼠标并按住不放。此时，出现一个选框工具组，然后拖动鼠标至想要选择的工具图标处释放鼠标，即可选择其他的工具；也可以在矩形选框工具图标上单击鼠标右键，就会弹出工具选项菜单，单击选择相应的工具即可。弹出的选框工具组如图 4-1 所示。

图4-1　弹出的选框工具组

4.1.1　选框工具选项栏 重点

使用任意一个选框工具，在工具选项栏中将显示该工具的属性，利用这些不同的属性，可以创建出更加繁杂的选区效果。选框工具组中，相关选框工具的工具选项栏内容是一样的，主要有"羽化""消除锯齿""样式"等选项，下面以"椭圆选框工具" 选项栏为例，来讲解各选项的含义及用法，"椭圆选框工具" 选项栏如图 4-2 所示。

图4-2　"椭圆选框工具"选项栏

"椭圆选框工具"选项栏各选项的含义及用法介绍如下。

- **"新选区"** ：单击该按钮，将激活新选区属性，使用选框工具在图形中创建选区时，新创建的选区将替代原有的选区。
- **"添加到选区"** ：单击该按钮，将激活添加到选区属性，使用选框工具在画布中创建选区时，如果当前画布中存在选区，指针将变成双十字形状 ，表示添加到选区。此时绘制新选区，新建的选区将与原来的选区合并成为新的选区，操作步骤及效果如图4-3所示。

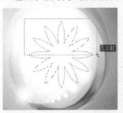

图4-3　添加到选区操作步骤及效果

- **"从选区减去"** ：单击该按钮，将激活从选区减去属性，使用选框工具在图形中创建选区时，如果当前画布中存在选区，指针将变成 状，如果新创建的选区与原来的选区有相交部分，将从原选区中减去相交的部分，余下的选择区域作为新的选区，操作步骤及效果如图4-4所示。

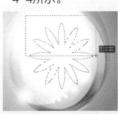

图4-4　从选区中减去操作步骤及效果

- "与选区交叉" ▣：单击该按钮，将激活与选区交叉属性，使用选框工具在图形中创建选区时，如果当前画布中存在选区，指针将变成 +ₓ 状，如果新创建的选区与原来的选区有相交部分，结果会将相交的部分作为新的选区，操作步骤及效果如图4-5所示。

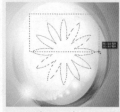 

图4-5　与选区交叉操作步骤及效果

- "羽化"：在"羽化"文本框中输入数值，可以设置选区的羽化程度。对被羽化的选区填充颜色或图案后，选区内外的颜色柔和过渡，数值越大，柔和效果越明显。
- "消除锯齿"：图像是由像素点构成，而像素点是方的，所以在编辑和修改圆形或弧形图形时，其边缘会出现锯齿效果。勾选该复选框，可以消除选区锯齿，平滑选区边缘。
- "样式"：在"样式"下拉列表中可以选择创建选区时选区样式。包括"正常""固定比例"和"固定大小"3个选项。"正常"为默认选项，可在操作文件中随意创建任意大小的选区；选择"固定比例"选项后，"宽度"及"高度"文本框被激活，在其中输入选区"高度"和"宽度"的比例，可以得到宽度和高度成比例的不同大小的选区；选择"固定大小"选项后，"宽度"及"高度"文本框被激活，在其中输入选区"高度"和"宽度"的像素值，可以得到宽度和高度都相同的选区。

4.1.2　矩形选框工具

　　"矩形选框工具" ▢ 适合选择矩形图形，一般常用于切割矩形区域，比如选择图4-6中花的中间部分，就可以使用"矩形选框工具"。

　　单击工具箱中的"矩形选框工具" ▢，将指针移动到当前图形中，在合适的位置单击，在不释放鼠标的情况下拖动鼠标，到拖动到合适的位置后，释放鼠标即可创建一个矩形选区，如图4-6所示。

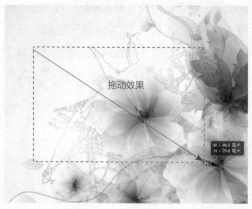

拖动效果

图4-6　创建矩形选区

练习4-1 使用"矩形选框工具"抠方形图像

难　　度：★★
素材文件: 第4章 \ 方形挂钟 .jpg
案例文件: 第4章 \ 抠方形图像 .psd
视频文件: 第4章 \ 练习4-1 使用"矩形选框工具"抠方形图像 .avi

　　下面通过实例来讲解"矩形选框工具" ▢ 的抠图应用及技巧。

01 执行菜单栏中的"文件"|"打开"命令，打开"方形挂钟.jpg"文件。

02 在工具箱中，单击选择"矩形选框工具" ，在选项栏中单选中"新选区"按钮，设置"羽化"为0像素，"样式"为"正常"，如图4-7所示。

图4-7　矩形选框工具

03 使用"矩形选框工具"在图像中方形挂钟的上方绘制一个矩形选框。

04 执行菜单栏中的"选择"|"变换选区"命令，如图4-8所示。

图4-8　"变换选区"命令

05 在"变换选区"命令下，单击鼠标右键，在弹出的快捷菜单中选择"扭曲"命令，如图4-9所示。

06 使用鼠标拖动变换框上的控制角点，将其逐个移动至相应方形挂钟角端，将绘制的矩形选框与方形挂钟边缘完全重合，如图4-10所示。

图4-9　使用"扭曲"

图4-10　调整选区

技巧

在进行细微调整选区的时候，可以按 Ctrl+ + 组合键将图像放大显示，方便调整。

07 按Enter键确认选区的变换，可以看到，此时选区刚好将挂钟图像选中，如图4-11所示。

图4-11　确认效果

08 按Ctrl+J组合键，以选区为基础拷贝一个新图层"图层1"，在"图层"面板中，单击"背景"图层前方的眼睛图标，将背景图层中的图像隐藏，如图4-12所示，完成本例抠图。

图4-12　最终抠图效果

4.1.3　椭圆选框工具

"椭圆选框工具"○适合选择圆形或是椭圆形的图形，单击工具箱中的"椭圆选框工具"○，将指针移动到当前图形中单击鼠标左键，在不释放鼠标的情况下拖动鼠标到合适的位置后，释放鼠标即可创建一个椭圆形选区，如图4-13 所示。

图4-13　椭圆选区效果

技巧

使用选框工具、套索工具、多边形套索工具、磁性套索工具和魔棒工具进行从选区减去操作时。在按住 Alt 键的同时绘制选区，可达到从选区减去的效果。如果新绘制的选区与原选区没有重合，刚选区不会有任何变化。

4.1.4　单行、单列选框工具

"单行选框工具"和"单列选框工具"主要用来创建单行或单列的选区，在实际应用中使用比较少。单击工具箱中的"单行选框工具"　或"单列选框工具"　，然后将指针移动到当前图形中单击鼠标左键，即可在当前图形中创建水平单行选区或垂直单列选区，而且高度或宽度只有 1 像素，如图 4-14 所示。

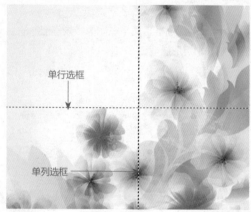

图4-14　创建的选区效果

4.2 创建不规则形状选区

创建不规则形状选区一般是由套索工具组来完成，该工具组包含3种不同类型的工具："套索工具"○、"多边形套索"○和"磁性套索工具"○。

在默认状态下，工具箱中显示的为"套索工具" ⟨⟩ ，其他2个工具隐藏了起来，将指针放在"套索工具" ⟨⟩ 上，单击鼠标并按住不放。此时，出现一个套索工具组，然后拖动鼠标至想要选择的工具图标处，释放鼠标即可选择其他的工具；也可以在"套索工具" ⟨⟩ 图标上单击鼠标右键，就会弹出工具组，单击选择相应的工具即可。弹出的套索工具组如图4-15所示。

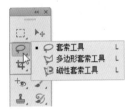

图4-15　套索工具组

4.2.1　套索工具

"套索工具" ⟨⟩ 也叫自由套索工具，之所以叫自由套索工具，是因为这个工具在使用上非常的自由，可以比较随意地创建任意形状的选区。具体的使用方法如下。

[01] 在工具箱中单击选择"套索工具" ⟨⟩ 。

[02] 将指针移至图像窗口，在需要选取图像处按住指针并拖动鼠标选取需要的范围。

[03] 当指针拖回到起点位置时，释放鼠标左键，即可将图像选中，选择图像的过程如图4-16所示。

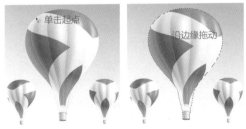

图4-16　利用套索工具选择图像效果

练习4-2 利用"磁性套索工具"对瓷杯抠图 重点

难　　度：★★
素材文件：第4章\蓝色卡通杯.jpg
案例文件：第4章\对瓷杯抠图.psd
视频文件：第4章\练习4-2利用"磁性套索工具"对瓷杯抠图.avi

下面通过实例来讲解"磁性套索工具" ⟨⟩ 的抠图应用及技巧。

[01] 执行菜单栏中的"文件"|"打开"命令，打开"蓝色卡通杯.jpg"文件。

[02] 选择工具箱中的"磁性套索工具" ⟨⟩ ，在选项栏中单击选中"新选区"按钮，设置"羽化"为0像素，如图4-17所示。

图4-17　磁性套索工具设置

[03] 使用"磁性套索工具"在图像中杯子的边缘上单击，松开鼠标并沿水杯边缘附近拖动，如图4-18所示。

[04] 当指针回到起始点的时候，在"磁性套索工具"指针的右下角会显示一个圆形图标，此时单

击鼠标即可完成选区的绘制，如图4-19所示。

图4-18　绘制选区

图4-19　封闭选区

05 按Ctrl+J组合键以选区为基础，拷贝一个新图层"图层1"，如图4-20所示。

图4-20　拷贝图像

06 在"图层"面板中，单击"背景"图层前方的眼睛图标，将背景图层中的图像隐藏，如图4-21所示。

图4-21　最终抠图效果

4.2.2 魔棒工具 （难点）

"魔棒工具" 根据颜色进行选取，用于选择图像中颜色相同或者相近的区域，是一款非常有用的选取工具。使用魔棒工具时在图像中的某一种颜色处单击，即可选取该颜色一定容差值范围内的相邻颜色区域。

在工具箱中选择"魔棒工具" ，选项栏如图4-22所示，各选项设置可以更好地控制"魔棒工具"的选择。

图4-22　"魔棒工具"选项栏

其他选项设置所代表的具体含义如下。

● "容差"：在"容差"文本框中的数值大小可以确定魔棒工具选取颜色的容差范围。该数值越大，则所选取的相邻颜色就越多。图4-23所示为"容差"值为15时的效果；图4-24所示为"容差"值为60时的效果。

图4-23　值为20

图4-24　值为60

- "连续"：勾选"连续"复选项，则只选取与单击处相邻的、容差范围内的颜色区域；不勾选"连续"复选项，将整个图像或图层中容差范围内的颜色区域均被选中。勾选与不勾选"连续"复选框的不同选择效果如图4-25所示。

图4-25　勾选与不勾选"连续"的选择效果

- "对所有图层取样"：勾选该复选项，将在所有可见图层中选取容差范围内的颜色区域；否则，魔棒工具只选取当前图层中容差范围内的颜色区域。

练习4-3　使用"魔棒工具"对凉鞋抠图

难　　度：★★
素材文件：第4章\女式凉鞋.jpg
案例文件：第4章\对凉鞋抠图.psd
视频文件：第4章\练习4-3使用"魔棒工具"对凉鞋抠图.avi

　　下面通过实例来讲解"魔棒工具"的抠图应用及技巧。

01 执行菜单栏中的"文件"|"打开"命令，打开"女式凉鞋.jpg"文件。

02 选择工具箱中的"魔棒工具"，在选项栏中单击选中"新选区"按钮，设置"容差"为10，选中"连续"复选框，如图4-26所示。

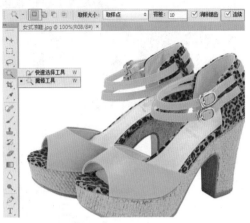

图4-26　魔棒工具设置

03 使用设置好的"魔棒工具"在图像中白色背景处单击，可以看到选区仅选中了鞋子边缘外围的白色背景图像，如图4-27所示。

图4-27　绘制选区

04 在"魔棒工具"的选项栏中，单击选中"添加到选区"按钮，使用"魔棒工具"在图像中鞋子内部未选中的白色背景区域逐个单击，将其添加到选区中，如图4-28所示。

05 如果在相同颜色背景下，使用上述选择方法显得有些麻烦，按Ctrl+D组合键取消选区，在"魔棒工具"的选项栏中取消"连续"复选框，如图4-29所示。

图4-28 添加选区

图4-29 取消复选框

06 使用"魔棒工具"在图像中白色背景处单击，此时可以看到图像中所有的容差内的白色图像全部被选中了，如图4-30所示。

图4-30 单击选择

07 选择工具箱中的"快速选择工具" ，在选项栏中单击选中"从选区减去"按钮，设置笔刷

为20像素，如图4-31所示。

图4-31 设置参数

08 使用"快速选择工具"在图像中鞋子金属扣上的多选区域进行涂抹，将其从选区中减去，如图4-32所示。

图4-32 减选选区

09 执行菜单栏中的"选择"|"反向"命令，将选区反选，如图4-33所示。

图4-33 反选选区

10 按Ctrl+J组合键，以选区为基础拷贝一个新图层"图层1"，在"图层"面板中，单击"背景"图层前方的眼睛图标，将背景图层中的图像隐藏，完成本例抠图，如图4-34所示。

图4-34　最终抠图效果

4.2.3　快速选择工具 重点

"快速选择工具" 是 Photoshop 最近几个版本中新增加的一个选择工具，它可以调整画笔的笔触而快速通过单击创建选区，拖动时，选区会向外扩展并自动查找和跟随图像中定义的边缘。

在工具箱中，单击选择"快速选择工具" ，其工具选项栏如图 4-35 所示。各选项设置可以更好地控制快速选择工具的选择功能。

图4-35　"快速选择工具"选项栏

其选项设置所代表的具体含义如下。

- "新选区" ：该按钮为默认选项，用来创建新选区。当使用"快速选择工具" 创建选区后，此项将自动切换到"添加到选区" 。
- "添加到选区" ：该项可以在原有选区的基础上，通过单击或拖动来添加更多的选区。
- "从选区减去" ：该项可以在原有选区的基础上，通过单击或拖动减去当前绘制选区。
- "对所有图层取样"：勾选该复选框，可以基于所有图层创建一个选区，而不是仅基于当前选定图层。
- "自动增强"：勾选该复选框，可以减少选区边界的粗糙度和块效应。可以通过自动将选区向图像边缘进一步流动并应用一些边缘调整，也可以通过"调整边缘"对话框中使用"平滑""对比度"和"半径"选项手动应用这些边缘调整。

4.3 编辑选区

创建选区后，选区并不一定完全适合，这就需要对选区进行移动和变换，下面就来讲解选区的常用调整技巧。

练习4-4 移动选区

难　　度：★
素材文件：无
案例文件：无
视频文件：第 4 章 \ 练习 4-4 移动选区 .avi

选区的移动非常简单，重点是要选择正确的移动工具，它不像图像一样，不能使用"移动工具" 来移动选区。

选择工具箱中的任何一个选框或套索工具，在工具选项栏中单击"新选区"按钮，将指针置于选区中，此时指针变为，单击并按住鼠标左键相要的位置拖动，即可移动选区，移动选区操作效果如图 4-36 所示。

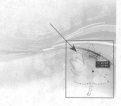

图4-36 选区的移动操作效果

练习4-5 变换选区 重点

难 度:	★★
素材文件:	无
案例文件:	无
视频文件:	第 4 章 \ 练习 4-5 变换选区 .avi

对选区的变换不同于图像的变换，除了执行菜单栏中"选择"|"修改"子菜单中的命令，对选区进行适当缩放、平滑、边界和羽化外，还可以执行菜单栏中的"选择"|"变换选区"命令对选区进行形状更改，如缩放、旋转、镜像、自由扭曲。执行菜单栏中的"选择"|"变换选区"命令后，选区周围显示选区变换控制框。当显示选区变换控制框后，可以执行菜单栏中的"编辑"|"变换"子菜单中的"缩放""旋转""斜切""扭曲""透视"和"变形"等命令，进行选区的变换。也可以直接在选区内单击鼠标右键，从弹出的快捷菜单中选择相关的变换命令，或使用相关的辅助线来完成选区的变换操作。想要掌握变换子菜单中的相关命令，首先了解一下变换框的组成，如图 4-37 所示。

当使用变换命令时，选区四周将出现一个变换框，并显示 8 个控制点，对选区的变换主要就是对这 8 个控制点的操作。中心点默认情况下位于变换框的正中心位置，它是变换对象的中心，可以通过拖动的方法来移动中心点的位置，以调整变换中心点，制作出不同的变换效果。

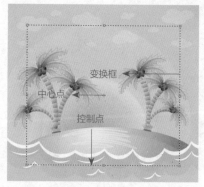

图4-37 变换框的组成

1. 缩放选区

将指针放置在选区变换控制框不同的控制点上，指针将分别显示为" ↔ "" ↕ "" ⤡ "和" ⤢ " 4 种形状，将鼠标指针放在控制点上，按住鼠标左键并拖动，即可按照指定的方向缩放图像，不同的缩放效果如图 4-38 所示。

原始效果

水平缩放

垂直缩放

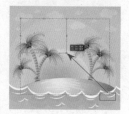
水平、垂直缩放

图4-38 不同的缩放效果

2. 旋转选区

将指针放置在控制点的外侧，指针将显示为"↰"状，此时，按住鼠标左键并拖动，即可旋转选区，旋转选区的操作效果如图4-39所示。

图4-39　旋转选区操作效果

3. 斜切与平行斜切选区

在菜单中选择"斜切"命令，可以斜切选区，另外，还可以使用快捷键来进行斜切和平行斜切选区。

如果按住 Shift + Ctrl 组合键，调整选区变换控制框的控制点，可以将选区进行斜切变形；如果按住 Alt + Ctrl 组合键，调整选区变换控制框的控制点，可以将选区进行平行斜切变形；斜切和平行斜切变形操作效果如图4-40所示。

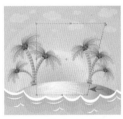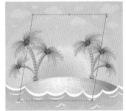

图4-40　斜切和平行斜切变形操作效果

> **提示**
>
> 斜切选区时，斜切的方向是受到限制的，比如水平斜切的同时就不能垂直斜切；而平行斜切也具有这种限制，但它会在另一方产生对称的斜切效果。

4. 扭曲选区

在菜单中选择"扭曲"命令，可以扭曲选区，另外，还可以使用快捷键来进行扭曲选区。

按住 Ctrl 键，调整选区变换控制框的控制点，可以将选区进行扭曲变形，不同的扭曲操作效果如图 4-41 所示。

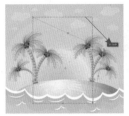

图4-41　不同的扭曲操作效果

> **提示**
>
> 斜切和扭曲有些相似，但扭曲选区打破了斜切的方向限制，它可以向任意方向和位置扭曲选区，而斜切则不能。

5. 透视选区

在菜单中选择"透视"命令，可以透视选区，另外，还可以使用快捷键来进行透视选区。

按住 Alt + Ctrl + Shift 组合键，调整选区变换控制框的控制点，可以将选区进行透视操作，透视选区操作效果如图 4-42 所示。

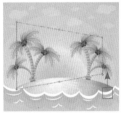

图4-42　透视选区操作效果

> **提示**
>
> 如果拖动中间的控制点，则透视命令和斜切命令的操作效果是一样的。

6. 变形选区

在添加选区变换框后在文档窗口中单击鼠标右键，从弹出的快捷菜单中选择"变形"命令，然后通过调整变形框的控制点对选区进行适当的变换。变形选区操作效果如图 4-43 所示。

图4-43 变形选区操作效果

练习4-6 精确变换选区

难　　度：	★
素材文件：	无
案例文件：	无
视频文件：	第4章\练习4-6 精确变换选区.avi

执行菜单栏中的"选择"|"变换选区"命令，在工具选项栏中设置参数可精确变换选区，如图4-44所示。

![变换选区的工具选项栏]

图4-44 变换选区的工具选项栏

变换选区的工具选项栏中各选项的含义说明如下。

- "参考点位置"：在区域▦中的节点上单击，

可以确定变形的参考点，被选中的节点呈黑色方块。移动指针到文件中选区变换控制框的中心上，当指针变成▶状时，按住鼠标左键并拖动，也可调整参考点的位置。调整参考点与直接移动参考点效果如图4-45所示。

调整参考点

移动参考点

图4-45 调整参考点与直接移动参考点效果

- "X（水平）""Y（垂直）"：在"X（水平）""Y（垂直）"文本框中输入数值，可以精确控制选区水平、垂直方向上的位置，其数值可以为正值，也可以为负值。如果单击"使用参考点相关定位"按钮△使之呈凹下状态，在X、Y文本框中输入的数值为相对于原选区所在位置的偏移量。移动变换框前后效果对比如图4-46所示。

图4-46 移动变换框前后效果对比

- "W（水平）""H（垂直）"：在"W""H"文本框中输入数值，可以以百分比的形式，精确调整选区的"宽度""高度"。如果单击"保持长宽比"按钮￼，使之呈凹下状态，可以确保选区保持选区原有的长宽比。缩放选框的前后效果对比如图4-47所示。

图4-47 缩放选框的前后效果对比

- "旋转"：在文本框△0.00 度中输入角度值，可精确改变选区的角度。设置参数为正值时，顺时针旋转；设置参数为负值时，逆时针旋转。原图与不同角度的旋转效果如图4-48所示。

图4-48 原图与不同角度的旋转效果

- "设置水平斜切"和"设置垂直斜切":在文本框 H: 0.00 度 中输入角度值,改变选区在水平方向上的斜切变形程度。在文本框 V: 0.00 度 中输入角度值,改变选区在垂直方向上的斜切变形程度。原图与水平、垂直斜切效果如图4-49所示。

图4-49 原图与水平、垂直斜切效果

图4-49 原图与水平、垂直斜切效果(续)

- "在自由变换和变形模式之间切换":单击该按钮 ，使之呈凹下状态,选项栏将出现变化,显示出变形选项栏效果如图4-50所示。可以在变形菜单中选择不同的变形效果,并可以通过右侧的相关变形参数修改变形效果。

变形菜单

图4-50 变形选项栏效果

- "取消变换":单击该按钮 或按Esc键,可以取消对选区的变形操作。
- "提交变换":单击该按钮 ✓ 或按Enter键,可以确认对选区的变形操作。

4.4 柔化选区边缘

羽化效果就是让图片产生渐变的柔和效果,可以在选项栏中的羽化后的文本框中,输入不同数值,来设定选取范围的柔化效果,也可以使用菜单中的羽化命令来设置羽化。另外,还可以使用消除锯齿选项来柔化选区。

4.4.1 利用消除锯齿柔化选区

通过"消除锯齿"选项可以平滑较硬的选区边缘。消除锯齿主要是通过软化边缘像素与背景像素之间的颜色过渡效果,使选区的锯齿状边缘平滑。由于只有边缘像素发生变化,因此不会丢失细节。消除锯齿在剪切、拷贝和粘贴选区以创建复合图像时非常有用。

消除锯齿适用于"椭圆选框工具" 、"套索工具" 、"多边形套索工具" 、"磁性套索工具" 或"魔棒工具" 。消除锯齿显示在这些工具的选项栏中。要应用消除锯齿功能可进行如下操作。

01 选择"椭圆选框工具" 、"套索工具" 、"多边形套索工具" 、"磁性套索工具" 或"魔棒工具" 。

02 在选项栏中勾选"消除锯齿"复选框。

练习4-7 利用羽化柔化选区 重点

难　度：★	
素材文件：无	
案例文件：无	
视频文件：第 4 章\练习4-7利用羽化柔化选区 .avi	

在前面所讲述的若干创建选区工具选项栏中基本都有"羽化"选项，在该文本框中输入数值即可创建边缘柔化的选区。

只要在"羽化"文本框中输入数值就可以对选区进行柔化处理。数值越大，柔化效果越明显，同时选区形状也会发生一定变化。选项栏中羽化设置如下。

> **提示**
>
> 要应用选项栏中的"羽化"功能，要注意在绘制选区前就要设置羽化值，如果绘制选区后再设置羽化值是不起作用的。

01 选择任一套索或选框工具。如"椭圆选框工具" ，其选项栏如图4-51所示。

图4-51　"椭圆选框工具"选项栏

02 确认在"羽化"文本框中数值为0像素，在图像中创建椭圆选区，将前景色设置为白色，按Alt + Delete组合键进行前景色填充，此时的图像效果如图4-52所示。

图4-52　羽化值为0像素效果图

03 按两次Alt + Ctrl + Z组合键，将前面的填充

和选区撤销。然后在"羽化"文本框中输入数值10像素，在图像中绘制椭圆选区，并按Alt + Delete组合键进行前景色填充，此时的图像效果如图4-53所示。

图4-53　羽化值为10像素效果图

练习4-8 为现有选区定义羽化边缘 重点

难　度：★	
素材文件：无	
案例文件：无	
视频文件：第 4 章\练习 4-8 为现有选区定义羽化边缘 .avi	

利用菜单中的"羽化"命令，与选项栏中的在应用上正好相反，它主要对已经存在的选区设置羽化。具体使用方法如下。

01 确认在图像中创建一个选区。

02 执行菜单栏中的"选择"|"修改"|"羽化"命令，打开"羽化选区"对话框，设置"羽化半径"的值然后单击"确定"按钮确认。

不带羽化和带羽化使用图案填充同一选区的不同效果如图 4-54 所示。

不带羽化填充图案

图4-54　填充效果对比

带羽化填充图案
图4-54 填充效果对比（续）

提示

如果选区小而羽化半径设置得太大，则看不到选区因此而不可选。

4.4.2 从选区中移去边缘像素

利用魔棒工具、套索工具等选框工具创建选区时，Photoshop 可能会包含选区边界上的额外像素，当移动该选区中的像素时，就能查看到这些像素的存在。将明亮的图像移到黑暗的背景中或将黑暗的图像移到明亮的背景中时，这种现象就会特别明显。这些额外的像素通常是 Photoshop 中的消除锯齿功能所产生的，该功能可使边缘像素部分模糊化，同时也会使得边界周围的额外像素添加到选区中。执行菜单栏中的"图层"|"修边"命令，就可以删除这些不想要的像素。

1. 消除粘贴图像的边缘效应

执行菜单栏中的"图层"|"修边"|"去边"命令，可删除边缘像素中不想要的颜色，采用与选区边界内最相近的颜色取代该选区边缘的颜色。使用"去边"命令时，应该将要消除边缘效应的区域位于已移动的选区中，或位于有透明背景的图层中。选择"去边"命令时会打开"去边"对话框，如图 4-55 所示，允许用户指定要去边的边缘区域宽度。

图4-55 "去边"对话框

2. 移去黑色（或白色）杂边

如果在黑色背景中选择图像，可执行菜单栏中的"图层"|"修边"子菜单中选择"移去黑色杂边"命令，删除边缘处多余的黑色像素。如果是在白色背景中选择图像，可执行菜单栏中的"图层"|"修边"子菜单中选择"移去白色杂边"命令，删除边缘处多余的白色像素。

4.5 选区的填充与描边

选区除了用来选择图像外，还可以进行颜色的填充和描边，以制作出各种各样的图像效果，下面来讲解选区的填充与描边。

练习4-9 选区的填充

难 度：	★
素材文件：	无
案例文件：	无
视频文件：	第 4 章 \ 练习 4-9 选区的填充 .avi

在 Photoshop 中如果需要在某一个区域内填充颜色，可以首先创建一个选区，然后在选区中填充颜色（前景色或背景色），还可以使用图案进行填充。

创建选区后，执行菜单栏中的"编辑"|"填充"命令，打开"填充"对话框，对选区进行

填充设置，如图4-56所示。

图4-56 "填充"对话框

这里的填充其实与图层颜色的填充是一样的，这里只是用来填充的选项更多，操作更复杂。选区也可以使用与图层填充相同的方法进行填充颜色。

"填充"对话框中各选项的含义说明如下。

- "使用"：使用下拉列表中可以选择"前景色""背景色""颜色""内容识别""图案""历史记录""黑色""50%灰色"或"白色"填充当前的选择区域。填充前景色、背景色和图案的不同效果如图4-57所示。

图4-57 填充前景色、背景色和图案的不同效果

- "模式"：在该下拉列表框中可以选择混合模式。
- "不透明度"：在该文本框中输入不透明度数值。可以控制填充的不透明程度。值越大，填充的效果越不透明。不同透明度值的填充效果如图4-58所示。

图4-58 不同透明度值的填充效果

- "保留透明区域"：勾选该复选框，在进行填充时，如果当前层中有透明区域，将不会填充

当前图层中的透明区域；如果不勾选该复选框，将填充透明区域。勾选、不勾选"保留透明区域"复选框的填充效果如图4-59所示。

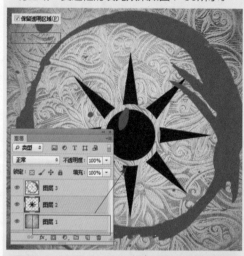

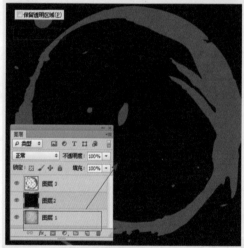

图4-59 勾选、不勾选的填充效果

练习4-10 选区的描边

难　　度：★
素材文件：无
案例文件：无
视频文件：第4章\练习4-10 选区的描边.avi

执行菜单栏中的"编辑"|"描边"命令，可以沿着选区边界勾画线条，此时会打开"描边"

对话框，如图 4-60 所示。

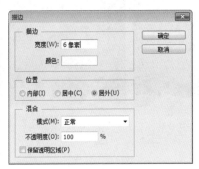

图4-60 "描边"对话框

"描边"对话框中各选项的含义说明如下。

- "宽度"：在文本框中输入数值，确定描边的宽度。值越大，描边就越粗。不同描边值的描边效果如图4-61所示。

图4-61 不同描边值的描边效果

- "颜色"：用来指定描边的颜色。单击"颜色"右侧的色块，打开"选取描边颜色"对话框，设置描边的颜色。
- "位置"：确定描边相对于选区所在的位置。可选择"内部""居中"和"居外"3种。选

择"内部"单选按钮，描绘的边缘将位于选区的内部；选择"居中"单选按钮，描绘的边缘将平均分布在选区两侧；选择"外部"单选按钮，描绘的边比将位于选区的外部。3种位置的描边效果如图4-62所示。

图4-62 3种位置的描边效果

- "模式"：在该下拉列表框中可以选择混合模式。
- "不透明度"：在该文本框中输入不透明度数值。可以控制填充的不透明程度。值越大，填充的效果越不透明。
- "保留透明区域"：勾选该复选框，在进行填充时，如果当前图层中有透明区域，将不会填充当前图层中的透明区域；如果不勾选该复选框，将填充透明区域。

4.6 常用的两个选择命令

在选择图像过程中，经常会用到全选和反选命令，下面来讲解这两个命令的使用方法。

4.6.1 全选

执行菜单栏中的"选择"|"全部"命令，或按 Ctrl + A 组合键，可以将当前图层中的图像全部选中，而生成的选区大小与画布大小相等。图像全选的操作过程如图 4-63 所示。

图4-63 全选图像

4.6.2 反向

执行菜单栏中的"选择"|"反向"命令，或按 Shift + Ctrl + I 组合键，可以将图像中的选区进行反向。选区反向的操作过程如图 4-64 所示。

图4-64　选区反选效果

4.7 其他抠图命令

余了前面讲解过的选框工具组和套索工具组选择方法外，下面来详细讲解其他常用抠图命令的使用技巧。

4.7.1 色彩范围

使用"色彩范围"命令也可以创建选区，其选取原理也是以颜色作为依据，有些类似于魔棒工具，但是其功能比魔棒工具更加强大。

打开一个要选择的图片，执行菜单栏中的"选择"|"色彩范围"命令，打开"色彩范围"对话框，在该对话框中部的矩形预览区可显示选择范围或图像，如图 4-65 所示。

图4-65　"色彩范围"对话框

该对话框中主要有"选择""本地化颜色簇""颜色容差""范围""预览区""吸管"和"反相"等选项设置，它们的作用及使用方法如下。

1. 选择

在"选择"命令下拉列表中包含有"取样颜色""红色""黄色""绿色""青色""蓝色""洋红""高光""中间调""暗调"和"溢色"等命令，如图 4-66 所示。

对这些命令的选择可以实现图形中相应内容的选择，例如，若要选择图形中的高光区，可以选择"选择"命令下拉列表中的"高光"选项，单击"确定"按钮后，图形中的高光部分就会被选中。

图4-66　"选择"下拉菜单

"选择"中的选项使用方法说明如下。

● "取样颜色"：可以使用吸管进行颜色取样，

利用鼠标在图像页面内单击选择颜色；在色彩范围预视窗口单击来选取当前的色彩范围。取样颜色可以配合"颜色容差"进行设置，颜色容差中的数值越大，则选取的色彩范围也就越大。

- "红色""黄色""绿色"等：指定图像中的红色、黄色、绿色成分的色彩范围。选择该选项后，"颜色容差"就会失去作用。
- "高光"：选择图像中的高光区域。
- "中间调"：选择图像中的中间调区域。
- "阴影"：选择图像中的阴影区域。
- "肤色"：选择图像中的皮肤色调区域。
- "溢色"：该项可以将一些无法印刷的颜色选出来。但该选项只用于RGB和Lab模式下。

2. 本地化颜色簇

如果正在图像中选择多个颜色范围，则勾选"本地化颜色簇"复选框来构建更加精确的选区。如果已勾选"本地化颜色簇"复选框，则使用"范围"滑块以控制要包含在蒙版中的颜色与取样点的最大和最小距离。例如，图像在前景和背景中都包含一束黄色的花，但只想选择前景中的花。对前景中的花进行颜色取样，并缩小范围，以避免选中背景中有相似颜色的花。

3. 颜色容差

颜色容差主要是设置选择颜色的差别范围，拖动下面的滑块，或直接在右侧的文本框中输入数值，可以对选择的范围设置大小，值越大，选择的颜色范围越大。颜色容差值分别为40和110的不同选择效果如图4-67所示。

图4-67　颜色容差值分别为40和110的不同效果

图4-67　颜色容差值分别为40和110的不同效果（续）

4. 预览区

预览区用来显示当前选取的图像范围和对图像进行选取的操作。预览框的下方有两个单选按钮可以选择不同的预览方式。不同预览效果如图4-68所示。

- "选择范围"：选择该项，预览区以灰度的形式显示图像，并将选中的图像以白色显示。
- "图像"：选择该项，预览区中显示全部图像，没有选择区域的显示，所以一般不常用。

图4-68　不同预览效果

5. 选区预览

在"选区预览"下拉列表中包含有无、灰度、黑色杂边、白色杂边、快速蒙版5个选项，如图4-69所示。通过选择不同的选项，可以在文档操作窗口中查看原图像的显示方式。

图4-69　选区预览下拉列表

选区预览下拉列表中各选项的含义说明如下。

- "无"：选择此选项，文档操作窗口中的原图像不显示选区预览效果。
- "灰度"：选择此选项，将以灰度的形式在文档操作窗口中，显示原图像的选区效果。
- "黑色杂边"：选择此选项，在文档操作窗口中，以黑色来显示原图像中未被选取的图像区域。
- "白色杂边"：选择此选项，在文档操作窗口中，以白色来显示原图像中未被选取的图像区域。
- "快速蒙版"：选择此选项，在文档操作窗口中，以蒙版的形式显示原图像中被选取的图像区域。

选择参数设置与不同的显示效果如图 4-70 所示。

选择参数设置

灰度

黑色杂边

白色杂边

快速蒙版

图4-70 选择参数设置与不同的显示效果

6. 吸管工具

吸管工具包括 3 个吸管，如图 4-71 所示，主要用来设置选取的颜色。使用第 1 个 "吸管工具" 在图像中单击，即可选择相对应的颜色范围；选择带有 "＋" 号的吸管 "添加到取样" ，在图像中单击可以增加选取范围；选择带有 "－" 号的吸管 "从取样中减去" ，在图像中单击可以减少选取范围。

图4-71 吸管工具

7. 反向

反向复选框的作用是可以在选取范围和非选取范围之间切换。功能类似于菜单栏中的 "选择" | "反向" 命令。

> **提示**
>
> 对于创建好的选区，单击 "色彩范围" 对话框中的 "存储" 按钮，可以将其存储起来；单击 "载入" 按钮，可以将存储的选区载入来使用。

4.7.2 调整边缘

"调整边缘" 选项可以提高选区边缘的品质，并允许对照不同的背景查看选区，以便轻松编辑选区。还可以使用 "调整边缘" 选项来调整图层蒙版。

> **提示**
>
> 在前面讲解的选框或套索等选区工具时，其选项栏中都有一个共同的 "调整边缘" 按钮，这里要讲的就是这个按钮的使用。

使用任意一种选择工具创建选区，单击选项栏中的 "调整边缘" 按钮，或执行菜单栏中的 "选择" | "调整边缘" 命令，打开 "调整边缘" 对话框，如图 4-72 所示。

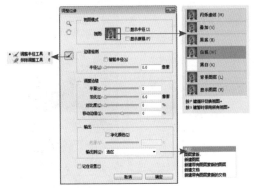

图4-72　"调整边缘"对话框

技巧

按 Alt + Ctrl + R 组合键，可以快速打开"调整边缘"对话框。

"调整边缘"对话框中各选项的含义说明如下。

- "**视图模式**"：从右侧下拉菜单中，选择一个模式以更改选区的显示方式。勾选"显示半径"复选框，将在发生边缘调整的位置显示选区边框；勾选"显示原稿"复选框，将显示原始选区以进行对比。

技巧

关于每种模式的使用信息，可以将指针放置在该模式上，稍等片刻将出现一个工具提示。

- "**调整半径工具**"🖌和"**抹除调整工具**"🖌：使用这两种工具可以精确调整选区的边缘区域，以增加选择或抹除选择。

技巧

按 Alt 键可以在"调整半径工具"🖌和"抹除调整工具"🖌之间切换。如果想修改画笔大小，可以按方括号键。

- "**智能半径**"：勾选该复选框，可以自动调整边界区域中发现的硬边缘和柔化边缘的半径。如果边框一律是硬边缘或柔化边缘，或者要控制半径设置并且更精确地调整画笔，则取消选

择此选项。

- "**半径**"：半径决定选区边界周围的区域大小，将在此区域中进行边缘调整。增加半径可以在包含柔化过渡或细节的区域中创建更加精确的选区边界，如短的毛发的边界，或模糊边界。对锐边使用较小的半径，对较柔和的边缘使用较大的半径。越值大，选区边界的区域就越大。取值范围为0~250之间的数值。

- "**平滑**"：减少选区边界中的不规则区域，以创建更加平滑的轮廓。值越大，越平滑。取值范围为0~100之间的整数。

- "**羽化**"：可以在选区及其周围像素之间创建柔化边缘过渡。值越大，边缘的柔化过渡效果越明显。取值范围为0~250之间的数值。

- "**对比度**"：对比度可以锐化选区边缘并去除模糊的不自然感。增加对比度，可以移去由于"半径"设置过高而导致在选区边缘附近产生的过多杂色。取值范围为0~100之间的整数。通常情况下，使用"智能半径"选项和调整工具效果会更好。

- "**移动边缘**"：使用负值向内移动柔化边缘的边框，或使用正值向外移动这些边框。向内移动这些边框有助于从选区边缘移去不想要的背景颜色。

- "**净化颜色**"：将彩色边替换为附近完全选中的像素颜色。颜色替换的强度与选区边缘的软化度是成比例的。

- "**数量**"：更改净化和彩色边替换的程度。

- "**输出到**"：决定调整后的选区是变为当前图层上的选区或蒙版，还是生成一个新图层或文档。

- "**缩放工具**"🔍和"**抓手工具**"✋：使用"缩放工具"🔍，可以在调整选区时将其放大或缩小；使用"抓手工具"✋，可调整图像的位置。

练习4-11 使用"调整边缘"对金发美女抠图

难　　度：★★★★
素材文件：第4章\短发美女.jpg、砖墙背景.jpg
案例文件：第4章\对金发美女抠图.psd
视频文件：第4章\练习4-11　使用"调整边缘"对金发美女抠图.avi

下面通过实例来讲解"调整边缘"命令的抠图应用。

01 执行菜单栏中的"文件"|"打开"命令，打开"短发美女.jpg"文件。

02 选择工具箱中的"魔棒工具"，在选项栏中单击选中"新选区"按钮，设置"容差"为20，选中"连续"复选框，如图4-73所示。

图4-73 魔棒工具设置

03 使用设置好的"魔棒工具"在图像中白色背景处单击，将大面积的白色背景选中，如图4-74所示。

图4-74 选择背景图像

04 执行菜单栏中的"选择"|"反向"命令，将选区反选，如图4-75所示。

05 执行菜单栏中的"选择"|"调整边缘"命令，打开"调整边缘"对话框，如图4-76所示。

图4-75 使用"反向"

图4-76 使用"调整边缘"

06 在"调整边缘"对话框中，单击"单击选择视图模式"按钮，在弹出的视图模式栏中选择"黑底"，如图4-77所示。

图4-77 设置视图模式

07 选择"调整边缘"对话框右侧的"调整半径工具"，在选项栏中设置"调整半径工具"的"大小"为55，如图4-78所示。

图4-78 调整半径工具

08 使用设置好的"调整半径工具"在图像中人物头发边缘进行涂抹,如图4-79所示。

图4-79 涂抹边缘

09 涂抹完成后松开鼠标,此时可以看到人物头发处的白色残留图像被清除了,如图4-80所示。

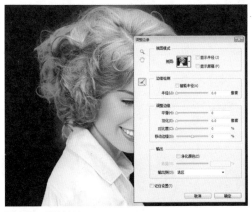

图4-80 擦除效果

10 调整完成后单击"确定"按钮,可以看到选区的变化效果,如图4-81所示。

图4-81 选区变化效果

11 按Ctrl+J组合键,以选区为基础拷贝一个新图层"图层1",在"图层"面板中,单击"背景"图层前方的眼睛图标,将背景图层中的图像隐藏,查看抠图效果,如图4-82所示。

图4-82 抠图效果

12 执行菜单栏中的"文件"|"置入"命令,置入"砖墙背景.jpg"文件,如图4-83所示。

图4-83 置入背景图像

13 按Enter键确认背景图像的置入，在"图层"面板中，拖动"砖墙背景"图层至"图层1"的下方，完成本例抠图，如图4-84所示。

图4-84　最终抠图效果

4.8 知识拓展

本章主要对选区及抠图应用进行了详细的说明，特别是抠图的应用，在设计中随处可见，随着电子商务的流行，网店抠图美工需求非常大，而网店抠图所要使用的工具在本章中可以了解大半，夸张地说，熟练掌握本章内容，抠图将变得非常容易。

4.9 拓展训练

本章通过3个课后习题，让读者对选区及抠图应用有个更加深入的了解，在巩固前面知识的同时，掌握更深层次的应用技巧。

训练4-1 使用"椭圆选框工具"抠圆形图像

◆实例分析

下面通过实例来讲解"椭圆选框工具"◯的抠图应用及技巧。抠图前后效果对比如图4-85所示。

难　度：★★
素材文件：第4章\圆形瓷器.jpg
案例文件：第4章\抠圆形图像.psd
视频文件：第4章\训练4-1　使用"椭圆选框工具"抠圆形图像.avi

图4-85　抠图前后效果对比

◆本例知识点

1. 椭圆选框工具◯
2. 变换选区

训练4-2 使用"快速选择工具"对摆件抠图

◆实例分析

  下面通过实例来讲解"快速选择工具"
的抠图应用及技巧。抠图前后效果对比如图
4-86 所示。

难　　度：★★
素材文件：第 4 章 \ 红牛摆件 .jpg
案例文件：第 4 章 \ 对摆件抠图 .psd
视频文件：第 4 章 \ 训练 4-2　使用"快速选择工具"对摆件抠图 .avi

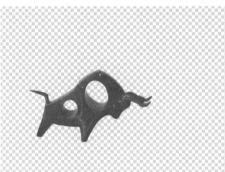

图4-86　抠图前后效果对比

◆本例知识点

1. 快速选择工具
2. "通过拷贝的图层"命令

训练4-3 使用"色彩范围"对抱枕抠图

◆实例分析

  下面通过实例来讲解"色彩范围"命令的
抠图应用。抠图前后效果对比如图 4-87 所示。

难　　度：★★★
素材文件：第 4 章 \ 红色抱枕 .jpg
案例文件：第 4 章 \ 对抱枕抠图 .psd
视频文件：第 4 章 \ 训练 4-3　使用"色彩范围"对抱枕抠图 .avi

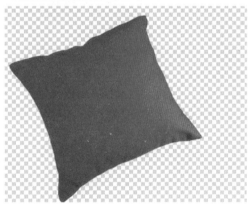

图4-87　抠图前后效果对比

◆本例知识点

1. 快速选择工具
2. "色彩范围"命令

第 **5** 章

路径的操作技能

路径在图像处理过程中的应用非常广泛，本章详细介绍了路径的创建和编辑方法，包括钢笔工具的使用、路径的选择与编辑、路径面板的使用、路径的填充与描边、路径和选区之间的转换等方法。掌握这些工具，就可以在 Photoshop 中创建精确的矢量图形，还在一定程度上弥补了位图的不足。

教学目标

学习钢笔工具的使用方法

学习路径的选择与编辑方法

掌握"路径"面板的使用方法

掌握路径的填充与描边方法

掌握路径与选区之间的转换方法

掌握形状的自定义及使用方法

扫码观看本章
案例教学视频

钢笔工具

钢笔工具是创建路径的基本工具，使用该工具可以创建各种精确的直线或曲线路径，钢笔工具是制作复杂图形的一把利器，它几乎可以绘制任何图形。

5.1.1 "钢笔工具"选项栏

在工具箱中选"钢笔工具" 后，选项栏中将显示出"钢笔工具"的相关属性，如图5-1所示。

图5-1 "钢笔工具"选项栏

提示

在英文输入法下按P键，可以快速选择"钢笔工具"。如果按Shift＋P组合键，可以在钢笔工具和自由钢笔工具之间进行切换。

- "路径操作"：这些按钮主要是用来指定新路径与原路径之间关系的，如相加、相减、相交或排除运算，它与前面讲过的选区的相加减应用相似。"创建新的形状区域"表示开始创建新路径区域；"添加到形状区域"表示将现有路径或形状添加到原路径或形状区域中；"从形状区域减去"表示从现有路径或形状区域中减去与新绘制重叠的区域；"交叉形状区域"表示将保留原区域与新绘制区域的交叉区域；"重叠形状区域除外"表示将原区域与新绘制的区域相交叉的部分排除，保留没有重叠的区域。

- "路径对齐"：这些按钮主要是来控制路径的对齐方式的，如"左边"是路径最左边位置对齐、"水平居中"是路径的水平方向中心对齐、"右边"是路径最右边位置对齐、"顶边"是路径最顶端位置对齐、"垂直居中"是路径垂直中心对齐、"底边"是路径最底边位置的对齐、"分配宽度"是按路径从窄到宽顺序排列、"分配高度"是按照路径从高到低的顺序排列、"对齐到画布"是路径和画布某一位置的对齐。

- "路径排列"：用来对元件前后位置进行调节，如"元件置最顶层"是把多个元件中选择一个元件调到最顶层位置显示、"元件前移一层"是把选中的元件向前移动一层显示、"元件后移一层"是把选中的元件向下移动一层显示、"元件置最底层"是把多个元件中选择一个元件调到最底层位置显示。

- "几何选项"：用来设置路径或形状工具的几何参数。单击黑色的倒三角按钮▼，可以打开当前工具的几何选项面板，比如，这里选择了钢笔工具，将弹出"钢笔工具"选项面板，勾选"橡皮带"复选框移动鼠标，则指针和刚绘制的锚之间会有一条动态变化的直线或曲线，表明若在指针处设置锚点会绘制什么样的线条，对绘图起辅助作用。

- "自动添加/删除"：勾选该复选框，在使用钢笔工具绘制路径时，钢笔工具不但具有绘制路径的功能，还可以添加或删除锚点。将指针移动到绘制的路径上，在指针右下角将出现一个"+"加号，单击鼠标可以在该处添加一个锚点；将指针移动到绘制路径的锚点上，在指针的右下角将出现一个"-"减号，单击鼠标即可将该锚点删除。

- "颜色"：该项也只在选择"形状图层"按钮时，才可以使用。单击右侧的色块，可以打开"拾色器"对话框，设置形状图层的填充颜色。

练习5-1 路径和形状的绘图模式

难 度：★★★
素材文件：无
案例文件：无
视频文件：第5章\练习5-1 路径和形状的绘图模式.avi

路径是利用"钢笔工具" 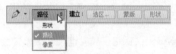 或形状工具的路径工作状态制作的直线或曲线，路径其实是一些矢量线条，无论图像缩小或是放大，都不会影响其分辨率或是平滑程度。编辑好的路径可以保存在图像中（保存为 *.psd 或是 *.tif 文件），也可以单独输出为路径文件，然后在其他的软件中进行编辑或是使用。钢笔工具可以和路径面板一起工作。通过路径面板可以对路径进行描边、填充或将之转变为选区的设置。

使用形状或钢笔工具时，可以在选项栏中选择三种不同的模式进行绘制。在选定形状或钢笔工具时，可通过选择选项栏中的图标来选取一种模式，如图5-2所示。

图5-2　路径和形状工具选项栏

下面来详细讲解三种绘图模式的使用方法。

● "形状"：选择该选项，在使用形状工具绘图时，可以以前景色为填充色，创建一个形状图层，同时会在当前的"图层"面板中创建一个矢量蒙版，在"路径"面板中，还将出现一个剪贴路径。形状图层的使用效果如图5-3所示。

图5-3　形状图层绘图效果

● "路径"：选择该选项，在使用钢笔工具或形状工具绘制图形时，可以绘制出路径效果，并在"路径"面板中以工作路径的形式存在，但"图层"面板不会有任何的变化。路径绘图效果如图5-4所示。

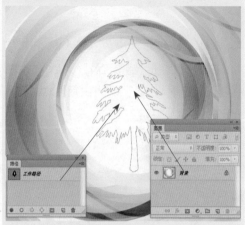

图5-4　路径绘图效果

● "像素"：在选择钢笔工具时，该按钮是不可用的，只有选择形状工具时，该按钮才可以使用。选择该按钮，在使用形状工具绘制图像时，在"图层"面板中不会产生新的图层，也不会在"路径"面板中产生路径，它只能在当前图层中，以前景色为填充绘制一个图形对象，覆盖当前层中的重叠区域。填充像素绘图效果如图5-5所示。

图5-5　填充像素绘图效果

练习5-2 使用"钢笔工具"绘制直线段

难　度: ★	
素材文件: 无	
案例文件: 无	
视频文件: 第5章\练习5-2　使用"钢笔工具"绘制直线段.avi	

使用"钢笔工具" ✐ 可以绘制的最简单的路径是直线,通过两次不同位置的单击可以创建一条直线段,继续单击可创建由角点连接的直线段组成的路径。

01 选择"钢笔工具" ✐ 。

02 移动指针到文档窗口中,在合适的位置单击确定路径的起点,可绘制第1个锚点。然后单击其他要设置锚点的位置可以得到第2个锚点,在当前锚点和前一个锚点之间会以直线连接。

提示

在绘制直线段时,注意单击时不要拖动鼠标,否则将绘制出曲线效果。

03 同样的方法,多次单击可以绘制更多的路径线段和锚点。如果要封闭路径,请将指针移动到起点附近。当指针右下方出现一个带有小圆圈 ✎。的标志时,单击就可以得到一个封闭的路径。绘制直线路径效果如图5-6所示。

图5-6　绘制直线路径效果

技巧

在绘制路径时,如果中途想中止绘制,可以按住 Ctrl 键的同时,在文档窗口中路径以外的任意位置单击鼠标,绘制出不封闭的路径;按住 Ctrl 键指针将变成直接选择工具形状,此时可以移动锚点或路径线段的位置;按住 Shift 键进行绘制,可以绘制成45度角倍数的路径。

练习5-3 使用"钢笔工具"绘制曲线

难　度: ★	
素材文件: 无	
案例文件: 无	
视频文件: 第5章\练习5-3　使用"钢笔工具"绘制曲线.avi	

绘制曲线相对来说比较复杂一点,在曲线改变方向的位置添加一个锚点,然后拖动构成曲线形状的方向线。方向线的长度和斜度决定了曲线的形状。

01 选择"钢笔工具" ✐ 。

02 将钢笔工具定位到曲线的起点,并按住鼠标拖动,以设置要创建的曲线段的斜度,然后松开鼠标,操作效果如图5-7所示。

图5-7　拖动绘制第一曲线点

03 创建C形曲线。将指针移动到合适的位置,按住鼠标向前一条方向线相反的方向拖动鼠标,绘制效果如图5-8所示。

04 绘制S形曲线。将指针移动到合适的位置,按住鼠标向前一条方向线相同的方向拖动鼠标,绘制效果如图5-9所示。

图5-8　绘制C形曲线　　图5-9　绘制S形曲线

技巧

在绘制曲线路径时,如果要创建尖锐的曲线,即在某锚点处改变切线方向,请先释放鼠标,然后在按住 Alt 键的同时拖动控制点改变曲线形状;也可以在按住 Alt 键的同时拖动该锚点,拖动控制线来修改曲线形状。

练习5-4 直线和曲线混合绘制

难　度：★
素材文件：无
案例文件：无
视频文件：第5章\练习5-4　直线和曲线混合绘制.avi

"钢笔工具" ✐ 除了可以绘制直线和曲线外，还可以绘制直线和曲线的混合线，如绘制跟有曲线的直线、跟有直线的曲线或由角点连接的两条曲线段，具体绘制方法如下。

01 选择"钢笔工具" ✐。

02 如果想在直线后绘制曲线，使用钢笔工具单击两个位置以创建直线段。将钢笔工具放置在所选锚点上，钢笔工具旁边将出现一条小对角线或斜线 ✐，此时按住鼠标向外拖动，将拖出一个方向线，释放鼠标，然后在其他位置单击或拖动鼠标，即可创建出一条曲线。在直线后绘制曲线的操作过程如图5-10所示。

图5-10　在直线后绘制曲线操作过程

03 如果想在曲线后绘制直线，首先利用前面讲过的方法绘制一个曲线并释放鼠标。按住Alt键，将钢笔工具更改为"转换锚点工具" ▷，然后单击选定的锚点可将该锚点从平滑点转换为拐角点，然后释放Alt键和鼠标，在合适的位置单击，即可创建出一条直线。在曲线后绘制直线操作过程如图5-11所示。

图5-11　在曲线后绘制直线操作过程

04 如果想在曲线后绘制曲线，首先利用前面讲过的方法绘制一个曲线并释放鼠标。按住Alt键将一

端的方向线向相反的一端拖动，将该平滑点转换为角点，然后释放Alt键和鼠标，在合适的位置按住鼠标拖动完成第二条曲线。在曲线后绘制曲线的操作过程如图5-12所示。

图5-12　在曲线后绘制曲线的操作过程

5.1.2　自由钢笔工具

自由钢笔工具在使用上分为两种情况：一种是自由钢笔工具；另一种是磁性钢笔工具。自由钢笔工具带有很大的随意性，可以像画笔一样进行随意的绘制，在使用上类似套索工具。应用自由钢笔工具进行路径绘制的具体步骤如下。

01 选择"自由钢笔工具" ✐。

02 在需要进行绘制的起始位置处按住鼠标左键确定起点，在不释放鼠标的情况下随意拖动鼠标，在拖动时可以看到一条尾随的路径效果，释放鼠标即可完成路径的绘制。

03 如果要创建闭合路径，可以将指针拖动到路径的起点位置，指针右下方出现一个带有小圆圈 ✐。的标志，此时释放鼠标就可以得到一个封闭的路径。

> **技巧**
>
> 要停止路径的绘制，只要释放鼠标左键即可使路径处于开放状态。如果要从停止的位置处继续创建路径，可以先使用直接选择工具 ▷ 单击开放路径，再切换到自由钢笔工具将指针置于开放路径的一端的锚点处，当指针右下角显示减号标志 ✐，按住鼠标左键继续拖动即可。如果在中途想闭合路径，可以按住Ctrl键，此时指针的右下角将出现一个小圆圈，释放鼠标即可在当前位置和路径起点之间自动生成一个直线段，将路径闭合。

5.1.3　"自由钢笔工具"选项栏

"自由钢笔工具" ✐ 选项栏如图5-13所示。

图5-13 "自由钢笔工具"选项栏

- **"曲线拟合"**：该参数控制绘制路径时对鼠标移动的敏感性，输入的数值越高，所创建的路径的锚点越少，路径也就越光滑。
- **"磁性的"**：该复选框等同于工具"选项"栏中的"磁性的"复选框。但是在弹出面板中同时可以设置"磁性的"选项中的各项参数。
- **"宽度"**：确定磁性钢笔探测的距离，在该文本框中可输入1~40之间的像素值。该数值越大磁性钢笔探测的距离就越大。

- **"对比"**：确定边缘像素之间的对比度，在该文本框中可输入1%~100%间的百分比值。值越大，对对比度要求越高，只检测高对比度的边缘。
- **"频率"**：确定绘制路径时设置锚点的密度，在该文本框中可输入0~100间的值。该数值越大，则路径上的锚点数就越多。
- **"钢笔压力"**：只在使用绘图压敏笔时才有用，勾选该复选框，会增加钢笔的压力，可以使钢笔工具绘制的路径宽度变细。

> **技巧**
>
> 在使用"磁性钢笔工具"绘制路径时，按左方块[键，可将磁性钢笔的宽度值减小1像素；按右方块]键，可将磁性钢笔的宽度增加1像素。

5.2 路径的基本操作

路径的强大之处在于，它具有灵活的编辑功能，对应的编辑工具也相当丰富，所以路径是绘图和选择图像中非常重要的一部分。

5.2.1 认识路径

路径可以是一个点、一条直线或一条曲线，但它通常是锚点连接在一起的一系列直线段或曲线段。因为路径没有锁定在屏幕的背景像素上，所以它们很容易调整、选择和移动。同时，路径也可以存储并输出到其他应用程序中。因此，路径不同于 Photoshop 描绘工具创建的任何对象，也不同于 Photoshop 选框工具创建的选区。

绘制路径时的单击鼠标确定的点，叫作锚点。可以用来连接各个直线或曲线段。在路径中，锚点可分为平滑点和曲线点。路径有很多的部分组成，了解这些组成才可以更好地编辑与修改路径。路径组成如图 5-14 所示。

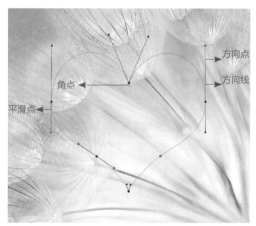

图5-14 路径组成

路径组成部分的说明。

- **"角点"**：角点两侧的方向线并不处于同一直线上，拖动其中一条控制点时，另一条控制点并不会随之移动，而且只有锚点的一侧的路径线发生相应的调整。有些角点的两侧没有任何方向线。

- "方向线"：在锚点一侧或两侧显示一条或两条线，这条线就叫作方向线，这条线是一般曲线型路径在该平滑点处的切线。
- "平滑点"：平滑点只产生在曲线型路径上，当选择该点后，在该点的两侧将出现方向线，而且该点两侧的方向线处于同一直线上，拖动其中的一条方向线；另一条方向线也会相应移动，同时锚点两侧的路径线也发生相应的调整。
- "方向点"：在方向线的终点处有一个端点，这个点就叫作方向点。通过拖动该方向点，可以修改方向线的位置和方向，进而修改曲线型路径的弯曲效果。

5.2.2 选择、移动路径 重点

如果要选择整个路径，则先选中工具箱中的"路径选择工具" ，然后直接单击需要选择的路径即可。当整个路径选中时，该路径中的所有锚点都显示为黑色方块。选择路径后，按住鼠标拖动，即可移动路径的位置。如果路径由几个路径组件组成，则只有指针所指的路径组件被选中。

如果要选择路径段或锚点，可以使用工具箱中的"直接选择工具" ，单击需要选择的锚点；如果要同时选中多个锚点，可以在按住 Shift 键的同时逐个单击要选择的锚点。选择锚点后，按住鼠标拖动，即可移动锚点的位置。选择锚点并移动锚点效果如图 5-15 所示。

技巧

如果要使用"直接选择工具"选择整个路径锚点，可以在按住 Alt 键的同时在路径中单击，即可将全部路径锚点选中。

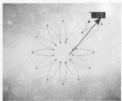

图5-15　选择锚点并移动

技巧

使用"路径选择工具"或"直接选择工具"，利用拖动框的形式也可以选择多个路径或路径锚点。

5.2.3 调整方向点 重点

在工具箱中，单击选择"直接选择工具" ，在角点或平滑点上单击鼠标，可以将该锚点选中，在该锚点的一侧或两侧显示方向点，将指针放置在要修改的方向点上，拖动鼠标，即可调整方向点。调整方向点操作效果如图 5-16 所示。

图5-16　调整方向点操作效果

5.2.4 复制路径

选择路径后就可以进行复制路径操作。在工具箱中，选择"路径选择工具" ，然后在文档中单击选择要复制的路径，按住 Alt 键，此时可以看到在指针的右下角出现一个"+"加号标志 ，按住鼠标拖动该路径，即可将其复制出一个副本，复制操作效果如图 5-17 所示。

图5-17　拖动法复制路径操作效果

5.2.5 变换路径

路径可进行旋转、缩放、倾斜和扭曲等操作，执行菜单栏中的"编辑"|"自由变换路径"命令。利用"路径选择工具"选中路径后，此时"编辑"|"自由变换路径"和"变换路径"命令被激活，选择"编辑"|"自由变换路径"命令后，所选路径的周围显示路径变换框。也

可以在"路径选择工具"选项栏中，勾选"显示定界框"复选框，对路径进行变换操作。操作方法与前面讲解过的选区的变换方法相同，这里不再赘述。

另外，还可以对选择的路径进行对齐和分布处理，用法也与前面讲解过的对齐与分布命令使用相同，这里不再赘述。

5.3 添加或删除锚点

绘制好路径后，不但可以使用"路径选择工具"和"直接选择工具"选择和调整路径锚点。还可以利用"添加锚点工具" 和"删除锚点工具" 对路径添加或删除锚点。

练习5-5 添加锚点 重点

难 度：	★
素材文件：	无
案例文件：	无
视频文件：	第5章\练习5-5 添加锚点.avi

使用"添加锚点工具" 工具在路径上单击，可以为路径添加新的锚点，具体添加锚点的操作方法如下。

选择"添加锚点工具"，然后将指针移动到文档窗口中要添加锚点的路径位置，此时指针的右下角将出现一个"+"加号标志，单击鼠标即可在该路径位置添加一个锚点。同样的方法可以添加更多的锚点。如果在添加锚点时按住鼠标拖动，还可以改变路径的形状。添加锚点操作效果如图5-18所示。

图5-18 添加锚点操作效果

练习5-6 删除锚点 重点

难 度：	★
素材文件：	无
案例文件：	无
视频文件：	第5章\练习5-6 删除锚点.avi

选择"删除锚点工具"，将指针移动到路径中想要删除的锚点上，此时指针的右下角将出现一个"−"减号标志，单击鼠标即可将该锚点删除。删除锚点后路径将根据其他的

锚点重新定义路径的形。删除锚点的操作效果
如图 5-19 所示。

图5-19　删除锚点的操作效果

5.4 平滑点和角点

　　使用"转换点工具"N不但可以将角点转换为平滑点，将角点转换为拐角点，将拐角点转换为平滑点，还可以对路径的角点、拐角点和平滑点之间进行不同的切换操作。

5.4.1　将角点转换为平滑点

　　选择"转换点工具"N，将指针移动到路径上的角点处，按住鼠标拖动即可将角点转换为平滑点。操作效果如图 5-20 所示。

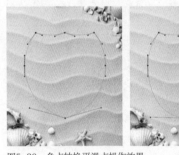

图5-20　角点转换平滑点操作效果

5.4.2　将平滑点转换为具有独立方向的角点

　　首先利用"直接选择工具"选择某个平滑点，并使其方向线显示出来。选择"转换点工具"N，将指针移动到平滑点一侧的方向点上，按住鼠标拖动该方向点，将方向线转换为独立的方向线，这样就可以将方向线连接的平滑点转换为具有独立方向的角点。操作效果如图 5-21 所示。

图5-21　将平滑点转换为具有独立方向的角点

5.4.3　将平滑点转换为没有方向线的角点

　　选择"转换点工具"N，将指针移动到路径上的平滑点处，单击鼠标即可将平滑点转换为没有方向线的角点。将平滑点转换为没有方向线的角点，操作效果如图 5-22 所示。

图5-22　将平滑点转换为没有方向线的角点

5.4.4 将没有方向线角点转换为有方向线的角点

选择"转换点工具" ⌐N，将指针移动到路径上的角点处，在按住 Alt 键的同时拖动鼠标，可以从该角点一侧拉出一条方向线，通过该方向线可以修改路径的形状，并将该点转换为有方向线的角点。操作效果如图 5-23 所示。

图5-23 转换为有方向线的角点操作效果

提示

在使用"钢笔工具"时，按住 Alt 键将指针移动到锚点上，此时"钢笔工具"将切换为"转换点工具"，可以修改锚点；如果当前使用的是"转换点工具"，按住 Ctrl 键，可以将"转换点工具"切换为"直接选择工具"，对锚点或路径线段进行选择修改。

5.5 为路径添加颜色

Photoshop 允许使用前景色、背景色或图案以各种混合模式填充路径，也允许使用绘图工具描边路径。对路径进行描边或填充时，该操作是针对整个路径的，包括所有子路径。

练习5-7 填充路径

难　度：★★
素材文件：无
案例文件：无
视频文件：第 5 章\练习 5-7　填充路径 .avi

填充路径功能类似于填充选区，完全可以在路径中填充上各种颜色或图案。在工具箱中，设置前景为绿色（也可以设置为其他颜色），选中"路径"面板中的路径后，单击"路径"面板底部"用前景色填充路径"按钮 ●，即可将路径填充绿色。填充操作效果如图 5-24 所示。

图5-24 用前景色填充路径

利用单击"用前景色填充路径"按钮 ● 填充路径，只能使用前景色进行填充，也就是只能填充单一的颜色。如果要填充图案或其他内容，可以在"路径"面板菜单中，选择"填充路径"命令，打开图5-25所示的"填充路径"对话框，对路径的填充进行详细的设置。

图5-25　"填充路径"对话框

在"填充路径"对话框中，在此重点介绍"渲染"区域中的参数设置。

- **"羽化半径"**：在该文本框中输入数值使得填充边界变得较为柔和。值越大，填充颜色边缘的柔和度也就越大。
- **"消除锯齿"**：勾选该复选框可以消除填充边界处的锯齿。

练习5-8 描边路径

难　　度：	★ ★
素材文件：	无
案例文件：	无

视频文件：第5章 \ 练习5-8　描边路径 .avi

　　路径的描边功能类似于选区的描边。但比选区的描边要复杂一些。要进行描边路径，首先要确定描边的工具，并设置该工具的笔触参数后才可以进行描边。描边的具体操作步骤如下。

01 在"图层"面板中确定要描边的图层。然后在"路径"面板中选择要进行描边的路径层。

02 选择"画笔工具" ✔ （也可以选择其他的绘图工具），并设置合适的画笔笔触和其他参数。然后将前景色设置为一种需要的颜色，比如，这里设置为蓝色。

03 在"路径"面板中，单击面板底部的"用画笔描边路径"按钮 ○ ，即可将使用画笔将路径描边。描边路径的操作效果如图5-26所示。

图5-26　描边路径的操作效果

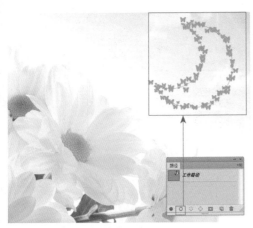

图5-26 描边路径的操作效果（续）

如果对路径描边时需要选择描边工具，可以在选中路径后，按住 Alt 键单击"用画笔描边路径"按钮 ○，或在"路径"面板菜单中，选择"描边路径"命令，打开"描边路径"对话框，如图 5-27 所示，在工具下拉列表框中可以选择进行描边的工具。

图5-27 "描边路径"对话及下拉列表

"描边路径"对话框中各选项的含义说明如下。

- "工具"：在右侧的下拉列表中，可选择要使用的描边工具。可以是铅笔、画笔、橡皮擦、仿制图章、涂抹等多种绘图工具。
- "模拟压力"：勾选该复选框，则可以模拟绘画时笔尖压力起笔时从轻变重，提笔时从重变轻的变化。勾选与取消该复选框描边的不同效果如图5-28所示。

图5-28 有无模拟压力的描边效果

5.6 路径与选区的转换

前面讲解了路径的填充，但无论哪种填充方法，都只能填充单一颜色或图案，如果想填充渐变颜色，简单的方法就是将路径转换为选区之后，应用渐变填充。当然，有时选区又不如路径修改方便，这时可以将选区转换为路径进行编辑。下面来详细讲解路径和选区的转换操作。

练习5-9 从路径建立选区

难　度：★
素材文件：无
案例文件：无
视频文件：第 5 章 \ 练习 5-9　从路径建立选区 .avi

不但可以从封闭的路径创建选区，还可以将开放的路径转换为选区，从路径创建选区的操作方法有几种，下面来讲解不同的创建选区的方法。

1. 按钮法建立选区

在"路径"面板中，选择要转换为选区的路径层，然后单击"路径"面板底部的"将路径作为选区载入"按钮，即可从当前路径建立一个选区。操作效果如图 5-29 所示。

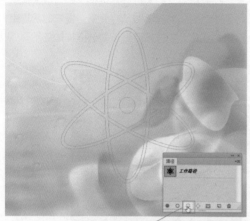

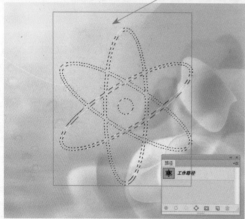

图5-29 按钮法建立选区操作效果

2. 菜单法建立选区

在"路径"面板中，选择要建立选区的路径，然后在"路径"面板菜单中，选择"建立选区"命令，打开"建立选区"对话框，如图 5-30 所示。可以对要建立的选区进行相关的参数设置。

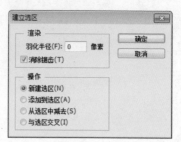

图5-30 "建立选区"对话框

"建立选区"对话框中各选项的含义说明如下。

- "羽化半径"：在该文本框中输入数值使得填充边界变得较为柔和。值越大，填充颜色边缘的柔和度也就越大。
- "消除锯齿"：勾选该复选框可以消除填充边界处的锯齿。
- "操作"：设置新建选区与原有选区的操作方式。

技巧

在当前路径层上单击鼠标右键，从弹出的快捷菜单中，选择"建立选区"命令；或在按住 Alt 键的同时，单击"路径"面板底部的"将路径作为选区载入"按钮，同样可以打开"建立选区"对话框。

3. 快捷键法建立

在"路径"面板中，在按住 Ctrl 键的同时，单击要建立选区的路径层，即可从该路径建立选区。

在创建路径的过程中，如果想将创建的路径转换为选区，可以按 Ctrl + Enter 组合键，快速将当前文档窗口的中从路径建立选区，这样就不需要在"路径"面板中进行转换了。

练习5-10 从选区建立路径

难　度：★
素材文件：无
案例文件：无
视频文件：第 5 章 \ 练习 5-10　从选区建立路径 .avi

Photoshop CS6 不但可以从路径建立选区，还可以从选区建立路径，将现有的选区通过相关的命令，转换为路径，以更加方便编辑和操作。下面来讲解几种不同的从选区建立路径的方法。

1. 按钮法建立路径

在文档窗口中，利用相关的选区或套索命令，创建一个选区。确认当前文档窗口中存在选区后，在"路径"面板中，单击"路径"面板底部的"从选区生成工作路径"按钮，即可从当前选区中建立一个工作路径。操作效果如图 5-31 所示。

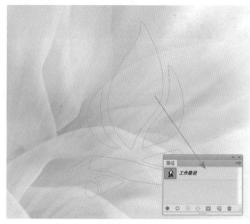

图5-31　按钮法建立路径操作效果（续）

2. 菜单法建立路径

确认当前文档窗口中存在选区后，在"路径"面板菜单中，选择"建立工作路径"命令，打开"建立工作路径"对话框，如图 5-32 所示，可以对要建立的路径设置它的"容差"值。容差用来控制选区转换为路径后的平滑程度，变化范围为 0.5~8.0 像素，该值越小则产生的锚点就越多，线条也就越平滑。

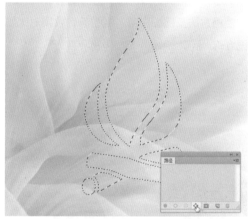

图5-31　按钮法建立路径操作效果

图5-32　"建立工作路径"对话框

技巧

在按住 Alt 键的同时，单击"路径"面板底部的"从选区生成工作路径"按钮，同样可以打开"建立工作路径"对话框。

5.7 知识拓展

本章主要对 Photoshop 的路径进行了详细的讲解。路径是 Photoshop 中重要的工具，其主要用于图像选择及辅助抠图，绘制平滑线条，定义画笔等工具的绘制轨迹，输出或输入路径及其和选择区域之间转换。本章详细讲解路径的各种应用，读者可能会觉得它与选区非常相似，但在辅助抠图上，路径突出显示了其强大的可编辑性，具有特有的光滑曲率属性，所以掌握路径功能是绘图与抠图的必要条件。

5.8 拓展训练

本章通过 3 个课后习题，对路径加深了解，对"钢笔工具"的使用加以巩固，并要求熟练掌握自定形状工具的方法。

训练5-1 使用"钢笔工具"对杯子抠图

◆ 实例分析

下面通过实例来讲解"钢笔工具" 的使用方法及抠图应用，抠图前后效果对比如图 5-33 所示。

难　度：★★★
素材文件：第 5 章 \ 白色瓷杯 .jpg
案例文件：第 5 章 \ 对杯子抠图 .psd
视频文件：第 5 章 \ 训练 5-1　使用"钢笔工具"对杯子抠图 .avi

图5-33　抠图前后效果对比

◆ 本例知识点

1. 钢笔工具
2. "路径"面板

训练5-2 使用"自由钢笔工具"对球鞋抠图

◆ 实例分析

下面通过实例来讲解"自由钢笔工具" 的使用方法及抠图应用。抠图前后效果对比如图 5-34 所示。

难　度：★★★
素材文件：第 5 章 \ 男士运动休闲鞋 .jpg
案例文件：第 5 章 \ 对球鞋抠图 .psd
视频文件：第 5 章 \ 训练 5-2　使用"自由钢笔工具"对球鞋抠图 .avi

图5-34　抠图前后效果对比

◆本例知识点

1. 自由钢笔工具🖋
2. 添加锚点工具🖋
3. 直接选择工具 ▶

训练5-3 创建自定形状

◆实例分析

　　为了方便用户使用不同的自定形状，Photoshop 为用户提供了创建自定形状的方法，利用"编辑"菜单中的"定义自定形状"命令，可以创建一个属于自己的自定形状。下面来讲解具体创建自定形状的方法。最终效果如图 5-35 所示。

难　　度：★★
素材文件：第 5 章 \ 圣诞老人 .jpg
案例文件：无
视频文件：第 5 章 \ 训练 5-3　创建自定形状 .avi

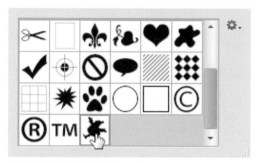

图5-35　自定形状最终效果

◆本例知识点

1. 魔棒工具 ✦
2. "定义自定形状"命令
3. 自定形状工具 🐾

第 **6** 章

图层及图层样式
的管理

图层是 Photoshop CS6 中非常重要的概念，本章
从图层的基础知识入手，由浅入深地介绍了图层的
基础知识和图层面板属性。同时，还讲解了图层样
式的应用。力求使读者在学习完本章后，能够掌握
图层的基础知识及操作技能，熟练掌握图层的使用，
这样才能在图像处理工作中更加得心应手。

教学目标

学习"图层"面板的使用
掌握图层的基本操作技巧
了解各种图层样式的含义
掌握图层样式的使用及编辑技巧

扫码观看本章
案例教学视频

Photoshop 的图层就如同堆叠在一起的透明纸张，通过图层的透明区域可以看到下面图层的内容，并可以通过图层移动来调整图层内容，也可以通过更改图层的不透明度使图层内容变透明。

6.1.1 认识"图层"面板

"图层"面板显示了图像中的所有图层、图层组和图层效果。可以使用"图层"面板来创建新图层及处理图层组。还可以利用"图层"面板菜单对图层进行更详细的操作。

执行菜单栏中的"窗口"|"图层"命令，即可打开"图层"面板。在"图层"面板中，图层的属性主要包括"混合模式""不透明度""锁定"及"填充"属性，如图 6-1 所示。

图6-1 "图层"面板

1. 图层混合模式

在"图层"面板顶部的下拉列表可以调整图层的混合模式。图层混合模式决定了这一图层的图像像素如何与下层中的图像像素进行混合。

2. 图层不透明度

通过直接输入数值或拖动不透明度滑块，可以改变图层的总体不透明度。不透明度的值越小，当前选择层就越透明；值越大，当前选择层就越不透明；当值为 100% 时，图层完全不透明。图 6-2 所示为不透明度分别为 70% 和 30% 时的效果。

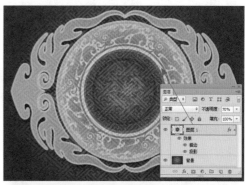

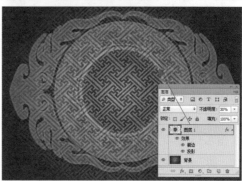

图6-2 不透明度分别为70%和30%时的效果

3. 锁定设置

Photoshop 提供了锁定图层的功能，可以全部或部分锁定某一个图层和图层组，以保护图层相关的内容，使其在编辑图像时不受影响，给编辑图像带来方便，如图 6-3 所示。

图6-3 图层锁定

当使用锁定属性时，除背景层外，当显示为黑色实心的锁标记 🔒 时，表示图层的属性完全被锁定；当显示为灰色空心的锁标记 🔓 时，表示图层的属性部分被锁定。下面具体讲解锁定的功能。

- "锁定透明像素" ☒：单击该按钮，锁定当前层的透明区域，可以将透明区域保护起来。在使用绘图工具时，只对不透明部分起作用，而对透明部分不起作用。
- "锁定图像像素" ✎：单击该按钮，将当前图层保护起来，除了可以移动图层内容外，不受任何填充、描边及其他绘图操作的影响。在该图层上无法使用绘图工具，绘图工具在图像窗口中将会显示为禁止图标 ⊘。
- "锁定位置" ✚：单击该按钮，将不能够对锁定的图层进行旋转，翻转，移动和自由变换等编辑操作。但能够对当前图层进行填充，描边和其他绘图操作。
- "锁定全部" 🔒：单击该按钮，将完全锁定当前图层。任何绘图操作和编辑操作均不能够在这一图层上使用。而只能够在"图层"面板中调整该图层的叠放次序。

提示

对于图层组的锁定，与图层锁定相似。锁定图层组后，该图层组中的所有图层也会被锁定。当需要解除锁定时，只需再次单击其相应的锁定按钮，即可解除图层属性的锁定。

4. 填充不透明度

填充不透明度与不透明度类似，但填充不透明度只影响图层中绘制的像素或图层上绘制的形状，不影响已经应用在图层中的图层效果，如外发光、投影、描边等。

图 6-4 所示为应用描边和投影样式后的修改不透度和填充值为 30% 后的效果对比。

图6-4　修改不透明度和填充效果对比

图6-4　修改不透明度和填充效果对比（续）

6.1.2　创建新图层

空白图层是最普通的图层，在处理或编辑图像的时候经常要建立空白层。在"图层"面板中，单击底部的"创建新图层"按钮 🔲，将创建一个空白图层，如图 6-5 所示。

图6-5　创建图层过程

技巧

执行菜单栏中的"图层"|"新建"|"图层"命令，或选择"图层"面板菜单中的"新建图层"命令，打开"新建图层"对话框，设置好参数后，单击"确定"按钮，即可创建一个新的图层。

6.2 图层的操作

进行实际的图形设计创作时，会使用大量的图层，熟练地掌握图层的操作就变得极为重要，包括图层的新建，调整图层位置和大小，改变叠放次序，调整混合模式和不透明度、合并图层等。下面来详细讲解图层的各种操作方法。

6.2.1 移动图层 重点

编辑图像时，移动图层的操作是很频繁的，可以通过"移动工具" ▶+ 来移动图层中的图像。移动图层图像时，如果是移动整个图层的图像内容，不需要建立选区，只需将要移动的图层设为当前图层，然后使用"移动工具" ▶+ ，也可以在使用其他工具的情况下，按住 Ctrl 键将其临时切换到移动工具，拖动就可以移动图像，另外，还可以通过键盘上的方向键来操作。

01 执行菜单栏中的"文件"|"打开"命令，打开"图层操作.psd"图片。在"图层"面板中，单击选择"图层1"，如图6-6所示。然后选择工具箱中的"移动工具" ▶+ ，或者按V键。

图6-6 选择图层

02 将指针放在图像中，按住鼠标向右进行拖动。在这里要特别注意移动的图层不能锁定，操作效果如图6-7所示。

图6-7 移动图层操作效果

技巧

在移动图层时，按住Shift键拖动图层，可以使图层中的图像按45度倍数方向移动。如果创建了链接图层、图层组或剪贴组，则图层内容将一起移动。

练习6-1 在同一文档中复制图层 重点

难 度：★	
素材文件：第 6 章 \ 图层操作 .psd	
案例文件：无	
视频文件：第 6 章 \ 练习 6-1 在同一文档中复制图层 .avi	

复制图层是在图像文档内或在图像文档之间拷贝内容的一种便捷方法。图层的复制分为两种情况：一种是在同一图像文档中复制图层，另一种是在两个图像文档中进行图层图像的复制。

在同一图像文档中复制图层的操作方法如下。

01 执行菜单栏中的"文件"|"打开"命令，打开

"图层操作.psd"文件。

02 拖动法复制。在"图层"面板中,选择要复制的图层即"图层1"图层,将其拖动到"图层"面板底部的"创建新图层"按钮 □ 上,然后释放鼠标即可生成"图层1 副本"图层,复制图层的操作效果如图6-8所示。

图6-8 复制图层的操作效果

03 菜单法复制。选择要复制的图层如"图层1 副本"层,然后执行菜单栏中的"图层"|"复制图层"命令,或从"图层"面板菜单中选择"复制图层"命令,打开"复制图层"对话框,如图6-9所示。在该对话框中可以对复制的图层进行重新命名,设置完成后单击"确定"按钮,即可完成图层复制,如图6-10所示。

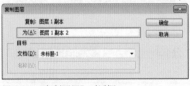

图6-9 "复制图层"对话框

图6-10 复制图层效果

6.2.2 删除图层

不需要的图层就要删除,删除图层的操作非常简单,具体有 3 种方法来删除图层,分别介绍如下。

- **方法1**:拖动删除法。在"图层"面板中选择要删除的图层,然后拖动该图层到"图层"面板板底部的"删除图层"按钮 🗑 上,释放鼠标即可将该图层删除。删除图层操作效果如图6-11所示。

图6-11 删除图层操作效果

- **方法2**:直接删除法。在"图层"面板中,选择要删除的图层,然后单击"图层"面板底部的"删除图层"按钮 🗑 ,将弹出一个询问对话框,如图6-12所示,单击"是"按钮即可将该层删除。

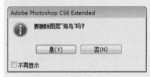

图6-12 询问对话框

- **方法3**:菜单法。在"图层"面板中选择要 删除的图层,执行菜单栏中的"图层"|"删除"|"图层"命令,或从"图层"面板菜单中选择"删除图层"命令,在弹出的询问对话框中单击"是"按钮,也可将选择的图层删除。

练习6-2 改变图层的排列顺序 (难点)

难　度:★
素材文件:第 6 章 \ 图层顺序 .ps
案例文件:无
视频文件:第 6 章 \ 练习 6-2　改变图层的排列顺序 .avi

在新建或复制图层时，新图层一般位于当前图层的上方，图像的排列顺序不同直接影响图像的显示效果，位于上层的图像会遮盖下层的图层，所以在实际操作中，经常会进行图层的重新排列，具体的操作方法如下。

01 执行菜单栏中的"文件"|"打开"命令，打开"图层顺序.psd"文件。从文档和图层中可以看到，"秃鹫"层位于最上方，"孔雀"层位于最下方，"海鸟"层位于中间，如图6-13所示。

图6-13　图层及图像效果

02 在"图层"面板中，在"孔雀"图层上按住鼠标，将图层向上拖动，当图层到达需要的位置时，将显示一条黑色的实线效果，释放鼠标后，图层会移动到当前位置，操作过程及效果如图6-14所示。

图6-14　图层排列的操作过程

03 此时，在文档窗口中，可以看到"孔雀"图片位于其他图片的上方，如图6-15所示。

图6-15　改变图层顺序效果

6.2.3　更改图层属性

为了便于图层的区分与修改，还可以根据需要对当前图层的显示颜色进行修改。右击图层位置在打开的菜单栏中可以指定当前图层的颜色，如图 6-16 所示。

图6-16　修改图层显示颜色

难 度:	★
素材文件:	无
案例文件:	无
视频文件:	第6章\练习6-3 图层的链接.avi

链接图层与使用图层组有相似的地方，可以更加方便多个图层的操作，如同时对多个图层进行旋转、缩放、对齐、合并等操作。

1. 链接图层

创建链接图层的操作方法很简单，具体操作如下。

01 在"图层"面板中选择要进行链接的图层，如图6-17所示。使用Shift键可以选择连续的多个图层，使用Ctrl键可以选择任意的多个图层。

02 单击"图层"面板底部的"链接图层"按钮 ∞，或执行菜单栏中的"图层"|"链接图层"命令，即可将选择的图层进行链接，如图6-18所示。

图6-17 选择多个图层　　图6-18 链接多个图层

2. 选择链接图层

要想一次选择所有链接的图层，可以在"图层"面板中，单击选择其中的一个链接层，然后执行菜单栏中的"图层"|"选择链接图层"命令，或单击"图层"面板菜单中的"选择链接图层"命令，即可将所有的链接图层同时选中。

3. 取消链接图层

如果想取消某一层与其他层的链接，可以

单击选择链接层，然后单击"图层"面板底部的"链接图层"按钮 ∞ 即可。

如果想取消所有图层的链接，可以应用"选择链接图层"命令选择所有链接图层后，执行菜单栏中的"图层"|"取消图层链接"命令，或单击"图层"面板菜单中的"取消图层链接"命令，也可以直接单击"图层"面板底部的"链接图层"按钮 ∞，取消所有图层的链接。

6.2.4 图层搜索

当图像图层太过繁多时，需快速找到某个图层，可执行菜单栏中"选择"|"查找图层"命令，此时"图层"面板上方会出现一个文本框，输入图层的名称，"图层"面板中将只会显示该图层，如图6-19所示。

图6-19 查找图层效果

在Photoshop CS6中也可以根据图层的类型进行图层的查找包含名称、效果、模式。属性和颜色，如图6-20所示。

图6-20 按类型和效果查找图层

6.3 设置图层样式

图层样式是 Photoshop 中最具特色的功能之一，在设计中应用相当广泛，是构成图像效果的关键。Photoshop CS6 提供了众多的图层样式命令，包括投影、内阴影、外发光、内发光、斜面和浮雕、光泽、颜色叠加等。

要想应用图层样式，执行菜单栏中的"图层"|"图层样式"命令，从其子菜单中选择图层样式相关命令，或单击"图层"面板底部的"添加图层样式"按钮 *fx*，从弹出的菜单中选择图层样式相关命令，打开"图层样式"对话框，设置相关的样式属性即可为图层添加样式。

提示

图层样式不能应用在背景层、锁定全部的图层或图层组。

6.3.1 混合选项

Photoshop 中有大量不同的图层效果，可以将这些效果任意组合应用到图层。执行菜单栏中的"图层"|"图层样式"|"混合选项"命令，或单击"图层"面板底部的"添加图层样式"按钮 *fx*，从弹出的菜单中选择"混合选项"命令，弹出"图层样式"|"混合选项"对话框，如图 6-21 所示，在其中可以对图层的效果进行多种样式的调整。

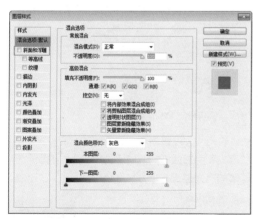

图6-21　"图层样式"|"混合选项"对话框

"图层样式"|"混合选项"对话框中各选项的含义说明如下。

1. "常规混合"

- **"混合模式"**：设置当前图层与其下方图层的混合模式，可产生不同的混合效果。混合模式只有多实践，才能掌握的娴熟，使用时才能得心应手，制作出需要的效果。
- **"不透明度"**：可以设置当前图层产生效果的透明程度，可以制作出朦胧效果。

2. "高级混合"

- **"填充不透明度"**：拖动"填充不透明度"右侧的滑块，设置填充颜色或图案的不透明度，也可以直接在其后的数值框中输入定值。
- **"通道"**：通过勾选其下方的复选框，R（红）、G（绿）、B（蓝）通道，用以确定参与图层混合的通道。
- **"挖空"**：用来控制混合后图层色调的深浅，通过当前层看到其他图层中的图像。包括无、浅和深3个选项。
- **"将内部效果混合成组"**：可以将混合后的效果编为一组，将图像内部制作成镂空效果，以便以后使用、修改。
- **"将剪贴图层混合成组"**：勾选该复选框，挖空效果将对编组图层有效，如果不勾选将只对当前层有效。
- **"透明形状图层"**：添加图层样式的图层有透明区域时，勾选该复选框，可以产生蒙版效果。
- **"图层蒙版隐藏效果"**：添加图层样式的图层有蒙版时，勾选该复选框，生成的效果如果延伸到蒙版中，将被遮盖。

- "矢量蒙版隐藏效果"：添加图层样式的图层有矢量蒙版时，勾选该复选框，生成的效果如果延伸到图层蒙版中，将被遮盖。

3."混合颜色带"

- "混合颜色带"：在"混合颜色带"后面的下拉列表中可以选择和当前图层混合的颜色，包括灰色、红、绿、蓝4个选项。
- "本图层"和"下一图层"颜色条的两侧都有两个小直角三角形组成的三角形，拖动可以调整当前图层的颜色深浅。按下Alt键，三角形会分开为两个小三角，拖动其中一个，可以缓慢精确的调整的图层颜色的深浅。

6.3.2 斜面和浮雕

利用"斜面和浮雕"选项可以为当前图层中的图像添加不同组合方式的高光和阴影区域，从而产生斜面浮雕效果。"斜面和浮雕"效果可以很方便地制作有立体感的文字或是按钮效果，在图层样式效果设计中经常会用到它，其参数设置区如图6-22所示。

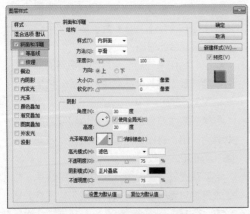

图6-22 "图层样式"|"斜面和浮雕"对话框

"图层样式"|"斜面和浮雕"对话框中各选项的含义说明如下。

1. 设置斜面和浮雕结构

- "样式"：设置浮雕效果生成的样式，包括

"外斜面""内斜面""浮雕效果""枕状浮雕"和"描边浮雕"5种浮雕样式。选择不同的浮雕样式会产生不同的浮雕效果。原图与不同的斜面浮雕效果如图6-23所示。

原图　　　　　外斜面　　　　　内斜面

浮雕效果　　　　枕状浮雕　　　　描边浮雕

图6-23 原图与不同的斜面浮雕效果

- "方法"：用来设置浮雕边缘产生的效果。包括"平滑""雕刻清晰"和"雕刻柔和"3个选项。"平滑"表示产生的浮雕效果边缘比较柔和；"雕刻清晰"表示产生的浮雕效果边缘立体感比较明显，雕刻效果清晰；"雕刻柔和"表示产生的浮雕效果边缘在平滑与雕刻清晰之间。设置不同方法效果如图6-24所示。

图6-24 设置不同方法效果

- "深度"：设置雕刻的深度，值越大，雕刻的深度也越大，浮雕效果越明显。不同深度值的浮雕效果如图6-25所示。

图6-25 不同深度值的浮雕效果

- "方向"：设置浮雕效果产生的方向，主要是高光和阴影区域的方向。选择"上"选项，浮雕的高光位置在上方；选择"下"选项，浮雕的高光位置在下方。
- "大小"：设置斜面和浮雕中高光和阴影的面积大小。不同大小值的高光和阴影面积显示效果如图6-26所示。

图6-26 不同大小值的高光和阴影面积显示效果

- "软化"：设置浮雕高光与阴影间的模糊程度，值越大，高光与阴影的边界越模糊。不同软化值效果如图6-27所示。

图6-27 不同软化值效果

2. 设置斜面和浮雕阴影

- "角度"和"高度"：设置光照的角度和高度。高度接近0时，几乎没有任何浮雕效果。
- "光泽等高线"：可以设定如何处理斜面的高光和暗调。
- "高光模式"和"不透明度"：设置浮雕效果高光区域与其下一图层的混合模式和透明程度。单击右侧的色块，可在弹出的"拾色器"对话框中修改高光区域的颜色。
- "暗调模式"和"不透明度"：设置浮雕效果阴影区域与其下一图层的混合模式和透明程度。单击右侧的色块，可在弹出的"拾色器"对话框中修改阴影区域的颜色。
- "斜面和浮雕"：该选项下还包括"等高线"和"纹理"两个选项。利用这两个选项可以对斜面和浮雕制作出更多的效果。
- "等高线"：选择"等高线"选项后，其右侧将显示等高线的参数设置区。利用等高线的设置可以让浮雕产生更多的斜面和浮雕效果。应用"等高线"效果如图6-28所示。

图6-28 应用"等高线"效果

- "纹理"：选择"纹理"选项后，其右侧将显示纹理的参数设置区。选择不同的图案可以制作出具有纹理填充的浮雕效果，并且可以中设

置纹理的缩放和深度。应用"纹理"效果如图6-29所示。

图6-29 应用"纹理"效果

6.3.3 描边

可以使用颜色、渐变或图案为当前图形描绘一个边缘。此图层样式与使用"编辑"|"描边"命令相似。选择该选项后，参数效果如图6-30所示。

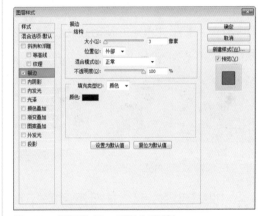

图6-30 "图层样式"|"描边"对话框

"图层样式"|"描边"对话框中各选项的含义说明如下。

- "大小"：设置描边的粗细程度。值越大，描绘的边缘越粗；值越小，描绘的边缘越细。
- "位置"：设置描边相对于当前图形的位置，右侧的下拉列表中供选择的选项包括外部、内部或居中3个选项。
- "填充类型"：设置描边的填充样式。右侧的下拉列表中供选择的选项包括颜色、渐变或图案3个选项。
- "颜色"：设置描边的颜色。此项根据选择"填充类型"的不同，会产生不同的变化。

原图与图像应用不同"描边"效果的前后对比如图 6-31 所示。

图6-31　不同描边效果对比

6.3.4　投影和内阴影

"图层样式"功能提供了两种阴影效果的制作，分别为"投影"和"内阴影"，这两种阴影效果区别在于：投影是在图层对象背后产生阴影，从而产生投影的视觉；而内阴影则是内投影，即在图层以内区域产生一个图像阴影，使图层具有凹陷外观。原图、投影和内阴影效果如图 6-32 所示。

原图　　　　　投影　　　　　内阴影

图6-32　原图、投影和内阴影效果对比

"投影"和"内阴影"这两种图层样式只是产生的图像效果不同，但参数设置基本相同，只有"扩展"和"阻塞"不同，但用法几乎相同，所以下面以"投影"为例来讲解参数含义，如图 6-33 所示。

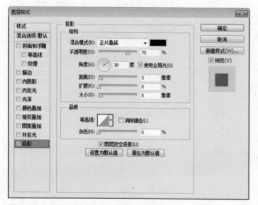

图6-33　"图层样式"|"投影"对话框

"图层样式"|"投影"对话框中各选项的含义说明如下。

1. 设置投影结构

- "混合模式"：设置投影效果与其下方图层的混合模式。在"混合模式"右侧有一个颜色框，单击该颜色块可以打开"选择阴影颜色"对话框，以修改阴影的颜色。

- "不透明度"：设置阴影的不透明度，值越大则阴影颜色越深。图6-34所示是不透明度分别为30%和80%时的效果对比。

不透明度为30%　　　不透明度为80%

图6-34　不同不透明度的比较

- "角度"：设置投影效果应用于图层时所采用的光照角度，阴影方向会随着角度变化而发生变化。图6-35所示是角度分别为30度和120度时的效果对比。

角度为30度　　　角度为120度

图6-35　不同角度的对比

- "使用全局光"：勾选该复选框，可以为同一图像中的所有图层样式设置相同的光线照明角度。

- "距离"：设置图像的投影效果与原图像之间的相对距离，变化范围为0~30000之间的整数。数值越大，投影离原图像越远。图6-36所示是距离分别为9像素和30像素的效果对比。

距离为9像素　　　距离为30像素

图6-36　不同距离值的效果对比

- "扩展"：设置投影效果边缘的模糊扩散程度，变化范围数值为0~100之间的整数，值越大投影效果越强烈。但它与下方的"大小"选项相关联，如果"大小"值为0时，此项不起作用。设置不同扩展与大小值的投影效果如图6-37所示。

图6-37　设置不同扩展与大小的投影效果

- **"大小"**：设置阴影的柔化效果，变化范围为0~250，值越大柔化程度越大。

2.设置投影品质

- **"等高线"**：此选项可以设置阴影的明暗变化。单击"等高线"选项右侧区域单击，可以打开"等高级编辑器"对话框，自定义等高线；单击"等高级"选项右侧的"点按可打开'等高线'拾色器"按钮▼，可以弹出"'等高线'拾色器"，可以从中选择一个已有的等高线应用于阴影，预置的等高线有线性、锥形、高斯、半圆、环形等12种，如图6-38所示。应用不同等高线效果如图6-39所示。

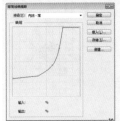

图6-38　"等高线"拾色器

线性　　　　　锯齿1　　　　　环形

图6-39　不同等高线效果

提示

在"'等高线'拾色器"中，通过"'等高线'拾色器"菜单，可以新建、存储、复位、替换、视图等高线等操作，操作方法比较简单，这里不再赘述。

- **"消除锯齿"**：勾选该复选框，可以将投影边缘的像素进行平滑，以消除锯齿现象。
- **"杂色"**：通过拖动右侧的滑块或直接输入数值，可以为阴影添加随机杂点效果。值越大，杂色越多。添加杂色的前后效果如图6-40所示。

图6-40　添加杂色的前后效果对比

- **"图层挖空投影"**：可以根据下层图像对阴影进行挖空设置，以制作出更加逼真的投影效果。不过只有当"图层"面板中当前层的"填充"不透明度设置小于100时才会有效果。当"填充"的值为60%，使用与不使用图层挖空投影前后效果对比如图6-41所示。

图6-41　使用图层挖空投影前后对比

6.3.5　外发光和内发光

在图像制作过程中，经常会用到文字或是物体发光的效果，"发光"效果在直觉上比"阴影"效果更具有计算机色彩，而其制作方法也比较简单，可以使用图层样式中的"外发光"和"内发光"命令即可。

"外发光"主要在图像的外部创建发光效果，而"内发光"是在图像的内边缘或图中心创建发光效果，其对话框中的参数设置与"外发光"选项的基本相同，只是"内发光"多了"居中"和"边缘"两个选项，用于设置内发光的位置。下面以"外发光"为例讲解参数含义，如图6-42所示。

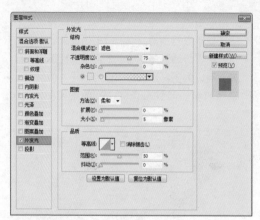

图6-42 "图层样式"|"外发光"对话框

"图层样式"|"外发光"对话框中各选项的含义说明如下。

1. 设置发光结构

- **"混合模式"**：设置发光效果与其下方图层的混合模式。

- **"不透明度"**：设置发光的不透明度，值越大则发光颜色越不透明。

- **"杂色"**：设置在发光效果中添加杂点的数量。

- ◎□ **"单色发光"**：选择此单选按钮后，单击单选框右侧的色块，可以打开"拾色器"对话框来设置发光的颜色。

- ◎ ▭▼ **"渐变发光"**：选择此单选按钮后，单击其右侧的三角形"点按可打开'渐变'拾色器"按钮▼，可打开"'渐变'拾色器"对话框，选择一种渐变样式，可以在发光边缘中应用渐变效果；在"点按可编辑渐变"▭上单击，可以打开"渐变编辑器"对话框，用来选择或编辑需要的渐变样式。图6-43所示为原图、单色发光与渐变发光的不同显示效果。

图6-43 不同发光颜色显示效果

2. 设置发光图素

- **"方法"**：指定创建发光效果的方法。单击其

右侧的三角形按钮▼，可以从弹出的下拉菜单中，选择发光的类型。当选择"柔和"选项时，发光的边缘产生模糊效果，发光的边缘根据图形的整体外形发光；当选择"精确"选项时，发光的边缘会根据图形的细节发光，根据图形的每一个部位发光，效果比"柔和"生硬。柔和与精确发光效果对比如图6-44所示。

图6-44 柔和与精确发光效果对比

- **"扩展"**：设置发光效果边缘模糊的扩散程度，变化范围数值为0~100之间的整数，值越大，发光效果越强烈。它与"大小"选项相关联，如果"大小"的值为0，此项不起作用。

- **"大小"**：设置发光效果的范围及模糊程度，变化范围数值为0~250之间的整数，值越大模糊程度越大。不同扩展与大小值的发光效果对比如图6-45所示。

图6-45 不同扩展与大小值的发光效果对比

提示

"内发光"比"外发光"多了两个选项，用于设置内发光的光源。"居中"表示从当前图层图像的中心位置向外发光；"边缘"表示从当前图层图像的边缘向里发光。

3. 设置发光品质

- **"等高线"**：当使用单色发光时，利用"等高线"选项可以创建透明光环效果。当使用渐变填充发光时，利用"等高线"选项可以创建渐变颜色和不透明度的重复变化效果。

- **"范围"**：控制发光中作为等高线目标的部分

或范围。相同的等高线不同范围值的效果如图6-46所示。

图6-46　相同的等高线不同范围值的效果

- "抖动"：控制随机化发光中的渐变。

6.3.6 光泽

"光泽"选项可以在图像内部产生类似光泽的效果。选择此项后，出现参数设置区。由于该参数区中的参数与前面讲过的参数相似，这里不再赘述。为图像设置光泽效果如图6-47所示。

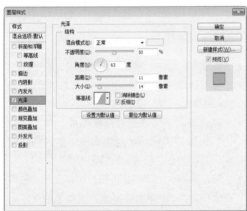

图6-47　图像设置光泽效果

6.3.7 颜色叠加

利用"颜色叠加"选项可以在图层内容上填充一种纯色，与使用"填充"命令填充前景色功能相似，不过更方便，可以随意更改填充的颜色，还可以修改填充的混合模式和不透明度，选择该选项后，右侧将显示颜色叠加的参数。应用颜色叠加的前后效果及参数设置如图6-48所示。

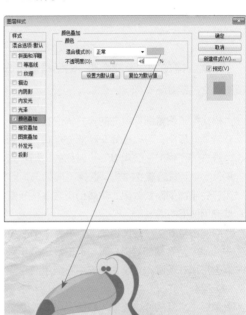

图6-48　应用颜色叠加的参数设置及效果

6.3.8 渐变叠加 重点

利用"渐变叠加"可以在图层内容上填充一种渐变颜色。此图层样式与在图层中填充渐变颜色功能相似，与建立一个渐变填充图层用法类似，选择该项后参数效果如图6-49所示。

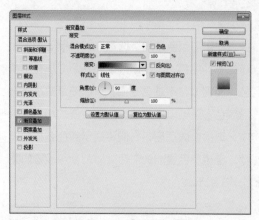
图6-49 "图层样式"|"渐变叠加"对话框

"图层样式"|"渐变叠加"对话框中各选项的含义说明如下。

- "样式"：设置渐变填充的样式。从右侧的渐变选项面板中，可以选择一种渐变样式，包括"线性""径向""角度""对称的"和"菱形"5种不同的渐变样式，选择不同的选项可以产生不同的渐变效果，具体使用方法与渐变填充用法相同。
- "与图层对齐"：勾选该复选框，将以图形为中心应用渐变叠加效果；不勾选该复选框，将以图形所在的画布大小为填充中心应用渐变叠加效果。
- "角度"：拖动或直接输入数值，可以改变渐变的角度。
- "缩放"：用来控制渐变颜色间的混合过渡程度。值越大，颜色过渡越平滑；值越小，颜色过渡越生硬。

原图与图像应用不同"渐变叠加"效果的前后对比如图 6-50 所示。

图6-50 应用"渐变叠加"图像效果对比

6.3.9 图案叠加

利用"图案叠加"可以在图层内容上填充一种图案。此图层样式与使用"填充"命令填充图案相同，与建立一个图案填充图层用法类似，选择该项后参数效果如图6-51所示。

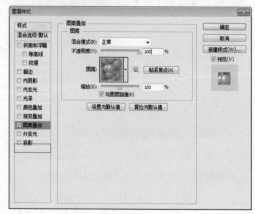
图6-51 "图层样式"|"图案叠加"对话框

"图层样式"|"图案叠加"对话框中各选项的含义说明如下。

- "图案"：单击"图案"右侧的区域，将弹出图案选项面板，从该面板中可以选择用于叠加的图案。
- "从当前图案创建新的预设"：单击此按钮，可以将当前图案创建成一个新的预设图案，并存放在"图案"选项面板中。
- "贴紧原点"：单击此按钮，可以以当前图像左上角为原点，将图案贴紧左上角原点对齐。
- "缩放"：设置图案的缩放比例。取值范围为1%~1000%，值越大，图案也越大；值越小，图案越小。
- "与图层链接"：勾选该复选框，以当前图形为原点定位图案的原点；如果取消该复选框，则将以图形所在的画布左上角定位图案的原点。

原图与图像应用"图案叠加"效果的前后对比如图 6-52 所示。

图6-52 应用"图案叠加"前后对比

6.4 编辑图层样式

创建完图层样式后，可以对图层样式进行详细的编辑，如快速复制图层样式，修改图层样式的参数，删除不需要的图层样式或隐藏与显示图层样式。

6.4.1 更改图层样式

为图层添加图层样式后，如果对其中的效果不满意，可以再次修改图层样式。在"图层"面板中，双击要修改样式的名称，例如，双击"投影"样式后，将打开"图层样式"|"投影"对话框，可以对"投影"的参数进行修改，修改完成后，单击"确定"按钮即可。修改图层样式的操作效果如图6-53所示。

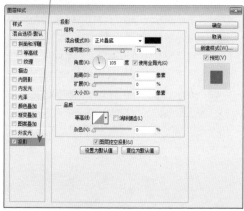

图6-53 修改图层样式的操作

提示
应用图层样式后，在"图层"面板中当前选择的图层的右侧会出现一个图标 ，双击该图标，打开"图层样式"对话框，这时可修改图层样式的参数设置。

练习6-4 使用命令复制图层样式 重点

难　　度：★★	
素材文件：第6章\图层样式.psd	
案例文件：无	
视频文件：第6章\练习6-4　使用命令复制图层样式.avi	

在设计过程中，有时可能会出现多个图层应用相同样式的情况，在这种情况下，如果单独为各个图层添加样式并修改相同的参数就显得相当麻烦，这时就可以应用复制图层样式的方法，快速将多个图层应用相同的样式。

要使用命令复制图层样式，具体的操作方法如下。

01 执行菜单栏中的"文件"|"打开"命令，打开"图层样式.psd"文件。

02 在"图层"面板中，选择包含要拷贝样式的图层如图6-54所示，然后执行菜单栏中的"图层"|"图层样式"|"拷贝图层样式"命令。

图6-54 选择猫咪图层

03 在"图层"面板中，选择要应用相同样式的目标图层，如"小鹿"图层。然后执行菜单栏中的"图层"|"图层样式"|"粘贴图层样式"命令，即可将样式应用在选择的图层上。使用命令复制图层样式的前后对比效果如图6-55所示。

图6-55 粘贴图层样式

6.4.2 缩放图层样式

利用"缩放"效果命令，可以对图层的样式效果进行缩放，而不会对应用图层样式的图像进行缩放。具体的操作方法如下。

01 在"图层"面板中，选择一个应用了样式的图层，然后执行菜单栏中的"图层"|"图层样式"|"缩放效果"命令，打开"缩放图层效果"对话框，如图6-56所示。

图6-56 "缩放图层效果"对话框

02 在"缩放图层效果"对话框中，输入一个百分比或拖动滑块修改缩放图层效果，如果勾选了"预览"复选框，可以在文档中直接预览到修改的效果。设置完成后，单击"确定"按钮，即可完成缩放图层效果的操作。

练习6-5 隐藏与显示图层样式

难　　度：★
素材文件：第 6 章 \ 图层样式 .psd
案例文件：无
视频文件：第 6 章 \ 练习 6-5　隐藏与显示图层样式 .avi

为了便于设计人员查看添加或不添加样式的前后效果对比，Photoshop 为用户提供了隐藏或显示图层样式的方法。不但可以隐藏或显示所有的图层样式，还可以隐藏或显示指定的图层样式，具体的操作如下。

- 隐藏或显示图层中的所有图层样式：可以在该图层样式的"效果"左侧单击，当眼睛图标显示时，表示显示所有图层样式；当眼睛图标消失时，表示隐藏所有图层样式。
- 隐藏或显示图层中指定的样式：可以在该图层样式的指定样式名称左侧单击，当眼睛图标显示时，表示显示该图层样式；当眼睛图标消失时，表示隐藏该图层样式。隐藏所有图层样式和隐藏指定图层样式效果如图6-57所示。

图6-57 隐藏图层样式效果

练习6-6 删除图层样式

难　　度：★
素材文件：第 6 章 \ 创建图层 .psd
案例文件：无
视频文件：第 6 章 \ 练习 6-6　删除图层样式 .avi

创建的图层样式不需要时，可以将其删除。删除图层样式时，可以删除单一的图层样式，也可以从图层中删除整个图层样式。

1. 删除单一图层样式

要删除单一的图层样式，可以执行如下操作。

01 在"图层"面板中，确认展开图层样式。

02 将需要删除的某个图层样式，拖动到"图层"面板底部的"删除图层"按钮 ![删除图层图标] 上，即可将单一的图层样式删除。删除单一图层样式的操作效果如图6-58所示。

图6-58　删除单一图层样式的操作效果

2. 删除整个图层样式

要删除整个图层样式，在"图层"面板中，选择包含要删除样式的图层，然后可以执行下列操作之一。

● 在"图层"面板中，将"效果"栏拖动到"删除图层"按钮 ![删除图层图标] 上，即可将整个图层样式删除。删除操作效果如图6-59所示。

技巧

执行菜单栏中的"图层"|"图层样式"|"清楚图层样式"命令，可以快速清除当前图层的所有图层样式。

将图层样式创建图层，操作方法非常简单。

01 执执行菜单栏中的"文件"|"打开"命令，打开"创建图层.psd"文件。

02 在"图层"面板中，选择包含图层样式的"大熊"图层。

03 执行菜单栏中的"图层"|"图层样式"|"创建图层"命令，即可将图层样式转换为图层。转换完成后，在"图层"面板中将显示出样式效果所产生的新图层。可以用处理基本图层的方法编辑新图层。创建图层的操作效果如图6-60所示。

图6-59 拖动删除整个图层样式操作效果

练习6-7 将图层样式转换为图层 重点

难度：★
素材文件：第 6 章\创建图层 .psd
案例文件：无
视频文件：第 6 章\练习 6-7 将图层样式转换为图层 .avi

创建图层样式后，只能通过"图层样式"对话框对样式进行修改，却不能对样式使用其他的操作，如使用滤镜功能。这时就可以将图层样式转换为图像图层，以便对样式进行更加丰富的效果处理。

提示

图层样式一旦转换为图像图层，就不能再像编辑原图层上的图层样式那样进行编辑，而且更改原图像图层时，图层样式将不再更新。

图6-60 创建图层的操作效果

提示

创建图层后产生的图层，可能有时不能生成与图层样式完全相同的效果。创建新图层时还可能会看到警告，直接单击"确定"按钮就可以了。

6.5 知识拓展

本章主要对 Photoshop 的图层及图层样式进行了详细的讲解，要求读者朋友掌握图层及图层样式的管理技巧，以便在日后的设计中更加得心应手。

6.6 拓展训练

本章通过 2 个课后习题，使读者对图层中图像的复制及图层样式的复制更加熟悉，掌握这些技巧以提高工作效率。

训练6-1 在不同文档中复制图层

◆实例分析

在不同图像之间复制图层，首先要打开两个文档，即源图像和复制所在的目标图像文档，然后在源图像文档中选择要复制的图层。接下来就可以用多种方法在不同图像之间复制图层。

难 度： ★
素材文件：第 6 章 \ 图层操作 .psd
案例文件：无
视频文件：第 6 章 \ 训练 6-1 在不同文档中复制图层 .avi

◆本例知识点

1．文档拖动法
2．面板拖动法

训练6-2 通过拖动复制图层样式

◆实例分析

除了使用菜单命令复制图层样式外，还可以在"图层"面板中，通过拖动来复制图层样式；直接将效果从"图层"面板中拖动到图像，也可以复制图层样式。

难 度： ★
素材文件：第 6 章 \ 图层样式 .psd
案例文件：无
视频文件：第 6 章 \ 训练 6-2 通过拖动复制图层样式 .avi

◆本例知识点

拖动复制图层样式的方法

第 **7** 章

掌握文字的运用

本章主要详解了 Photoshop CS6 中的文本功能。主要包括"文字工具""字符"面板和"段落"面板，以及如何处理文字图层，文字的转移与变换，栅格化文字层的操作方法，还详细讲解了路径文字的应用技巧。通过本章的学习，读者应该能够掌握如何使用文本功能来创建和格式化文本，以及如何结合其他工具来创建文字特效。

教学目标

了解文字工具

学习创建和编辑点文字

学习创建和编辑段落文字

掌握"字符"和"段落"面板的使用

掌握路径文字的创建及调整技巧

掌握文字的处理技巧

掌握文字的变形及栅格化应用

扫码观看本章
案例教学视频

7.1 创建文字

文字是作品的灵魂，可以起到画龙点睛的作用。Photoshop 中的文字由基于矢量的文字轮廓（即以教学方式定义的形状）组成，这些形状描述字样的字母、数字和符号。尽管 Photoshop CS6 是一个图像设计和处理软件，但其文本处理功能也是十分强大的。

Photoshop CS6 为用户提供了 4 种类型的文字工具。包括"横排文字工具" T 、"直排文字工具" IT 、"横排文字蒙版工具" T 和"直排文字蒙版工具" IT 。在默认状态下显示的为"横排文字工具"，将指针放置在该工具按钮上，按住鼠标稍等片刻或单击鼠标右键，将显示文字工具组，如图 7-1 所示。

图7-1　文字工具组

技巧

按 T 键可以选择文字工具，按 Shift + T 组合键可以在这 4 种文字工具之间进行切换。

7.1.1 横排和直排文字工具

"横排文字工具" T 用来创建水平矢量文字，"直排文字工具" IT 用来创建垂直矢量文字，输入水平或垂直排列的矢量文字后，在"图层"面板中，将自动创建一个新的图层——文字层。横排和直排文字及图层效果如图 7-2 所示。

图7-2　横排和直排文字及图层效果

7.1.2 横排和直排文字蒙版工具

"横排文字蒙版工具" T 与"横排文字工具"的使用方法相似，可以创建水平文字；"直排文字蒙版工具" IT 与"直排文字工具"的使用方法相似，可以创建垂直文字，但这两个工具创建文字时，是以蒙版的形式出现。完成文字的输入后，文字将显示为文字选区，而且在"图层"面板中，不会产生新的图层。横排和直排蒙版文字和图层效果如图 7-3 所示。

图7-3　横排和直排蒙版文字和图层效果

提示

使用文字蒙版工具创建文字选区后，不会产生新的文字图层，因为它不具有文字的属性，所以也无法按照编辑文字的方法对蒙版文字进行各种属性的编辑。

练习7-1 创建点文字

难　度：★		
素材文件：无		
案例文件：无		
视频文件：第 7 章 \ 练习 7-1　创建点文字 .avi		

创建点文字时，每行文字都是独立的，单行的长度会随着文字的增加而增长，但默认状态下

129

永远不会换行，只能进行手动换行。创建点文字的操作方法如下。

01 在工具箱中选择文字工具组中的任意一个文字工具，比如选择"横排文字工具" **T**。

02 在图像上单击鼠标，为文字设置插入点，此时可以看到图像上有一个闪动的竖线光标，如果是横排文字在竖线上将出现一个文字基线标记，如果是直排文字，基线标记就是字符的中心轴。

03 在选项栏中，设置文字的字体、字号、颜色等参数，也可以通过"字符"面板来设置。设置完成后直接输入文字即可。要强制换行，可以按Enter键。如果想完成文字输入，可以单击选项栏中的"提交所有当前编辑"按钮 ✓，也可以按数字键盘上的Enter键或直接按Ctrl + Enter组合键。输入点文字后的效果如图7-4所示。

光标及基线标记

创建点文字

图7-4　输入点文字效果

练习7-2 创建段落文字 重点

难　　度：★
素材文件：无
案例文件：无
视频文件：第 7 章 \ 练习 7-2　创建段落文字 .avi

　　输入段落文字时，文字会基于指定的文字外框大小进行换行。而且通过 Enter 键可以将文字分为多个段落，可以通过调整外框的大小来调整文字的排列，还可以利用外框旋转、缩放和斜切文字。下面来详细讲解创建段落文字的方法，具体操作步骤如下。

01 在工具箱中选择文字工具组中的任意一个文字工具，比如选择"横排文字工具" **T**。

02 在文档窗口中的合适位置按住鼠标，在不释放鼠标的情况下沿对角线方向拖动一个矩形框，为文字定义一个文字框。释放鼠标即可创建一个段落文字框，创建效果如图7-5所示。

拖动绘制
文本框

图7-5　拖动段落边框效果

03 在段落边框中可以看到闪动的输入光标，在选项栏中，设置文字的字体、字号、颜色等参数，也可以通过"字符"或"段落"面板来设置。选择合适的输入法，输入文字即可创建段落文字，当文字达到边框的边缘位置时，文字将自动换行。

04 如果想开始新的段落可以按Enter键，如果输入的文字超出文字框的容纳时，在文字框的右下角将显示一个溢出图标 ⊞，可以调整文字外框的大小以显示超出的文字。如果想完成文字输入，可以单击选项栏中的"提交所有当前编辑"按钮 ✓，也可以按数字键盘上的Enter键或直接按Ctrl + Enter组合键。输入段落文字后的效果如图7-6所示。

图7-6　输入段落文字效果

练习7-3 利用文字外框调整文字

难　度:	★
素材文件:	无
案例文件:	无

视频文件: 第 7 章 \ 练习 7-3　利用文字外框调整文字 .avi

　　如果文字是点文字,可以在编辑模式下按住 Ctrl 键显示文字外框;如果是段落文字,输入文字时就会显示文字外框,如果已经是输入完成的段落文字,则可以将其切换到编辑模式中,以显示文字外框。

01 调整外框的大小或文字的大小。将指针放置在文字外框四个角的任意控制点上,当指针变成双箭头时,拖动鼠标即可调整文字外框大小或文字大小。如果是点文字则可以修改文字的大小;如果是段落文字则修改义字外框的大小。调整点文字外框的操作效果如图7-7所示。

图7-7　调整点文字外框的操作效果

02 旋转文字外框。将指针放置在文字外框外,当指针变成弯曲的双箭头时,按住鼠标拖动,可以旋转文字,旋转文字的操作效果如图7-8所示。

图7-8　旋转文字的操作效果

03 斜切文字外框。在按住Ctrl键的同时将指针放置在文字外框的中间4个任意控制点上,当指针变成一个箭头时,按住鼠标拖动,可以斜切文字。斜切文字的操作效果如图7-9所示。

图7-9　斜切文字的操作效果

练习7-4 点文字与段落文字的转换

难　度:	★
素材文件:	无
案例文件:	无

视频文件: 第 7 章 \ 练习 7-4　点文字与段落文字的转换 .avi

　　创建点文字或段落文字后,可以在这两种文字间进行转换操作。值得注意的是将段落文字转换为点文字时,除了最后一行,每个文字行的末尾都会添加一个回车符。点文字与段落文字的转换操作如下。

01 在"图层"面板中,单击选择要转换的文字图层。

02 执行菜单栏中的"文字"|"转换为点文本"命令,可以将段落文字转换为点文字;如果执行菜单栏中的"文字"|"转换为段落文本"命令,可以将点文字转换为段落文字。

本节主要讲解文字的基本编辑方法，如定位和选择文字、移动文字、拼写检查、更改文字方向和栅格文字层等。

7.2.1 定位和选择文字

如果要编辑已经输入的文字，首先在"图层"面板中选中该文字图层，在工具箱中选择相关的文字工具，将光标放置在文档窗口中的文字附近，当光标变为 I 时，单击鼠标，定位光标的位置，然后输入文字即可。如果此时按住鼠标拖动，可以选择文字，选取的文字将出现反白效果，如图7-10所示。选择文字后，即可应用"字符"或"段落"面板或其他方式对文字进行编辑。

单击可以选择一定范围的字符双击一个字可以选择该字，单击3次可以选择一行，单击4次可以选择一段，单击5次可以选择文本外框中的全部文字。在"图层"面板中双击文字层文字图标，可以选择图层中的所有文字。

7.2.2 移动文字

在输入文字的过程中，如果将指针移动到位于文字以外的其他位置，指针将变成 ▸ 状，按住鼠标可以拖动文字的位置，移动文字操作效果如图7-11所示。如果文字已经完成输入，可以在图层面板中选择该文字层，然后使用"移动工具" ▸ ，即可移动文字。

图7-10 定位和选择文字

技巧

除了上面讲解的最基本的拖动选择文字外，还有一些常用的选择方式。在文本中单击，然后按住Shift键，

图7-11 移动文字操作效果

7.2.3 拼写检查

利用拼写检查可以快速查找拼写错误，方便用户。在拼写检查时，Photoshop 会对指定词典中没有的单词进行询问。如果被询问的拼写是正确的，用户还可以通过"添加"按钮将其添加到自己的词典中以备后用；如果确认拼写是错误的，则可以通过"更正"按钮来更正它。要进行拼写检查可进行如下操作。

01 在"图层"面板中，选择要检查的文字图层，如果要检查特定的文本，可以选择这些文本。

02 执行菜单栏中的"编辑"|"拼写检查"命令，此时将打开"拼写检查"对话框，如图7-12所示。

图7-12　"拼写检查"对话框

03 当找到可能的错误后，单击"忽略"按钮可以继续拼写检查而不更改当前可能错误的文本；如果单击"全部忽略"按钮，则会忽略剩余的拼写检查过程中可能的错误。

04 确认拼写正确的文本显示在"更改为"文本框中，单击"更改"则可以校正拼写错误，如果"更改为"文本框中出现的并不是想要的文本，可以在"建议"列表中选择正确的拼写，或在"更改为"

文本框中输入正确的文本再单击"更改"按钮；如果直接单击"更改全部"按钮，则将校正文档中出现的所有拼写错误。

05 如果想想检查所有图层的拼写，可以勾选"检查所有图层"复选框。

7.2.4 查找和替换文本

为了文本操作的方便，Photoshop 还为用户提供了查找和替换文本的功能，通过该功能可以快速查找或替换指定的文本。

01 选择要查找或替换的文本图层，或将光标定位在要搜索文本的开头位置。如果想要搜索文档中的所有文本图层，首先要选择一个非文本图层。

02 执行菜单栏中的"编辑"|"查找和替换文本"命令，打开"查找和替换文本"对话框，如图7-13所示。

图7-13　"查找和替换文本"对话框

03 在"查找内容"文本框中，输入或粘贴想要查找的文本，如果想更改该文本，可以在"更改为"文本框中输入新的文本内容。

04 指定一个或多个选项可以细分搜索范围。勾选"搜索所有图层"复选框，可以搜索文档中的所有图层。不过该项只有在"图层"面板中选定了非文字图层时，此选项才可以使用。勾选"区分大小写"复选框，则将搜索与"查找内容"文本框中文本大小写完全匹配的内容；勾选"向前"复选框表示从光标定位点向前搜索；勾选"全字匹配"复选框，则忽略嵌入更长文本中的搜索文本，例如，要以全字匹配方式搜索"look"则会忽略"looking"。

05 单击"查找下一个"按钮可以开始搜索，单击"更改"按钮则使用"更改为"文本框中文本替换查找到的文本，如果想重复搜索，需要再次单击"查找下一个"按钮；单击"更改全部"按钮则搜索并替换所有查找匹配的内容；单击"更改/查找"按钮，则会用"更改为"文本框中文本替换找到的文本并自动搜索下一个匹配文本。

练习7-5 更改文字方向

难 度：★
素材文件：无
案例文件：无
视频文件：第 7 章 \ 练习 7-5 更改文字方向 .avi

　　输入文字时，选择的文字工具决定了输入文字的方向，"横排文字工具"**T**用来创建水平矢量文字，"直排文字工具"**IT**用来创建垂直矢量文字。当文字图层的方向为水平时，文字左右排列；当文字图层的方向为垂直时，文字上下排列。

　　如果已经输入了文字确定了文字方向，还可以使用相关命令来更改文字方向。具体操作方法如下。

01 在"图层"面板中选择要更改文字方向的文字图层。

02 可以执行下列任意一种操作。

- 选择一个文字工具，然后单击选项栏中的"切换文本取向"按钮 。
- 执行菜单栏中的"文字"|"水平"或"文字"|"取向"|"垂直"命令。
- 在"字符"面板菜单中，选择"更改文本方向"命令。

练习7-6 栅格化文字层

难 度：★
素材文件：无
案例文件：无
视频文件：第 7 章 \ 练习 7-6 栅格化文字层 .avi

　　文字本身是矢量图形，要对其使用滤镜等位图命令，这时就需要文字转换为位图才可以使用，所以首先要将文字转换为位图。

　　要将文字转换为位图，首先在"图层"面板中单击选择文字层，然后执行菜单栏中的"图层"|"栅格化"|"文字"命令，即可将文字层转换为普通层，文字就被转换为了位图，这时的文字就不能再使用文字工具进行编辑了。栅格化文字操作效果如图 7-14 所示。

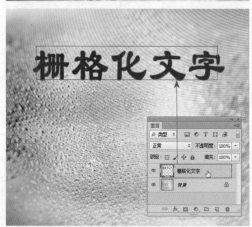

图7-14 栅格化文字操作效果

技巧

在"图层"面板中，在文字层上单击鼠标右键，在弹出的快捷菜单中，选择"栅格化文字"命令，也可以栅格化文字层。

7.3 格式化字符

格式化字符主要通过“字符”面板来操作，默认情况下，“字符”面板是不显示的。要显示它，可执行菜单栏中的“窗口”|“字符”命令，或单击文字选项栏中的“切换字符和段落面板”按钮，可以打开图 7-15 所示的“字符”面板。

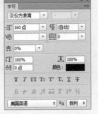

图7-15 “字符”面板

技巧

要在“字符”面板中设置某个选项，可以从该选项右边的下拉菜单中选择一个值。对于具有数字值的选项，可以使用向上或向下箭头来设置值，或者直接在文本框中输入值。直接编辑值时，按 Enter 键可确认应用；按 Shift + Enter 组合键可应用值并随后高光显示刚刚编辑的值；按 Tab 键可应用值并移到面板中的下一个文本框中。

在“字符”面板中可以对文本的格式进行调整，包括字体、样式、大小、行距和颜色等，下面来详细讲解这些格式命令的使用。

7.3.1 设置文字字体 重点

通过“设置字体系列”下拉列表，可以为文字设置不同的字体，一般比较常用的字体有宋体、仿宋、黑体等。

要设置文字的字体，首先选择要修改字体的文字，然后在“字符”面板中单击“设置字体系列”右侧的下三角按钮，从弹出的字体下拉菜单中，选择一种合适的字体，即可将文字的字体修改。不同字体效果如图 7-16 所示。

图7-16 不同字体效果

7.3.2 设置字体样式

可以在下拉列表中选择使用的字体样式。包括 Regular（规则的）、Italic（斜体）、Bold（粗体）和 Bold Italic（粗斜体）4 个选项。不同的样式显示效果如图 7-17 所示。

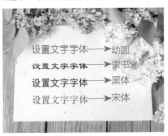

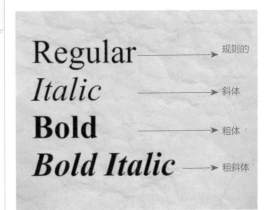

图7-17 不同文字样式效果

提示

有些文字是没有字体样式的，该下拉列表将显示为不可用状态。

7.3.3 设置字体大小 重点

通过“字符”面板中的“设置字体大小”文本框，可以设置文字的大小，可以从下拉列表中选择常用的字符尺寸，也可以直接在文本框中输入所需要的字符尺寸大小。不同字体大小如图 7-18 所示。

图7-18　不同字体大小

7.3.4 设置行距

　　行距就是相邻两行基线之间的垂直纵向间距。可以在"字符"面板中的"设置行距" 文本框中设置行距。

　　选择一段要设置行距的文字，然后在"字符"面板中的"设置行距" 下拉列表中，选择一个行距值，也可以在文本框中输入新的行距数值，以修改行距。下面是将原行距为30点修改为50点的对比效果如图7-19所示。

图7-19　修改行距效果对比

> **技巧**
>
> 如果需要单独调整其中两行文字之间的行距，可以使用文字工具选取排列在上方的一排文字，然后再设置适当的行距值即可。

7.3.5 水平/垂直缩放文字

　　除了拖动文字框改变文字的大小外，还可以使用"字符"面板中的"水平缩放" 和"垂直缩放" ，来调整文字的缩放效果，可以从下拉列表中选择一个缩放的百分比数值，也可以直接在文本框中输入新的缩放数值。文字不同缩放效果如图7-20所示。

图7-20　文字不同缩放效果

7.3.6 文字字距调整

　　在"字符"面板中，通过"设置所选字符的字距调整" 可以设置选定字符的间距，与"设置两个字符间的字距微调"相似，只是这里不是定位光标位置，而是选择文字。选择文字后，在"设置所选字符的字距调整"下拉列表中选择数值，或直接在文本框中输入数值，即可修改选定文字的字符间距。如果输入的值大于零，则字符间距增大；如果输入的值小于零，则字符的间距减小。不同字符间距效果如图7-21所示。

图7-21　不同字符间距效果

7.3.7 设置字距微调

"设置两个字符间的字距微调"图用来设置两个字符之间的距离,与"设置所选字符的字距调整"图的调整相似,但不能直接调选择的所有文字,而只能将光标定位在某两个字符之间,调整这两个字符之间的字距。可以从下拉列表中选择相关的参数,也可以直接在文本框中输入一个数值,即可修改字距微调。当输入的值为大于零时,字符的间距变大;当输入的值小于零时,字符的间距变小。修改字距微调前后对比效果如图 7-22 所示。

图7-22　修改字距微调对比效果

7.3.8 设置基线偏移

通过"字符"面板中的"设置基线偏移"图选项,可以调整文字的基线偏移量,一般利用该功能来编辑数学公式和分子式等表达式。默认的文字基线位于文字的底部位置,通过调整文字的基线偏移,可以将文字向上或向下调整位置。

要设置基线偏移,首先选择要调整的文字,然后在"设置基线偏移"图选项下拉列表中,或在文本框中输入新的数值,即可调整文字的基线偏移大小。默认的基线位置为 0,当输入的值大于零时,文字向上移动;当输入的值小于零时,文字向下移动。设置文字基线偏移效果如图 7-23 所示。

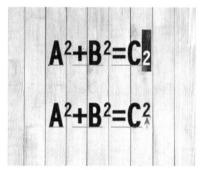

图7-23　设置文字基线偏移效果

7.3.9 设置文本颜色

默认情况下,输入的文字颜色使用的是当前前景色。可以在输入文字之前或之后更改文字的颜色。

可以使用下面的任意一种方法来修改文字颜色。不同文字颜色效果如图 7-24 所示。

单击选项栏或"字符"面板中的颜色块,打开"选择文本颜色"对话框修改颜色。

按 Alt + Delete 组合键用前景色填充文字;按 Ctrl + Delete 组合键用背景色填充文字。

图7-24　不同文字颜色效果

7.3.10 设置特殊字体

该区域提供了多种设置特殊字体的按钮,选择要应用特殊效果的文字后,单击这些按钮即可应用特殊的文字效果,如图 7-25 所示。

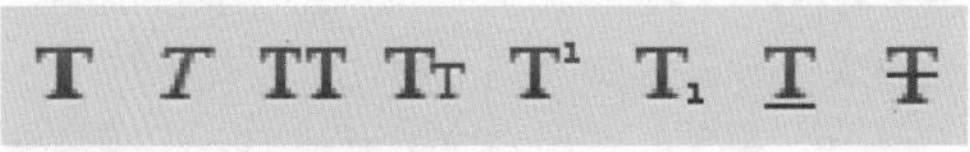

T _T_ TT T_T T¹ T₁ T T̶

图7-25 特殊字体按钮

不同特殊字体效果如图 7-26 所示。特殊字体按钮的使用说明如下。

- "仿粗体" T:单击该按钮,可以将所选文字加粗。
- "仿斜体" _T_:单击该按钮,可以将所选文字倾斜显示。
- "全部大写字母" TT:单击该按钮,可以将所选文字的小写字母变成大写字母。
- "小型大写字母" T_T:单击该按钮,可以将所选文字的字母变为小型的大写字母。
- "上标" T¹:单击该按钮,可以将所选文字设置为上标效果。
- "下标" T₁:单击该按钮,可以将所选文字设置为下标效果。
- "下划线" T:单击该按钮,可以为所选文字添加下划线效果。
- "删除线" T̶:单击该按钮,可以为所选文字添加删除线效果。

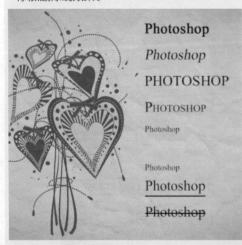

图7-26 不同特殊字体效果

练习7-7 旋转直排文字字符 重点

难　度:	★
素材文件:	无
案例文件:	无
视频文件:	第 7 章 \ 练习 7-7　旋转直排文字字符 .avi

在处理直排文字时,可以将字符方向旋转 90 度。旋转后的字符是直立的;未旋转的字符是横向的。

01 选择要旋转或取消旋转的直排文字。

02 从"字符"面板菜单中,选择"标准垂直罗马对齐方式"命令,左侧带有对号标记表示已经选中该命令。旋转直排文字字符前后效果对比如图 7-27所示。

图7-27　旋转直排文字字符前后效果对比

> **提示**
>
> 不能旋转双字节字符,比如出现在中文、日语、朝鲜语字体中的全角字符。所选范围中的任何双字节字符都不旋转。

7.3.11 消除文字锯齿

消除锯齿是通过部分地填充边缘像素来产生边缘平滑的文字,使文字边缘混合到背景中。使用消除锯齿功能时,小尺寸和低分辨率的文字的变化可能不一致。要减少这种不一致性,可以在"字符"面板菜单中取消选择"分数宽度"命令。消除锯齿设置为"无"和"锐利"效果的对比如图 7-28 所示。

01 在"图层"面板中选择文字图层。

02 从选项栏或"字符"面板中的"设置消除锯齿

的方法"下拉菜单中选择一个选项，或执行菜单栏中的"图层"|"文字"，并从子菜单中选取一个选项。

- "无"：不应用消除锯齿。
- "锐利"：文字以最锐利的效果显示。
- "犀利"：文字以稍微锐利的效果显示。
- "浑厚"：文字以厚重的效果显示。

- "平滑"：文字以平滑的效果显示。

图7-28　消除锯齿设置为"无"和"锐利"效果的对比

7.4 格式化段落

　　前面主要是介绍格式化字符操作，但如果使用较多的文字进行排版、宣传品制作等操作时，"字符"面板中的选项就显得有些无力了，这时就要应用 Photoshop CS6 提供的"段落"面板了，"段落"面板中包括大量的功能，可以用来设置段落的对齐方式、缩进、段前和段后间距及使用连字功能等。

　　当应用"段落"面板中各选项时，不管选择的是整个段落或只选取该段中的任一字符，又或在段落中放置插入点，修改的都是整个段落的效果。执行菜单栏中的"窗口"|"段落"命令，或单击文字选项栏中的"切换字符和段落面板"按钮 ，可以打开如图 7-29 所示的"段落"面板。

图7-29　"段落"面板

7.4.1 设置段落对齐

　　"段落"面板中的对齐主要控制段落中的各行文字的对齐情况，主要包括"左对齐文本" 、"居中对齐文本" 、"右对齐文本" 、"最后一行左对齐" 、"最后一行居中对齐" 、"最后一行右对齐" 和"全部对齐" 7 种

对齐方式。在这 7 种对齐方式中，左、右和居中对齐文本比较容易理解，最后一行左、右和居中对齐是将段落文字除最后一行外，其他的文字两端对齐，最后一行按左、右或居中对齐。全部对齐是将所有文字两端对齐，如果最后一行的文字过少而不能达到对齐时，可以适当地将文字的间距拉大，以匹配两端对齐。7 种不同对齐方法的显示效果如图 7-30 所示。

图7-30　7种不同对齐方法的显示效果

最后一行居中对齐 █

最后一行右对齐 ▒

全部对齐 █

图7-30　7种不同对齐方法的显示效果（续）

提示

这里讲解的是水平文字的对齐情况，对于垂直文字的对齐，这些对齐按钮将有所变化，但是应用方法是相同的。

7.4.2 设置段落缩进

缩进是指文本行左右两端与文本框之间的间距。利用"左缩进" ▉ 和"右缩进" ▉，可以从文本框的左边或右边缩进。左、右缩进的效果如图 7-31 所示。

图7-31　左、右缩进的效果

7.4.3 设置首行缩进

首行缩进就是为选择段落的第一行文字设置缩进，缩进只影响选中的段落，因此可以给不同的段落设置不同的缩进效果。选择要设置首行缩进的段落，在"首行左缩进" ▉ 文本框中输入缩进的数值即可完成首行缩进。首行缩

进操作效果如图 7-32 所示。

图7-32　首行缩进操作效果

7.4.4 设置段前和段后空格

段前和段后添加空格其实就是段落间距，段落间距用来设置段落与段落之间的间距。包括"段前添加空格" ▉ 和"段后添加空格" ▉，段前添加空格主要用来设置当前段落与上一段之间的间距；段后添加空格用来设置当前段落与下一段之间的间距。设置的方法很简单，只需要选择一个段落，然后在相应的文本框中输入数值即可。段前和段后添加空格设置的不同效果如图 7-33 所示。

段前间距值为30　　　　段后间距值为30

图7-33　段前和段后间距设置的不同效果

7.4.5 段落其他选项设置

在"段落"面板中，其他选项设置包括"避头尾法则设置""间距组合设置"和"连字"。下面来讲解它们的使用方法。

- "避头尾法则设置"：用来设置标点符号的放置，设置标点符号是否可以放在行首。
- "间距组合设置"：设置段落中文本的间距组合设置。从右侧的下拉列表中，可以选择不同的间距组合设置。
- "连字"：勾选该复选框，单词换行时，将出现连字符以连接单词。

7.5 创建文字效果

使用文字工具可以创建路径文字，也可以对文字执行各种操作，比如变形文字、将文字转换成形状或路径、添加图层样式等操作。

练习7-8 创建路径文字

难　　度：★★	
素材文件：第 7 章 \ 路径文字背景 .jpg	
案例文件：第 7 章 \ 路径文字 .psd	
视频文件：第 7 章 \ 练习 7-8　创建路径文字 .avi	

使用文字工具可以沿钢笔或形状工具创建的路径边缘输入文字，而且文字会沿着路径起点到终点的方向排列。在路径上输入横排文字会使字母与基线垂直。在路径上输入直排文字会使文字方向与基线平行。创建路径文字的方法如下。

01 执行菜单栏中的"文件"|"打开"命令，打开"路径文字背景.jpg"图片。

02 选择"钢笔工具" ，沿地球的边缘绘制一条曲线路径，以制作路径文字，如图7-34所示。

图7-34　绘制路径

03 选择"横排文字工具" T，移动指针到路径上，使文字工具靠近路径，当指针变成 状时单击鼠标，路径上将出现一个闪动的光标，此时即可输入文字，输入后的效果如图7-35所示。

图7-35　添加路径文字

> **提示**
>
> 使用"直排文字工具" IT、"横排文字蒙版工具" T 和"直排文字蒙版工具" IT 创建路径文字与使用"横排文字工具" T 的操作是一样的。

练习7-9 移动或翻转路径文字

难　　度：★★	
素材文件：第 7 章 \ 路径文字 .psd	
案例文件：无	
视频文件：第 7 章 \ 练习 7-9　移动或翻转路径文字 .avi	

输入路径文字后，还可以对路径上的文字位置进行移动操作。选择"路径选择工具" 或"直接选择工具" ，将其放置在路径文字上，指针将变成 状，此时按住鼠标沿路径拖动即可移动文字的位置。拖动时要注意指针在文字路径的一侧，否则会将文字拖动到路径另一侧。移动路径文字的操作效果如图 7-36 所示。

图7-36　移动路径文字的操作效果

　　如果想翻转路径文字，即将文字翻转到路径的另一侧，当指针变成 状，将文字向路径的另一侧拖动即可。翻转路径文字的操作效果如图7-37所示。

图7-37　翻转路径文字的操作效果

练习7-10　移动及调整文字路径

难　度：★★
素材文件：第 7 章 \ 路径文字 .psd
案例文件：无
视频文件：第 7 章 \ 练习 7-10　移动及调整文字路径 .avi

　　创建路径文字后，不但可以移动路径文字的位置，还可以调整路径的位置，同时可以调整路径形状。

　　要移动路径，选择"路径选择工具" 或"移动工具" 直接将路径拖动到新的位置。如果使用"路径选择工具" ，需要注意工具的图标不能显示为 状，否则将沿路径移动文字。移动路径的操作效果如图 7-38 所示。

图7-38　移动路径的操作效果

要调整路径形状，选择"直接选择工具" ，在路径的锚点上单击，然后像前面讲解的路径编辑方法一样改变路径的形状即可。调整路径形状操作效果如图7-39所示。

图7-39　调整路径形状操作效果

提示
当移动路径或更改其形状时，相关的文字会根据路径的位置和形状自动改变以适应路径。

练习7-11 创建和取消文字变形 （难点）

难　　度：★★
素材文件：无
案例文件：无
视频文件：第7章\练习7-11　创建和取消文字变形.avi

要创建文字变形，可以单击选项栏中的"创建文字变形"按钮，或执行菜单栏中的"文字"|"文字变形"命令，打开图7-40所示的"变形文字"对话框，对文字创建变形效果，并可以随时更改文字的变形样式，变形选项可以更加精确地控制变形的弯曲及方向。

图7-40　"变形文字"对话框

提示
不能变形包含"仿粗体"格式设置的文字图层，也不能变形使用不包含轮廓数据的字体（如位图字体）的文字图层。

"变形文字"对话框各选项含义说明如下。

- **"样式"**：从右侧的下拉菜单中，可以选择一种文字变形的样式，如扇形、下弧、上弧、拱形和波浪等多种变形，各种变形文字的效果如图7- 41所示。

图7-41　各种变形文字的效果

- **"水平"和"垂直"**：指定文字变形产生的方向。
- **"弯曲"**：指定文字应用变形的程度。其值越大，变形效果越明显。
- **"水平扭曲"和"垂直扭曲"**：用来设置变形文字的水平或垂直透视变形。

要取消文字变形，直接选择应用了变形的文字图层，然后单击选项栏中的"创建文字变形" 按钮，或执行菜单栏中的"图层"|"文字"|"文

字变形"命令,打开"变形文字"对话框,从"样式"下拉菜单中选择"无"命令,单击"确定"按钮即可。

练习7-12 基于文字创建工作路径

难　度：	★ ★
素材文件:	无
案例文件:	无
视频文件:	第 7 章 \ 练习 7-12　基于文字创建工作路径 .avi

利用"创建工作路径"命令可以将文字转换为用于定义形状轮廓的临时工作路径,可以将这些文字用作矢量形状。从文字图层创建工作路径之后,可以像处理任何其他路径一样对该路径进行存储和操作。虽然无法以文本形式编辑路径中的字符,但原始文字图层将保持不变并可编辑。

01 选择文字图层。

02 执行菜单栏中的"文字"|"创建工作路径"命令,也可以直接在文字图层上单击鼠标右键,从弹出的快捷菜单中选择"创建工作路径"命令,即可基于文字创建工作路径。文字图层没有任何变化,但在"路径"面板中将生成一个工作路径。创建工作路径的前后效果对比如图7-42所示。

> **提示**
>
> 无法基于不包含轮廓数据的字体(如位图字体)创建工作路径。

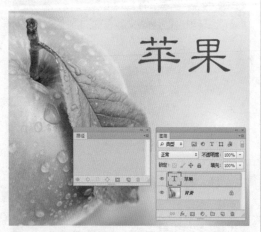

图7-42　创建工作路径的前后效果对比

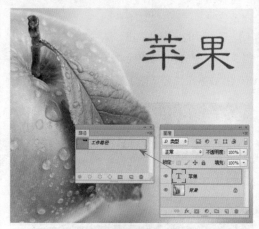

图7-42　创建工作路径的前后效果对比(续)

7.5.1 将文字转换为形状

不但可以将文字创建为工作路径,还可以将文字层转换为形状层,与创建路径不同的是,转换为形状后,文字层将变成形状层,文字就不能使用相关的文字命令来编辑了,因为它已经变成了形状路径。

01 选择文字层。

02 执行菜单栏中的"文字"|"转换为形状"命令,也可以直接在文字图层上单击鼠标右键,从弹出的快捷菜单中选择"转换为形状"命令,即可当前文字层转换为形状层,并且在"路径"面板中将自动生成一个矢量图形蒙版。转换为形状操作效果如图7-43所示。

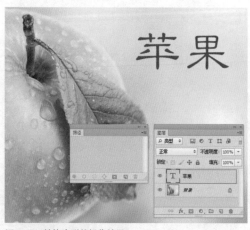

图7-43　转换为形状操作效果

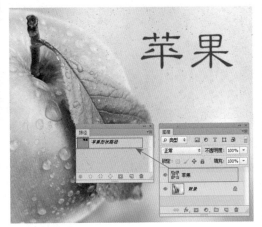

图7-43 转换为形状操作效果（续）

提示

不能基于不包含轮廓数据的字体（如位图字体）创建形状。

7.5.2 OpenType字体

OpenType字体是Windows和Macintosh操作系统都支持的文字字体，当使用OpenType字体之后，在这两个操作系统平台间交换文件时，不会出现字体替换或其他导致文本重新排列的问题。输入文字或编辑文本时，可以在工具选项栏或"字符"面板中选择OpenType字体，文字前显示 $\mathcal{O}$ 图标时为OpenType字体。使用

OpenType字体后，可在"字符"面板或菜单栏中"文字"|"OpenType"命令中选择其中一个选项，为文字设置格式，如图7-44所示。

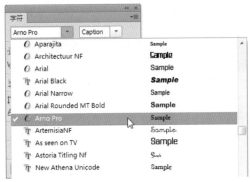

图7-44 OpenType字体

训练7-1 旋转字母表现花形文字艺术

◆实例分析

本例主要讲解通过旋转字母复制制作出艺术效果。首先输入文字并填充渐变，然后利用多重放置复制的方法制作出艺术效果。最终效果如图 7-45 所示。

难 度: ★ ★ ★
素材文件: 无
案例文件: 第 7 章 \ 花形文字艺术 .psd
视频文件: 第 7 章\训练7-1 旋转字母表现花形文字艺术 .avi

图7-45 最终效果

◆本例知识点

1．横排文字工具 T
2．渐变工具 ■
3．复制变换

训练7-2 镂空艺术字效果

◆实例分析

本例主要讲解镂空艺术字效果的制作。首先输入文字并对其应用"彩色半调"滤镜，制作出镂空效果，然后使用"描边"样式对其进行描边处理，最终完成效果。最终效果如图 7-46 所示。

难 度: ★ ★ ★
素材文件: 无
案例文件: 第 7 章 \ 镂空艺术字 .psd
视频文件: 第 7 章 \ 训练 7-2 镂空艺术字效果 .avi

图7-46 最终效果

◆本例知识点

1．横排文字工具 T
2．"彩色半调"滤镜
3．"描边"样式

训练7-3 线缝字特效设计

◆实例分析

本案例是一款很有意思的线缝字设计。主要使用自定义画笔预设与路径描边功能，制作线缝字特效。最终效果如图 7-47 所示。

难 度: ★ ★ ★
素材文件: 无
案例文件: 第 7 章 \ 线缝字 .psd
视频文件: 第 7 章 \ 训练 7-3 线缝字特效设计 .avi

图7-47 最终效果

◆本例知识点

1．横排文字工具 T
2．"定义画笔预设"命令
3．图层样式

第3篇

精通篇

第 **8** 章

通道和蒙版操作

通道和蒙版是 Photoshop 中的又一重要命令，Photoshop 中的每一幅图像都需要通过若干通道来存储图像中的色彩信息。本章首先介绍了通道和蒙版的基本概念，然后讲解面板的使用、蒙版的创建、图层蒙版的操作。通过本章的学习，读者应该能够掌握如何使用通道和蒙版功能，来保存和应用选区与保护图像。

教学目标

了解通道和蒙版的基础知识

学习"通道"面板的控制

学习通道的创建、复制与删除

掌握快速蒙版的创建及使用方法

掌握通道蒙版的使用

掌握图层蒙版操作

扫码观看本章
案例教学视频

8.1 通道

通道是存储不同类型信息的灰度图像。每个颜色通道对应图像中的一种颜色。不同的颜色模式图像所显示的通道也不相同。

8.1.1 关于通道

通道主要分为颜色通道、Alpha 通道和专色通道。

- **颜色通道：** 它是在打开新图像时自动创建的。图像的颜色模式决定了所创建的颜色，通道的数目。例如，CMYK图像的每种颜色、青色、洋红、黄色和黑色都有一个通道，并且还有一个用于编辑图像的复合CMYK通道。
- **Alpha 通道：** 主要是用来存储选区的，它将选区存储为灰度图像。可以添加 Alpha 通道来创建和存储蒙版，这些蒙版用于处理或保护图像的某些部分。
- **专色通道：** 专色通道是一种预先混合的色彩，当需要在部分图像上打印一种或两种颜色时，常常使用专色通道。专色通道常用除CMYK色以外的第5色，为徽标或文本添加引人注目的效果。通常，首先从PANTONE或TRUMATCH色样中选择出专色通道，作为一种匹配和预测色彩打印效果的方式。由PANTONE、TRUMATCH和其他公司创建的色彩可以在Photoshop的自定颜色面板中找到。选择Photoshop拾色器中的"颜色库"可访问该面板。

8.1.2 认识"通道"面板

应用通道时，主要通过"通道"面板中的相关命令和按钮来完成。"通道"面板列出图像中的所有通道，对于 RGB、CMYK 和 Lab 图像，将最先列出复合通道。通道内容的缩览图显示在通道名称的左侧，在编辑通道时会自动更新缩览图。

执行菜单栏中的"窗口"|"通道"命令，即可打开图 8-1 所示的"通道"面板，通过

该面板可以完成通道的新建、复制、删除、分离和合并等通道操作。

图8-1 "通道"面板

"通道"面板中各项含义说明如下。

- **通道菜单按钮 ▼≡：** 单击该按钮，可以打开通道菜单，它几乎包含了所有通道操作的命令。
- **"指示通道可见性" ◉：** 控制显示或隐藏当前通道，只需单击该区域即可，当眼睛图标显示时，表示显示当前通道；当眼睛图标消失时，表示隐藏当前通道。
- **"通道缩览图"：** 显示当前通道的内容，可以通过缩览图查看每一个通道的内容。并可以选择"通道"面板菜单中的"面板选项"命令，打开示"通道面板选项"对话框来修改缩览图的大小。
- **"通道名称"：** 显示通道的名称。除新建的Alpha通道外，其他的通道是不能重命名的。在新建Alpha通道时，如果不为新通道命名，系统将会自动给它命名为Alpha1、Alpha2等。
- **"将通道作为选区载入" ◌：** 单击该按钮，可以将当前通道作为选区载入。白色为选区部分，黑色为非选区部分，灰色表示部分被选中。该功能与菜单栏中的"选择"|"载入选区"命令功能相同。
- **"将选区存储为通道" ▢：** 单击该按钮，可以将当前图像中的选区以蒙版的形式保存到一个新增的Alpha通道中。

- "创建新通道" ：单击该按钮，可以在"通道"面板中创建一个新的Alpha通道；若将"通道"面板中已存在的通道直接拖动到该按钮上并释放鼠标，可以为通道创建一个副本。
- "删除当前通道" 🗑：单击该按钮，可以删除当前选择的通道；如果拖动选择的通道到该按钮上并释放鼠标，也可以删除选择的通道。

8.2 通道的基本操作

要想利用通道完成图像的编辑操作，就需要学习通道的基本操作方法，如新建通道、复制通道、删除通道、分离通道和合并通道等。

在对通道进行操作时，可以对各原色通道进行亮度和对比度的调整，甚至可以单独为某一单色通道添加滤镜效果，这样可以制作出很多特殊的效果。

练习8-1 创建Alpha通道 重点

难　　度：	★
素材文件：	无
案例文件：	无
视频文件：	第 8 章 \ 练习 8-1　创建 Alpha 通道 .avi

在"通道"面板菜单中，选择"新建通道"命令，或直接单击"通道"面板下方的"创建新通道"按钮 🗔，打开"新建通道"对话框，如图 8-2 所示，可以在"名称"文本框中，设置新通道的名称，若不输入，则 Photoshop 会自动按顺序命名为 Alpha 1、Alpha 2 等。

图8-2　"新建通道"对话框

- "名称"：在右侧的文本框中输入通道的名称，如果不输入，Photoshop会自动按顺序命名为Alpha 1，Alpha 2等。
- "被蒙版区域"：选择该单选框，可以使新建的通道中，被蒙版区域显示为黑色，选择区域显示为白色。
- "所选区域"：使用方法与"被蒙版区域"正好相反。选择该单选框，可以使新建的通道中，被蒙版区域显示为白色，选择区域显示为黑色。
- "颜色"：单击左侧的颜色块，可以打开"选择通道颜色"对话框，可以在该对话框中选择通道显示的颜色，也可以单击右侧的"颜色库"按钮，打开"颜色库"对话框来设置通道显示颜色。
- "不透明度"：在该文本框输入一个数值，通过它可以设置蒙版颜色的不透明度。

创建一个通道后，选择主通道，如 RGB 通道，显示全部图像内容，而将新建的 Alpha 通道隐藏，以显示原始图像效果。然后显示 Alpha 通道，并将颜色设置为红色，将不透明度的值分别设置为 20%、60% 和 100% 的不同显示效果如图 8-3 所示。

原始图像

不透明度为20%

不透明度为70%

图8-3　不同不透明度通道显示效果

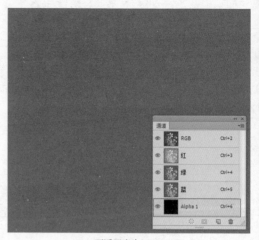
不透明度为100%
图8-3　不同不透明度通道显示效果（续）

技巧

在专色通道中，也可以按照编辑 Alpha 通道的方法对其进行编辑。

8.2.1　复制通道 重点

通道不但可以直接创建，还可以进行复制。当保存了一个 Alpha 通道后，如果想复制这个通道，可以使用拖动法复制或菜单法复制来创建副本。

1. 拖动法复制

在"通道"面板中，单击选择要复制的 Alpha 通道后，按住鼠标将该通道拖动到面板下方的"创建新通道"按钮 上，然后释放鼠标即可复制一个通道，默认的复制通道名称为"原通道名称 + 副本"，拖动法复制通道的操作效果如图 8-4 所示。

图8-4　拖动法复制通道的操作效果

2. 菜单法复制

菜单法复制通道比拖动法复制通道的操作
要复杂一些，不过菜单命令法有更多的选项来
控制通道的复制，具体的操作方法如下。

01 在"通道"面板中，单击选择要复制的通道，
然后从"通道"面板菜单中，选择"复制通道"命
令，如图8-5所示。

图8-5　选择"复制通道"命令

02 选择"复制通道"命令后，将打开图8-6所示
的"复制通道"对话框，设置通道的名称，并指
定目标文档，单击"确定"按钮，即可完成通道
的复制。

图8-6　"复制通道"对话框

"复制通道"对话框中各选项的含义说明
如下。

● **"复制"**：显示当前选择的通道名称。即要复
制的通道名称。
● **"为"**：在右侧的文本框中，可以设置复制后
的通道名称。

● **"文档"**：选择复制后的通道要存放的目标文
档。可以选择当前文档或新建。当选择"新
建"命令后，可以创建一个新的文档并将复制
的通道存放在该文档中，此时将激活其下方的
"名称"选项，以设置新文档的名称。
● **"反相"**：勾选该复选框，可以将复制的通道
选区与非选区进行反相显示。

8.2.2　删除通道

通道有时只是辅助图像的设计制作，在最
终保存成品设计时，可以将不需要的通道删除。
要删除没有用的通道，可以使用拖动法和右键
菜单法来删除。

1. 拖动法删除

在"通道"面板中，选择要删除的通道后，
将其拖动到"通道"面板下方的"删除当前通道"
按钮 🗑 上，释放鼠标即可将该通道删除。删除
通道的操作效果如图 8-7 所示。

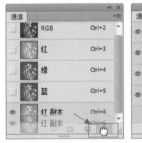

图8-7　删除通道的操作效果

2. 右键菜单法删除

在"通道"面板中选择一个或多个通道，
然后在面板中单击鼠标右键，从弹出的快捷菜
单中，选择"删除通道"命令，即可将选择的
通道删除。使用右键菜单法删除通道的操作效
果如图 8-8 所示。

图8-8 右键菜单删除通道的操作效果

8.3 通道蒙版

创建通道蒙版与创建通道非常相似，通道中可以保留选区信息，以方便选区的操作。通过通道蒙版的创建，可以方便通道和选区的自由转换，在图像处理过程中，经常需要将选区保存成 alpha 通道，然后再通过载入选区进行调和编辑等操作。

8.3.1 创建通道蒙版

创建通道蒙版，实际上就是将图像上现有的选区转换为通道，将选区保存起来，以备之后使用。将选区转换为通道后，可以使用各种工具和滤镜对其进行编辑，这样远比直接编辑选区要方便得多，而且可以创建更加复杂的图像效果。

在图像中选择或创建一个选区，然后执行菜单栏中的"选择"|"存储选区"命令，打开"存储选区"对话框，设置相关的参数后，单击"确定"按钮，即可创建通道蒙版。

也可以在"通道"面板中，单击底部的"将选区存储为通道"按钮 ，将当前图像中的选区转换为一个通道蒙版，操作效果如图8-9所示。

> **技巧**
>
> 按住 Alt 键，单击"通道"面板底部的"将选区存储为通道"按钮 ，将弹出"新建通道"对话框，可以对通道的名称、颜色和蒙版区域进行详细的设置。

图8-9 创建通道蒙版操作效果

8.3.2 通道蒙版选区的载入

通道存储选区时，是以256阶灰度级别来存储的，所以在通道中除了黑、白、灰，再没有其他色彩。选区的存储只是为了以后的调用，或是进行选区的修剪操作。

要想载入选区，可以执行菜单栏中的"选择"|"载入选区"命令，打开"载入选区"对话框，并设置相关的参数进行载入。

载入选区还可以在"通道"面板中，选择要载入选区的通道，然后单击"通道"面板底部的"将通道作为选区载入"按钮 ⬚，即可将选区载入。载入选区操作效果如图8-10所示。

图8-10　载入选区操作效果

难　　度：	★
素材文件：	无
案例文件：	无

视频文件：第8章\练习8-2　存储选区.avi

存储选区其实就是将选区存储起来，以备后面的调用或运算使用，存储的选区将以通道的形式保存在"通道"面板中，可以像使用通道那样来调用选区。保存选区的操作如下。

01 当在图像中建立好一个选区后，执行菜单栏中的"选择"|"存储选区"命令，打开"存储选区"对话框，如图8-11所示。

图8-11　"存储选区"对话框

"存储选区"对话框中各选项的含义说明如下。

- "文档"：该下拉列表用来指定保存选区范围时的文件位置，默认为当前图像文件，也可以选择"新建"命令创建一个新图像窗口来保存。
- "通道"：在该下拉列表中可以为当前选区指定一个目标通道。默认情况下，选区会被存储在一个新通道中。如果当前文档中有选区，也可以选择一个原有的通道，以进行操作运算。
- "名称"：用于设置新通道的名称。
- "操作"：在该选项区中可以设定保存时的选区和其他原有选区之间的操作关系，选择"新建通道"选将新载入的选区代替原有选区；选择"添加到通道"将新载入的选区加入到原有通道中；选择"从通道中减去"将新载入选区和原有通道的重合部分从通道中删除；选择"与通道交叉"将新载入通道与原有通道交叉叠加。

02 在存储选区对话框中包含有"目标"和"操作"两个选项。在"目标"项中包含有"文档""通道"和"名称";在"操作"项中可指定"新通道""添加到通道""从通道中减去"和"与通道交叉"选项。

03 设定完各项设置以后,单击"确定"按钮即可将选区存储起来。选区存储的前后效果如图8-12所示。

图8-12 选区存储的前后效果

练习8-3 载入选区 重点

难　　度:	★
素材文件:	无
案例文件:	无
视频文件:	第8章\练习8-3 载入选区.avi

将选区存储以后,如果想重新使用存储后的选区,就需要将选区载入,操作方法如下。

01 执行菜单栏中的"选择"|"载入选区"命令,打开图8-13所示的"载入选区"对话框。

图8-13 "载入选区"对话框

"载入选区"对话框中各选项的含义说明如下。

● "文档":该下拉列表中指定载入选区范围的文档名称。
● "通道":在该下拉列表中指定要载入选区的目标通道。
● "反相":勾选该复选框,可以将选区反选。
● "操作":设置载入选区时的选区操作。下面的选项除"新建选区"外,要想使用其他的命令,需要保证当前文档窗口中含有其他的选区。选择"新建选区"将新载入的选区代替原有选区;选择"添加到选区"将新载入的选区加入到原有选区中;选择"从选区中减去"将新载入选区和原有选区的重合部分从选区中删除;选择"与选区交叉"将新载入选区与原有选区交叉叠加。

02 在载入选区对话框中包含有"源"和"操作"两个选项。在"源"项中包含有"文档""通道"和"反相";在"操作"项中可指定"新选区""添加到选区""从选区中减去"和"与选区交叉"选项。

03 各选项设定完毕后,单击"确定"按钮即可将选区载入。

8.4 快速蒙版

理解蒙版和通道间关系的一种简单方法就是了解 Photoshop 中的快速蒙版模式，该模式可创建一个临时的蒙版和一个临时的 Alpha 通道。

快速蒙版允许通过半透明的蒙版区域对图像的部分区域保护，没有蒙版的区域则不受保护。在快速蒙版模式中，可以使用黑色或白色绘制以缩小或扩大非保护区。当退出快速蒙版模式时，非保护区域就会转化为选区。

在工具箱底部，单击"以快速蒙版模式编辑"按钮□后，如图 8-14 所示，该图标将显示为凹陷状态，该图标将变成"以标准模式编辑"按钮□；如图 8-15 所示。在标准模式下，单击该按钮可以将快速蒙版取消，没有蒙版的区域将会转换为选区。

图8-14 快速蒙版　　图8-15 以标准模式编辑

技巧

使用快速蒙版模式编辑功能，可以很自然地创建具有毛边边缘的图像选区。

练习8-4 创建快速蒙版

难　　度：	★
素材文件：	无
案例文件：	无
视频文件：	第 8 章 \ 练习 8-4　创建快速蒙版 .avi

创建快速蒙版的操作方法很简单，快速蒙版的创建过程，可以按照下面的步骤进行操作。

01 在当前文档中使用选区工具或套索工具创建一个选区，比如，这里使用魔棒工具选择了红色的图像范围，如图8-16所示。此时的"通道"面板只有图像的原始通道。

图8-16　选择红色区域

02 在工具箱中，单击"以快速蒙版模式编辑" 按钮 □，如图8-17所示。进入快速蒙版编辑模式，即可创建快速蒙版，此时可以看到红色半透明区域显示在图像中。默认状态下，红色半透明区域代表被保护的区域，为非选区区域；非红色半透明的区域为最初的选区。并在"通道"面板中，创建一个新的快速蒙版通道，如图8-18所示。

图8-17 单击按钮

图8-18 快速蒙版效果

练习8-5 编辑快速蒙版 重点

难　　度:	★★
素材文件:	无
案例文件:	无
视频文件:	第8章\练习8-5　编辑快速蒙版.avi

使用快速蒙版的优点就是可以通过绘图工具进行调整,以便在快速蒙版中创建复杂的选区。编辑快速蒙版时,可以使用黑色、白色或灰色等颜色来编辑蒙版选区效果。一般常用修改蒙版的工具为画笔工具和橡皮擦工具。下面来讲解使用这些工具的方法。

● 将前景色设置为黑色,使用画笔工具在非保护区(即选择区域)上拖动,可以增加更多的保护区,即减少选择区域,如图8-19所示。而此时如果使用的是橡皮擦工具,则效果正好相反。

图8-19　减少选区效果

● 将前景色设置为白色,使用画笔工具在保护区上拖动,可以减少保护区,即增加选择区域,如图8-20所示。而此时如果使用的是橡皮擦工具,则效果正好相反。

图8-20　增加选区效果

图8-20 增加选区效果（续）

图8-21 使用灰色拖动效果（续）

● 如果将前景色设置为介于黑色与白色之间的灰色，使用画笔工具在图像中拖动时，Photoshop 将根据灰度级别的不同产生带有柔化效果的选区，如果填充这种选区将根据灰度级别出现不同深浅透明效果，如图8-21所示。而此时如果使用的是橡皮擦工具，则不管灰度级别，都将增加选择区域。

图8-21 使用灰色拖动效果

8.5 图层蒙版

图层蒙版以一个独立的图层存在，可以控制图层或图层组中的不同区域的操作。通过修改蒙版层，可以对图层的不同部分应用不同的滤镜效果。

图层蒙版不同于快速蒙版和通道蒙版，图层蒙版是在当前图层上创建的一个蒙版层，该蒙版层与创建蒙版的图层只是链接关系，所以无论如何修改蒙版，都不会对该图层上的原图层造成任何影响。

难 度:	★
素材文件:	无
案例文件:	无
视频文件:	第8章\练习8-6创建图层蒙版.avi

图层蒙版分为两种：图层蒙版和矢量蒙版。图层蒙版是位图图像，它是由绘图或选择工具创建的，可以使用画笔或橡皮擦等工具进行修改；矢量蒙版是矢量图形，它是由钢笔工具或形状等工具创建的，不能使用画笔或橡皮擦等位图编辑工具进行修改。

1. 创建图层蒙版

在"图层"面板中选择要创建蒙版的图层，然后执行菜单栏中的"图层"|"图层蒙版"|"显示全部"命令，或单击"图层"面板底部的"添加图层蒙版"按钮，即可创建一个图层蒙版，创建图层蒙版的操作效果如图8-22所示。

图8-22 创建图层蒙版的操作效果

> **提示**
>
> 在使用画笔工具编辑图层蒙版时，在画笔工具选项栏中设置的不透明度，可以决定涂抹处图像被屏蔽的程度。不透明度值越高，图像被屏蔽的程度越高，反之屏蔽程度越低。

2. 创建矢量蒙版

矢量蒙版的创建需要配合相关的路径或形状工具来创建，具体的操作方法如下。

01 在"图层"面板中，选择要创建蒙版的图层。然后在工具箱中，选择钢笔工具或其他的形状工具，这里选择了"自定形状工具"，如图8-23所示。

02 在选项栏中，选择"路径"选项 路径，以确定创建路径，并在"形状"右侧的下拉列表中，选择一个"花6"形状，如图8-24所示。

图8-23 选择工具　　　　图8-24 选项栏设置

03 在文档窗口中，利用自定形状工具，拖动绘制一个花形图案，将要显示的部分绘制出来，然后执行菜单栏中的"图层"|"矢量蒙版"|"当前路径"命令，即可创建矢量蒙版效果。绘制花形及创建蒙版效果如图8-25所示。

> **提示**
>
> 创建矢量蒙版，也可以首先选择一个要创建蒙版的图层，然后执行菜单栏中的"图层"|"矢量蒙版"|"显示全部"命令，创建一个空白的矢量蒙版层，然后再使用路径或形状工具绘制，也可以创建矢量蒙版效果。

图8-25 绘制花形及创建蒙版效果

练习8-7 管理图层蒙版 难点

难　度：	★★
素材文件：	无
案例文件：	无
视频文件：	第8章\练习8-7　管理图层蒙版.avi

创建图层蒙版后，无论是图层蒙版还是矢量蒙版，都可以使用相应的工具进行编辑，以制作出更加符合要求的图像效果，而且可以通过修改蒙版层来选择图像的不同区域，避免了对图像的直接操作，这样就不会对图层内容造成影响。要编辑图层蒙版，首先要了解图层蒙版的组成，图层添加蒙版后，在"图层"面板中该图层的右侧出现一个蒙版层，并在该图层缩览图与蒙版层缩览图中间出现一个链接标志 ，将该图层与蒙版层链接起来，如图8-26所示。

图8-26　层蒙版的组成

1. 编辑图层蒙版

在图层蒙版中，要想修改蒙版效果，首先单击蒙版层缩览图，选择蒙版层，然后进行蒙版的修改，这样不影响图层的内容。如果选中的是图层的缩览图，则编辑的内容为图层中图像内容。将前景色设置为黑色，然后使用画笔工具，选择图层缩览图，在文档窗口中拖动鼠标进行涂抹，这里是应用在图层图像上；选择蒙版层缩览图后，在文档窗口中拖动鼠标，将恢复原来的蒙版层区域，将当前层中更多的图像显示出来。不同修改效果如图8-27所示。

图8-27　不同修改效果

2. 取消蒙版链接

创建蒙版后，蒙版层与原图层是链接在一起的，这样在移动图层或蒙版时，两者将同时移动。如果想取消蒙版的链接关系，可执行菜单栏中的"图层"|"图层蒙版"|"取消链接"命令，也可以直接单击链接标志 ，即可取消它们的链接关系，这样就可以单独移动图层或

蒙版层了。取消蒙版链接操作效果如图8-28所示。

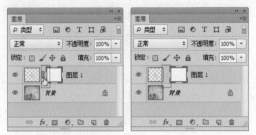

图8-28　取消蒙版链接操作效果

3. 更改图层蒙版显示

在创建图层蒙版的同时，在"通道"面板中将自动创建一个以当前图层为基础的通道，并以"当前图层＋蒙版"为通道命名。要显示或隐藏图层蒙版，可以在"通道"面板中单击其左侧的眼睛图标。在"图层"面板中，鼠标右击该图层蒙版缩览图，在打开的菜单栏中选择"蒙版选项"将打开"图层蒙版显示选项"对话框，如图8-29所示。单击颜色块，可以修改蒙版的颜色；通过设置"不透明度"百分比数值，可以设置蒙版的不透明度。

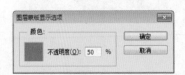

图8-29　"图层蒙版显示选项"对话框

4. 停用和启用蒙版

停用蒙版即是将蒙版关闭，以查看不添加蒙版时的图像效果，并不是将其删除。执行菜单栏中的"图层"|"图层蒙版"|"停用"命令，即可将蒙版停用。停用后的蒙版缩览层将显示

一个红叉效果，而且此时的图像显示不再受蒙版的影响。

如果要启用蒙版，可以再次执行菜单栏中的"图层"|"图层蒙版"|"启用"命令，将停用的蒙版再次启用，蒙版效果将再次影响图像效果。停用和启用蒙版的效果如图8-30所示。

图8-30　停用和启用蒙版的效果

5. 删除蒙版

删除蒙版就是将蒙版缩览图删除，删除蒙版有时是为了更好地编辑图像，有时则是需要将其删除不要。选择当前层或单击选择蒙版缩览图，然后执行菜单栏中的"图层"|"图层蒙版"|"删除"命令，即可将蒙版删除。

也可以在"图层"面板中，直接拖动蒙版缩览图到面板底部的"删除图层"按钮 🗑 上，

如图 8-31 所示，然后释放鼠标，将弹出一个提示对话框，如图 8-32 所示。如果单击"应用"按钮，虽然可以将蒙版缩览图删除，但是蒙版效果将应用在当前图层上，保留应用蒙版的效果；如果单击"删除"按钮，将直接将蒙版层删除，而且原图层将不会应用蒙版效果；如果单击"取消"按钮，则取消蒙版的删除。

图8-31　拖动删除

图8-32　提示对话框

6. 应用蒙版

为了便于保存和其他操作，当图像添加蒙版并确定效果后，可以将蒙版直接应用在图层上，而不用再使用蒙版层。执行菜单栏中的"图层"|"图层蒙版"|"应用"命令，即可将蒙版永久应用到图层上，应用蒙版前、后操作效果如图 8-33 所示。

图8-33　应用蒙版前后操作效果

图8-33　应用蒙版前后操作效果（续）

提示

应用蒙版的操作方法与删除蒙版时，在弹出的提示对话框中，单击"应用"按钮的效果相同。

7. 栅格化矢量蒙版

前面讲解的"应用"命令，只能对图层蒙版起作用，如果是矢量蒙版，则需要使用"栅格化矢量蒙版"命令，先将其转换为图层蒙版，然后再使用"应用"命令，将其应用在图层上。

选择当前层，然后执行菜单栏中的"图层"|"栅格化"|"矢量蒙版"命令，或在矢量蒙版的缩览图上单击鼠标右键，在弹出的快捷菜单中，选择"栅格化矢量蒙版"命令，即可将矢量蒙版转换为图层蒙版，栅格化矢量蒙版操作效果如图 8-34 所示。

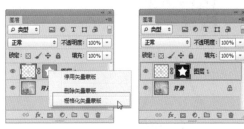

图8-34　栅格化矢量蒙版操作效果

8.6 知识拓展

本章主要对通道和蒙版进行了详细的介绍，通道和蒙版及快速蒙版的使用频率还是非常高的，特别是图层蒙版，这是 Photoshop 必须掌握的知识，图层蒙版在以后的设计中经常会用到，而且相当重要，读者朋友一定要掌握它。

8.7 拓展训练

本章通过 3 个课后习题，针对快速蒙版、矢量蒙版和图层蒙版分别设置了实例，通过对该实例的制作，掌握快速蒙版、矢量蒙版和图层蒙版的使用方法和技巧。

训练8-1 利用"快速蒙版"对挎包抠图

◆实例分析

下面来讲解利用快速蒙版对挎包抠图的操作技巧。抠图前后效果对比如图 8-35 所示。

难　度：★★	
素材文件：第 8 章 \ 手提包 .jpg	
案例文件：第 8 章 \ 对挎包抠图 .psd	
视频文件: 第 8 章 \ 训练8-1　利用"快速蒙版"对挎包抠图 .avi	

图8-35　抠图前后效果对比

◆本例知识点

1．"快速蒙版"
2．魔棒工具
3．画笔工具

训练8-2 使用"矢量蒙版"对帽子抠图

◆实例分析

下面通过实例来讲解"矢量蒙版"的抠图应用。抠图前后效果对比如图 8-36 所示。

难　度：★★	
素材文件：第 8 章 \ 灰色帽子 .jpg	
案例文件：第 8 章 \ 对帽子抠图 .psd	
视频文件: 第 8 章 \ 训练8-2　使用"矢量蒙版"对帽子抠图 .avi	

图8-36　抠图前后效果对比

图8-36 抠图前后效果对比（续）

◆本例知识点

1.自由钢笔工具 ✍
2.直接选择工具 ▶
3."矢量蒙版"

图8-37 抠图前后效果对比（续）

◆本例知识点

1.魔棒工具 ✨
2.画笔工具 🖌
3."图层蒙版"

训练8-3 利用"图层蒙版"对眼镜抠图及透明处理

◆实例分析

下面通过实例来讲解"图层蒙版"的抠图应用。抠图前后效果对比如图 8-37 所示。

难　　度：★★★
素材文件：第 8 章 \ 时尚太阳镜 .jpg
案例文件：第 8 章 \ 对眼镜抠图及透明处理 .psd
视频文件：第 8 章 \ 训练 8-3　利用"图层蒙版"对眼镜抠图及透明处理 .avi

图8-37 抠图前后效果对比

第 **9** 章

调色辅助与色彩校正

本章主要讲解调色辅助与色彩校正。首先讲解颜色的基本概念和原理，色彩模式的使用，然后讲解颜色模式的转换，直方图分析图像的方法及调整面板的使用技巧，然后讲解配合调色命令加以专业调色案例讲解，让读者在学习命令的同时学习到真正的调色实战应用技能。通过本章的学习，读者应该能够认识颜色的基本原理，掌握色彩模式的转换及图像色调和颜色的调整方法与技巧。

教学目标

了解颜色的基本概念与原理

了解色彩模式的含义及转换

学习直方图和调整面板的使用

掌握图像颜色的调整方法

掌握调色命令在实战中的应用技巧

扫码观看本章
案例教学视频

9.1.1 色彩原理

黄色是由红色和绿色构成的，没有用到蓝色；因此，蓝色和黄色便是互补色。绿色的互补色是洋红色，红色的互补色是青色。这就是为什么能看到除红、绿、蓝三色以外其他颜色的原因。把光的波长叠加在一起时，会得到更明亮的颜色，所以原色被称为加色。将光的所有颜色都加到一起，就会得到最明亮的光线白光。因此，当看到1张白纸时，所有的红、绿、蓝波长都会反射到人眼中。当看到黑色时，光的红、绿、蓝波长都完全被物体吸收了，因此没有任何光线反射到人眼中。

在颜色轮中，颜色排列在1个圆中，以显示彼此之间的关系，如图9-1所示。

原色沿圆圈排列，彼此之间的距离完全相等。每种次级色都位于两种原色之间。在这种排列方式中，每种颜色都与自己的互补色直接相对，轮中每种颜色都位于产生它的两种颜色之间。

通过颜色轮可以看出将黄色和洋红色加在一起便产生红色。因此，如果要从图像中减去红色，只需减少黄色和洋红色的百分比即可。要为图像增加某种颜色，其实是减去它的互补色。例如，要使图像更红一些，实际上是减少青色的百分比。

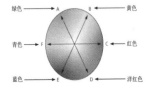

图9-1　颜色轮的显示

9.1.2 原色

原色，又称为基色，三基色（三原色）是指红（R）、绿（G）、蓝（B）三色，是调配其他色彩的基本色。原色的色纯度最高、最纯净、最鲜艳。可以调配出绝大多数色彩，而其他颜色不能调配出三原色。

加色三原色基于加色法原理。人的眼睛是根据所看见光的波长来识别颜色的。可见光谱中的大部分颜色可以由三种基本色光按不同的比例混合而成，这三种基本色光的颜色就是红（Red）、绿（Green）、蓝（Blue）三原色光。这三种光以相同的比例混合且达到一定的强度，就呈现白色，若三种光的强度均为零，就是黑色，这就是加色法原理。加色法原理被广泛应用于电视机、监视器等主动发光的产品中。通常所说的RGB色彩模式就是基于这种原理，其色彩构成示意图如图9-2所示。

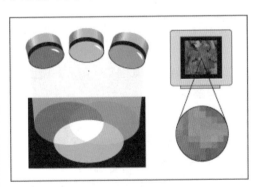

图9-2　RGB色彩模式的色彩构成示意图

减色原色是指一些颜料，当按照不同的组合将这些颜料添加在一起时，可以创建一个色谱，减色原色基于减色法原理。与显示器不同，在打印、印刷、油漆、绘画等靠介质表面的反射被动发光的场合，物体所呈现的颜色是光源中被颜料吸收后所剩余的部分，所以其成色的原理叫作减色法原理。打印机使用减色原色（青色、洋红色、黄色和黑色颜料）并通过减色混合来生成颜色。减色法原理被广泛应用于各种被动发光的场合。在减色法原理中的三原色颜料分别是青（Cyan）、品红（Magenta）和黄（Yellow）。通常所说的 CMYK 色彩模式就是基于这种原理，其色彩构成示意图如图 9-3 所示。

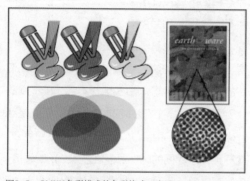

图9-3　CMYK色彩模式的色彩构成示意图

9.1.3 色调、色相、饱和度和对比度的概念 重点

在学习使用 Photoshop 处理图像的过程中，常接触到有关图像的色调、色相（Hue）、饱和度（Saturation）和亮度（Brightness）等基本概念，HSB 颜色模型如图 9-4 所示。下面对它们进行简单介绍。

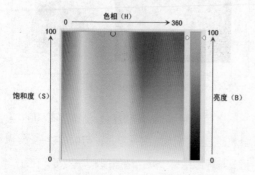

图9-4　HSB颜色模型

1. 色调

色调是指图像原色的明暗程度。调整色调就是指调整其明暗程度。色调的范围为0~255，共有 256 种色调。图 9-5 所示的灰度模式，就是将黑色到白色之间连续划分成 256个色调，即由黑到灰，再由灰到白。

图9-5　灰度模式

2. 色相

色相，即各类色彩的相貌称谓。色相是一种颜色区别于其他颜色最显著的特性，在 0°～360°的标准色轮上，按位置度量色相。它用于判断颜色是红、绿或其他的色彩。对色相进行调整是指在多种颜色之间变化。

3. 饱和度

饱和度是指色彩的强度或纯度，也称为彩度或色度。对色彩的饱和度进行调整也就是调整图像的彩度。饱和度表示色相中灰色分量所占的比例，它使用从 0（灰色）至 100% 的百分比来度量，当饱和度降低为 0 时，则会变成一个灰色图像，增加饱和度会增加其彩度。在标准色轮上，饱和度从中心到边缘递增。饱和度受到屏幕亮度和对比度的双重影响，一般亮度好、对比度高的屏幕可以得到很好的色彩饱和度。

4. 对比度

对比度是指不同颜色之间的差异。调整对比度就是调整颜色之间的差异。提高对比度，则两种颜色之间的差异会变得很明显。通常使用从 0（黑色）至 100%（白色）的百分比来度量。例如，提高一幅灰度图像的对比度，将使其黑白分明，达到一定程度时将成为黑、白两色的图像。

9.1.4 色彩模式

在 Photoshop 中色彩模式用于决定显示和打印图像的颜色模型。Photoshop 默认的色彩模式是 RGB 模式，但用于彩色印刷的图像色彩模式却必须使用 CMYK 模式。其他色彩模式还包括"位图""灰度""双色调""索引颜色""Lab 颜色"和"多通道"模式。

图像模式之间可以相互转换，但需要注意的是，当从色域空间较大的图像模式转换到色域空间较小的图像模式时，常常会有一些颜色丢失。色彩模式命令集中于"图像"|"模式"子菜单中，下面分别介绍各色彩模式的特点。

1. 位图模式

位图模式的图像也叫作黑白图像或 1 位图像，其位深度为 1，因为它只使用两种颜色值，即黑色和白色，来表现图像的轮廓，黑白之间没有灰度过渡色。使用位图模式的图像仅有两种颜色，因此这类图像占用的内存空间也较少。

2. 灰度模式

灰度模式的图像是由 256 种颜色组成，因为每个像素可以用 8 位或 16 位来表示，因此色调表现得比较丰富。

将彩色图像转换为灰度模式时，所有的颜色信息都将被删除。虽然 Photoshop 允许将灰度模式的图像再转换为彩色模式，但是原来已丢失的颜色信息不能再返回。因此，在将彩色图像转换为灰度模式之前，可以利用"存储为"命令保存一个备份图像。

> **提示**
> 通道可以把图像从任何一种彩色模式转换为灰度模式，也可以把灰度模式转换为任何一种彩色模式。

3. 双色调模式

双色调模式是在灰度图像上添加一种或几种彩色的油墨，以达到有彩色的效果，但比起常规的 CMYK 四色印刷，其成本大大降低。

4. RGB模式

RGB 模式是 Photoshop 默认的色彩模式。这种色彩模式由红（R）、绿（G）和蓝（B）3 种颜色的不同颜色值组合而成。

RGB 色彩模式使用 RGB 模型为图像中每一个像素的 RGB 分量分配一个 0~255 范围内的强度值。例如：纯红色 R 值为 255，G 值为 0，B 值为 0；灰色的 R、G、B 三个值相等（除了 0 和 255）；白色的 R、G、B 都为 255；黑色的 R、G、B 都为 0。RGB 图像只使用三种颜色，就可以使它们按照不同的比例混合，在屏幕上重现 16777216 种颜色，因此 RGB 色彩模式下的图像非常鲜艳。

在 RGB 模式下，每种 RGB 成分都可使用从 0（黑色）到 255（白色）的值。例如，亮红色使用 R 值 246、G 值 20 和 B 值 50。当所有三种成分值相等时，产生灰色阴影；当所有成分的值均为 255 时，结果是纯白色；当所有值为 0 时，结果是纯黑色。

> **提示**
> 由于 RGB 色彩模式所能够表现的颜色范围非常宽广，因此将此色彩模式的图像转换成为其他包含颜色种类较少的色彩模式时，则有可能丢色或偏色。这也就是为什么 RGB 色彩模式下的图像在转换成为 CMYK 并印刷出来后颜色会变暗发灰的原因。所以，对要印刷的图像，必须依照色谱准确地设置其颜色。

5. 索引模式

索引模式与 RGB 和 CMYK 模式的图像不同，索引模式依据一张颜色索引表控制图像中的颜色，在此色彩模式下图像的颜色种类最高为 256，因此图像文件小，只有同条件下 RGB 模式图像的 1/3，从而可以大大减少文件所占的磁盘空间，缩短图像文件在网络上的传输时间，因此被较多地应用于网络中。

但对于大多数图像而言，使用索引色彩模式保存后可以清楚地看到颜色之间过渡的痕迹，因此在索引模式下的图像常有颜色失真的现象。

可以转换为索引模式的图像模式有 RGB 色彩模式、灰度模式和双色调模式。选择索引颜色命令后，将打开图 9-6 所示的"索引颜色"对话框。

图9-6 "索引颜色"对话框

"索引颜色"对话框中各选项的含义说明如下。

- "调板"：在"调板"下拉列表中选择调色板的类型。
- "颜色"：在"颜色"数值框中输入需要的颜色过渡级，最大为256级。
- "强制"：在"强制"下拉列表框中选择颜色表中必须包含的颜色，默认状态选择"黑白"选项，也可以根据需要选择其他选项。
- "透明度"：选择"透明度"复选项转换模式时，将保留图像透明区域，对于半透明的区域以杂色填充。
- "杂边"：在"杂边"下拉列表框中可以选择杂色。
- "仿色"：在"仿色"下拉列表中选择仿色的类型，其中包括"扩散""图案"和"杂色"3种类型，也可以选择"无"，不使用仿色。使用仿色的优点在于，可以使用颜色表内部的颜色模拟不在颜色表中的颜色。

- "数量"：如果选择"扩散"选项，可以在"数量"数值框中设置颜色抖动的强度，数值越大，抖动的颜色越多，但图像文件所占的内存也越大。
- "保留实际颜色"：勾选"保留实际颜色"复选项，可以防止抖动颜色表中的颜色。

对于任何一个索引模式的图像，执行菜单栏中的"图像"|"模式"|"颜色表"命令，在打开图 9-7 所示的"颜色表"对话框中应用系统自带的颜色排列，或自定义颜色。在"颜色表"下拉列表中包含有"自定""黑体""灰度""色谱""系统(Mac OS)"和"系统(Windows)"6个选项，除"自定"选项外，其他每一个选项都有相应的颜色排列效果。选择"自定"选项，颜色表中显示为当前图像的 256 种颜色。单击一个色块，在弹出的拾色器中选择另一种颜色，以改变此色块的颜色，在图像中此色块所对应的颜色也将被改变。

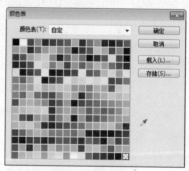

图9-7 "颜色表"对话框

将图像转换为索引模式后，对于被转换前颜色值多于 256 种的图像，会丢失许多颜色信息。虽然还可以从索引模式转换为 RGB、CMYK 的色彩模式，但 Photoshop 无法找回丢失的颜色，所以在转换之前应该备份原始文件。

6. CMYK模式

CMYK 模式是标准的用于工业印刷的色彩模式，即基于油墨的光吸收 / 反射特性，眼睛看到颜色实际上是物体吸收白光中特定频率的光而反射其余的光的颜色。如果要将 RGB 等其他色彩模式的图像输出并进行彩色印刷，必须要将其模式转换为 CMYK 色彩模式。

CMYK 色彩模式的图像由 4 种颜色组成，青（C）、洋红（M）、黄（Y）和黑（K），每一种颜色对应于一个通道及用来生成 4 色分离的原色。根据这 4 个通道，输出中心制作出青色、洋红色、黄色和黑色 4 张胶版。每种 CMYK 四色油墨可使用从 0 至 100% 的值。为较亮颜色指定的印刷色油墨颜色百分比较低，而为较暗颜色指定的百分比较高。例如，亮红色可能包含 2% 青色、93% 洋红、90% 黄色和 0 黑色。在印刷图像时将每张胶版中的彩色油墨组合起来以产生各种颜色。

7. Lab色彩模式

Lab 色彩模式是 Photoshop 在不同色彩模式之间转换时使用的内部安全格式。它的色域能包含 RGB 色彩模式和 CMYK 色彩模式的色域。因此，要将 RGB 模式的图像转换成 CMYK 模式的图像时，Photoshop CS5 会先将 RGB 模式转换成 Lab 模式，然后由 Lab 模式转换成 CMYK 模式，只不过这一操作是在内部进行而已。

8. 多通道模式

在多通道模式中，各个通道都合用 256 灰度级存放着图像中颜色元素的信息。该模式多用于特定的打印或输出。当将图像转换为多通道模式时，可以使用下列原则：原始图像中的颜色通道在转换后的图像中变为专色通道；通过将 CMYK 图像转换为多通道模式，可以创建青色、洋红、黄色和黑色专色通道；通过将 RGB 图像转换为多通道模式，可以创建青色、洋红和黄色专色通道；通过从 RGB、CMYK 或 Lab 图像中删除一个通道，可以自动将图像转换为多通道模式；若要输出多通道图像，请以 Photoshop DCS 2.0 格式存储图像；对有特殊打印要求的图像非常有用。例如，如果图像中只使用了一两种或两三种颜色，使用多通道颜色模式可以减少印刷成本。

> **提示**
>
> 索引颜色和 32 位图像无法转换为多通道模式。

9.2 转换颜色模式

针对图像不同的制作目的，时常需要在各种颜色模式之间进行转换，在 Photoshop 中转换颜色模式的操作方法很简单，下面来详细讲解。

9.2.1 转换另一种颜色模式

在打开或制作图像过程中，可以随时将原来的模式转换为另一种模式。当转换为另一种颜色模式时，将永久更改图像中的颜色值。在转换图像之前，最好执行下列操作。

- 建议尽量在原图像模式下编辑制作，没有特别情况不转换模式。
- 如果需要转换为其他模式，在转换前可以提前保存一个副本文件，以便出现错误时丢失原始文件。
- 在进行模式转换前拼合图层。因为当模式更改时，图层的混合模式也会更改。

要进行图像模式的转换，执行菜单栏中的"图像"|"模式"，然后从子菜单中选取所需的模式。不可用于现用图像的模式在菜单中呈灰色。图像在转换为多通道、位图或索引颜色模式时应进行拼合，因为这些模式不支持图层。

9.2.2 将图像转换为位图模式

如果要将一幅彩色的图像转换为位图模式，应该先执行菜单栏中的"图像"|"模式"|"灰度"命令，然后再执行菜单栏中的"图像"|"模式"|"位图"命令；如果该图像已经是灰度，则可以直接执行菜单栏中的"图像"|"模式"|"位图"命令，在打开图9-8所示的"位图"对话框中，设置转换模式时的分辨率及转换方式。

图9-8　"位图"对话框

"位图"对话框中各选项的含义说明如下。

- "输入"：在"输入"右侧显示图像原来的分辨率。
- "输出"：在"输出"数值框中可以输入转换后位图模式的图像分辨率，输入的数值大于原数值则可以得到一张较大的图像，反之得到比原图像小的图像。
- "使用"：在"使用"下拉列表框中可以选择转换为位图模式的方式，每一种方式得到的效果各不相同。"50%阈值"选项比较常用，选择此选项后，Photoshop会将具有256级灰度值的图像中高于灰度值128的部分转换为白色，将低于灰度值128的部分转换为黑色，此时得到的位图模式的图像轮廓黑白分明；选择"图案仿色"选项转换时，系统通过叠加的几何图形来表示图像轮廓，使图像具有明显的立体感；选择"扩散仿色"选项转换时，根据图像的色值平均分布图像的黑白色；选择"半调

网屏"选项转换时，将打开"半调网屏"对话框，其中以半色调的网点产生图像的黑白区域；选择"自定图案"选项，并在下面的"自定图案"下拉列表中选择一种图案，以图案的色值来分配图像的黑白区域，并叠加图案的形状。转换为位图模式的图像可以再次转换为灰度，但是图像的轮廓仍然只有黑、白两种色值。原图与5种不同方法转换位图的效果如图9-9所示。

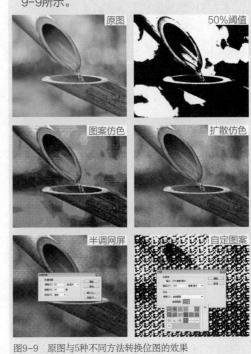

图9-9　原图与5种不同方法转换位图的效果

提示

将图像转换为位置模式之前，必须先将图像转换为灰度模式。

9.2.3 将图像转换为双色调模式

要得到双色调模式的图像，应该先将其他模式的图像转换为灰度模式，然后执行菜单栏中的"图像"|"模式"|"双色调"命令；如果该图像本身就是灰度模式，则可以直接执行菜单栏中的"图像"|"模式"|"双色调"命令，此时将打开"双色调选项"对话框，如图9-10所示。

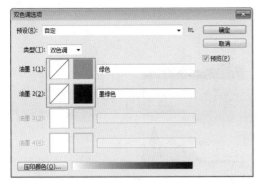

图9-10 "双色调选项"对话框

"双色调选项"对话框中各选项的含义说明如下。

- "类型"：设置色调的类型。从右侧的下拉列表中，可以选择一种色调的类型，包括"单色调""双色调""三色调"和"四色调"4种类型。选择"单色调"选项，将只有"油墨1"被激活，此选项生成仅有一种颜色的图像；选择"双色调"选项，则激活"油墨1"和"油墨2"两个选项，此时可以同时设置两种图像色彩，生成双色调图像；选择"三色调"选项，激活3个油墨选项，生成具有3种颜色的图像；选择"四色调"选项，激活4个油墨选项，可以生成具有4种颜色的图像。

- "双色调曲线"：单击该区域，将打开"双色调曲线"对话框，可以编辑曲线以设置油墨在图像中的分布。

- "选择油墨颜色"：单击该色块，将打开"选择油墨颜色"对话框，即拾色器对话框，设置当前油墨的颜色。

彩色图像转换为双色调模式前后效果对比如图9-11所示。

图9-11 双色调模式转换前后效果对比

"直方图"面板是查看图像色彩的关键，利用该面板可以查看图像的阴影、高光和色彩等信息，在色彩调整中占有相当重要的位置。

9.3.1 关于直方图

直方图用图形表示图像每个亮度级别的像素数量，显示像素在图像中的分布情况。在直方图的左侧部分显示直方图阴影中的细节区域，在中间部分显示中间调区域，在右侧显示较亮的区域或叫高光区域。

直方图可以帮助确定某个图像的色调范围或图像基本色调类型。如果直方图大部分集中在右边，图像就可能太亮，这常称为高色调图像，即日常所说的曝光过度；如果直方图大部分在左边，图像就可能太暗，这常称为低色调图像，即日常所说的曝光不足；平均色调整图像的细节集中在中间是由于填充了太多的中间色调值，因此很可能缺乏鲜明的对比度；色彩平衡的图像在所有区域中都有大量的像素，这常称为正常色调图像。识别色调范围有助于对色调进行相应的校正。不同图像的直方图表现效果如图9-12所示。

正常曝光图像　　曝光不足　　曝光过度

图9-12 不同图像的直方图表现效果

9.3.2 "直方图"面板

直方图描绘了图像中灰度色调的份额,并提供了图像色调范围的直观图。执行菜单栏中的"窗口"|"直方图"命令,打开"直方图"面板,默认情况下,"直方图"面板将以"紧凑视图"形式打开,并且没有控件或统计数据,可以通过"直方图"面板菜单来切换视图,图9-13所示为扩展视图的"直方图"面板效果。

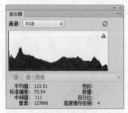
图9-13 扩展视图的"直方图"面板

1. 更改直方图面板的视图

要想更改"直方图"面板的视图模式,可以从面板菜单中选择一种视图,共包括3种视图模式,这3种视图模式显示效果如图9-14所示。

- "紧凑视图":显示不带控件或统计数据的直方图,该直方图代表整个图像。
- "扩展视图":可显示带有统计数据的直方图,还可以同时显示用于选择由直方图表示的通道的控件、查看"直方图"面板中的选项、刷新直方图以显示未高速缓存的数据,以及在多图层文档中选择特定图层。
- "全部通道视图":除了"扩展视图"所显示的所有选项外,还显示各个通道的单个直方图。需要注意的是单个直方图不包括 Alpha 通道、专色通道和蒙版。

紧凑视图

扩展视图

图9-14 3种视图模式显示效果

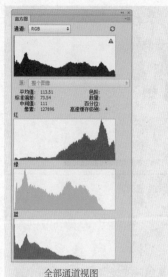
全部通道视图

图9-14 3种视图模式显示效果(续)

2. 查看直方图中的特定通道

如果在面板菜单中选择"扩展视图"或"全部通道视图"模式,则可以从"直方图"面板的"通道"菜单中指定一个通道。当从"扩展视图"或"全部通道视图"切换回"紧凑视图"模式时 Photoshop 会记住通道设置。RGB 模式"通道"菜单如图9-15所示。

图9-15 RGB模式"通道"菜单

- 选择单个通道可显示通道(包括颜色通道、Alpha 通道和专色通道)的直方图。
- 根据图像的颜色模式,选择R、G、B或C、M、Y、K,也可以选择复合通道如RGB或CMYK,以查看所有通道的复合直方图。
- 如果图像处于 RGB模式或 CMYK 模式,选择"明度"可显示一个直方图,该图表示复合通道的亮度或强度值。
- 如果图像处于 RGB 模式或 CMYK 模式,选择"颜色"可显示颜色中单个颜色通道的复合直方图。当第一次选择"扩展视图"或"所有通道视图"时，此选项是 RGB 图像和 CMYK 图像的默认视图。

- 在"全部通道"视图中，如果从"通道"菜单中进行选择，则只会影响面板中最上面的直方图。

3. 用原色显示通道直方图

如果想从"直方图"面板中用原色显示通道，可以进行以下任意一种操作。

- 在"全部通道视图"中，从"面板"菜单中选择"用原色显示通道"。
- 在"扩展视图"或"全部通道视图"中，从"通道"菜单中选择某个单独的通道，然后从"面板"菜单中选择"用原色显示通道"。如果切换到"紧凑视图"，通道将继续用原色显示。
- 在"扩展视图"或"全部通道视图"中，从"通道"菜单中选择"颜色"可显示颜色中通道的复合直方图。如果切换到"紧凑视图"，复合直方图将继续用原色显示。用原色显示红通道的前后效果对比如图9-16所示，

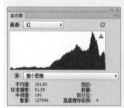

图9-16　用原色显示红通道的前后效果对比

4. 查看直方图统计数据

"直方图"面板显示了图像中与色调范围内所有可能灰度值相关的像素数曲线。水平（X）轴代表 0~255 的灰度值，垂直（Y）轴代表每一色调或颜色的像素数。X轴下面的渐变条显示了从黑色到白色的实际灰度色阶。每条垂直线的高亮部分代表了 X 轴上每一色调所含像素的数目，线越高，图像中该灰度级别的像素越多。

要想查看直方图的统计数据，需要从"直方图"面板菜单中选择"显示统计数据"命令，

在"直方图"面板下方将显示统计数据区域。如果想看数据请执行以下操作之一。

- 将指针放置在直方图中，可以查看特定像素值的信息。在直方图中移动鼠标指针时，指针变成一个十字指针。在直方图上移动十字指针时，直方图色阶、数量、百分位值都会随之改变。
- 在直方图中拖动突出显示该区域，可以要查看一定范围内的值的信息。

"直方图"面板统计数据显示信息含义说明如下。

- "平均值"：代表了平均亮度。
- "标准偏差"：代表图像中亮度值的偏差变化范围。
- "中间值"：代表图像中的中间亮度值。
- "像素"：代表整个图像或选区中像素的总数。
- "色阶"：代表直方图中十字指针所在位置的灰度色阶，最暗的色阶（黑色）是0，最亮的色阶（白色）是255。
- "数量"：代表直方图中十字指针所在位置处的像素总数。
- "百分位"：代表十字指针位置在X轴上所占的百分数，从最左侧的 0到最右侧的 100%。
- "高速缓存级别"：代表显示当前图像所用的高速缓存值。当高速缓存级别大于 1 时，会快速显示直方图。如果执行菜单栏中的"编辑"|"首选项"|"性能"命令，打开"首先项"|"性能"对话框，在"高速缓存级别"选项中可以设置调整缓存的级别。设置的级别越多则速度越快，选择的调整缓存级别越少则品质越高。

> **提示**
>
> 在校正过程中调整图像后，应定期返回直方图，取得所做的改变如何影响色调范围的直观感受。

5. 查看分层文档的直方图

直方图不但可以查看单层图像，还可以查看分层图像，并可以查看指定的图层直方图统计数据，具体操作如下。

01 从"直方图"面板菜单中选择"扩展视图"命令。

02 从"源"菜单中指定一个图层或设置。"源"菜单效果如图9-17所示。

图9-17　"源"菜单

- "整个图像"：显示包含所有图层的整个图像的直方图。
- "选中的图层"：显示在"图层"面板中选择的图层的直方图。
- "复合图像调整"：显示在"图层"面板中选定的调整图层，包括调整图层下面的所有图层的直方图。

9.3.3　预览直方图调整

通过"直方图"面板可以预览任何颜色或色彩校正对直方图所产生的影响。在调整时只需要在使用的对话框中勾选"预览"复选框。比如使用"色阶"命令调整图像时"直方图"面板的显示效果如图9-18所示。

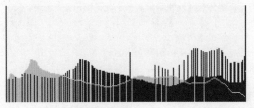

图9-18　调整时直方图变化效果

9.3.4　"调整"面板

"调整"面板主要用于调整颜色和色调，使用"调整"面板中的命令或预设进行的调整，会创建非破坏性调整图层，并可以随时修改调整参数，这也是使用"调整"面板的优点。

Photoshop 为用户提供了一系列调整预设和调整命令，可用于调整色阶、曲线、曝光度、色相/饱和度、黑白、通道混合器和可选颜色。单击某个预设即可将其应用到图像中。执行菜单栏中的"窗口"|"调整"命令，即可打开"调整"面板，如图9-19所示。

图9-19　"调整"面板

1. 使用调整命令或预设

要使用调整命令或预设，方法非常简单，只需要在"调整"面板中，单击某个命令图标或预设命令，或从面板菜单中选择某个命令即可，例如选择"色相/饱和度"命令，会弹出"属性"面板。也可以执行菜单栏中的"窗口"|"属性"命令，即可打开"属性"面板，如图9-20所示。

图9-20　"属性"|"色相/饱和度"面板

- "剪贴蒙版" ⚞：为图层建立剪贴蒙版。单击该按钮，图标将变成⚟则不创建剪贴蒙版。
- "按此按钮可查看上一状态" 👁：单击该按钮，可以查看调整设置的上一次显示效果。如果想长时间查看可单击该按钮后按住鼠标。

- "复位到调整默认值" ↺：单击该按钮，可以将调整参数恢复到初始设置。
- "切换图层可见性" 👁：用来控制当前调整图层的显示与隐藏。单击该按钮，图标将变成 👁 状，表示隐藏当前调整图层；再次单击图标将恢复成 👁 状，表示显示当前调整图层。
- "删除此调整图层" 🗑：单击该按钮，可删除当前调整图层。

2. 使用调整面板存储和应用预设

"调整"面板具有一系列用于常规颜色和色调调整的预设。另外，可以存储和应用有关色阶、曲线、曝光度、色相/饱和度、黑白、通道混合器和可选颜色的预设。存储预设命令后，它将被添加到预设命令列表。

- 要将"调整"面板中的调整设置存储为预设命令，选择"调整"面板中的命令图标，打开"属性"面板菜单选择"存储…"命令。
- 要应用"调整"面板中的调整预设命令，选择"调整"面板中的命令图标，打开"属性"面板菜单选择"载入…"命令，然后在打开的储存文件夹中单击选择某个需要的预设命令即可。

9.4 图像调整案例实战

要调整图像，首先要对调整图像的各个命令有个详细的了解，本节通过几个重要的实例，讲解图像调整的方法及调整命令的使用技巧。

练习9-1 利用"亮度/对比度"打造新鲜水果

难　　度：★
素材文件：第 9 章 \ 水果 .jpg
案例文件：第 9 章 \ 打造新鲜水果 .psd
视频文件：第 9 章 \ 练习 9-1　利用"亮度 / 对比度"打造新鲜水果 .avi

本例讲解如何利用"亮度 / 对比度"命令打造新鲜水果效果。

01 执行菜单栏中的"文件"|"打开"命令，打开"水果.jpg"图片，如图9-21所示。

图9-21　打开的图片

02 执行菜单栏中的"图像"|"调整"|"亮度/对比度"命令，弹出"亮度/对比度"命令对话框，如图9-22所示。

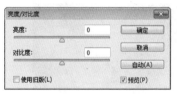

图9-22　对话框

03 将"亮度"更改为60，"对比度"更改为40，如图9-23所示。

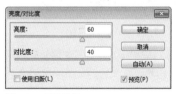

图9-23　更改数值

04 最终的图像效果如图9-24所示。

图9-24 最终效果

练习9-2 利用"色相/饱和度"更改花朵颜色 重点

难 度：★
素材文件：第9章\红花.jpg
案例文件：第9章\更改花朵颜色.psd
视频文件：第9章\练习9-2 利用"色相/饱和度"更改花朵颜色.avi

本例讲解的是如何利用"色相/饱和度"命令更改花朵颜色的效果。

01 执行菜单栏中的"文件"|"打开"命令，打开"红花.jpg"图片，如图9-25所示。

图9-25 打开的图片

02 在"图层"面板中单击面板底"创建新的填充或调整图层"按钮◐，在弹出的菜单中选择"色相/饱和度"命令，如图9-26所示。

03 在"属性"面板中将"全图"通道里的数值更改为"色相"-114，"饱和度"-23，如图9-27所示。

图9-26 调整图层

图9-27 "属性"面板

04 这样可以看到图像中花朵颜色的变化效果，最终效果如图9-28所示。

图9-28 最终效果

练习9-3 利用"色彩平衡"打造树林里的黄昏氛围 重点

难 度：★
素材文件：第9章\树林.jpg
案例文件：第9章\树林里的黄昏氛围.psd
视频文件：第9章\练习9-3 利用"色彩平衡"打造树林里的黄昏氛围.avi

本例讲解的是如何利用"色彩平衡"命令打造树林里的黄昏氛围。

01 执行菜单栏中的"文件"|"打开"命令，打开"树林.jpg"图片，如图9-29所示。

02 在"图层"面板中单击面板底部的"创建新的填充或调整图层"按钮◐，在弹出的菜单中选择"色彩平衡"命令，如图9-30所示。

图9-29 打开的图片

图9-30 添加调整图层

03 选择"色调"为"中间调"将其数值更改为偏红色63，偏洋红色-31，偏黄色-40，如图9-31所示，这样就完成了最终效果，如图9-32所示。

图9-31 调整数值

图9-32 最终效果

练习9-4 利用"通道混合器"打造火红的晚霞效果

难　度：★
素材文件：第9章\晚霞.jpg
案例文件：第9章\火红的晚霞效果.psd
视频文件：第9章\练习9-4 利用"通道混合器"打造火红的晚霞效果.avi

本例讲解的是如何利用通道混合器调出火红的晚霞效果。

01 执行菜单栏中的"文件"|"打开"命令，打开"晚霞.jpg"图片，如图9-33所示。

图9-33 打开图像

02 在"图层"面板中单击面板底部的"创建新的填充或调整图层"按钮，在弹出的菜单中选择"通道混合器"命令，然后在"属性"面板中选择"输出通道"为"红"将其数值更改为"红色"79%，"绿色"67%，"蓝色"-2%，如图9-34所示。

03 选择"输出通道"为"蓝"，将"蓝色"数值更改为60%，如图9-35所示。

图9-34 "红"通道

图9-35 "蓝"通道

04 这样就完成了最终效果如图9-36所示。

图9-36　最终效果

练习9-5 应用"变化"命令快速为黑
白图像着色

难　度：	★
素材文件：第9章\人物.jpg	
案例文件：第9章\为黑白图像着色.psd	
视频文件：第9章\练习9-5　应用"变化"命令快速为黑白图像着色.avi	

　　"变化"命令提供了一种简单而快捷的方
法，利用缩小的图像预览，快速地调整高亮区、
中间色调区和阴影区，这是一种调整图像色调
非常直观的途径。但是这种方法不能准确地调
整图像区域的颜色或灰度值。虽然可单击缩览
图使高亮区、中间色调区或阴影区更暗或更亮，
但不能指定精确的亮度或暗度值（正如使用"色
阶"和"曲线"命令一样）。

01 执行菜单
栏中的"文
件"|"打
开"命令，打
开"人物.
jpg"图片，
如图9-37
所示。

图9-37　打开的图片

02 执行菜单栏中的"图像"|"调整"|"变化"
命令，打开"变化"对话框，单击一次"加深青
色"和"加深洋红"，如图9-38所示。

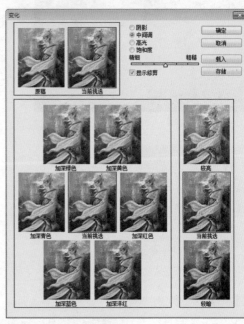

图9-38　"变化"对话框

提示

单击缩览图所产生的效果是累积的，例如单击
两次"加深青色"缩览图，将应用两次调整。
在每单击一个缩览图时，其他缩览图都会发生
变化。

03 还可以单击其他的缩览图进行调整，单击"确
定"按钮，即可快速为黑白照片着色，如图9-39
所示。

图9-39　着色效果

练习9-6 使用"匹配颜色"命令匹配图像

难　　度：★

素材文件：第9章\目标图像.jpg、源图像.jpg

案例文件：第9章\匹配颜色.psd

视频文件：第9章\练习9-6　使用"匹配颜色"命令匹配图像.avi

　　"匹配颜色"命令可以让多个图像、多个图层，或者多个颜色选区的颜色一致。这在使不同照片外观一致时，以及当一个图像中特殊元素外观必须匹配另一图像元素颜色时非常有用。"匹配颜色"命令也可以通过改变亮度、颜色范围及消除色偏来调整图像中的颜色。该命令仅工作于 RGB 模式。

01 使用一个图像的颜色匹配另一图像颜色，需要在Photoshop中打开想匹配颜色的多个图像文件，然后选定目标图像，即被其他图像颜色替换的那个图像。执行菜单栏中的"文件"|"打开"命令，打开"目标图像.jpg"和"源图像.jpg"图片，如图9-40所示。

目标图像

源图像

图9-40　打开的两个图片

02 选定"目标图像"文档窗口，执行菜单栏中的"图像"|"调整"|"匹配颜色"命令，打开"匹配颜色"对话框，在"源"右侧的下拉菜单中选择"源图像.jpg"选项，并设置"明亮度"为150，"颜色深度"为75，"渐隐"为50，如图9-41所示。单击"确定"按钮，完成颜色匹配，最终效果如图9-42所示。

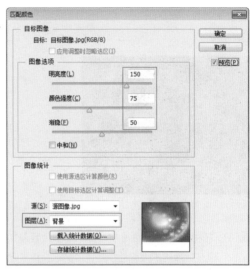

图9-41 对话框

图9-42 匹配颜色效果

练习9-7 使用"替换颜色"命令替换花朵颜色 （难点）

难　　度：★

素材文件：第9章\花朵.jpg

案例文件：第9章\替换花朵颜色.psd

视频文件：第9章\练习9-7　使用"替换颜色"命令替换花朵颜色.avi

"替换颜色"命令可在特定的颜色区域上创建一个蒙版，允许在蒙版中的区域上改变色相、饱和度和亮度，下面通过实例来讲解"替换颜色"命令的使用。

01 执行菜单栏中的"文件"|"打开"命令，打开"花朵.jpg"图片。执行菜单栏中的"图像"|"调整"|"替换颜色"命令，打开"替换颜色"对话框，将指针放置在花朵上，单击鼠标进行取样，如图9-43所示。

图9-43　颜色取样

02 在"替换颜色"对话框中，拖动"颜色容差"滑块可以在蒙版内扩大或缩小颜色范围，设置"颜色容差"的值为40，"色相"的值为-124，"饱和度"的值为-24，如图9-44所示。

图9-44　参数设置

03 此时，在文档窗口中，可以看到花朵替换颜色的效果，可以看出，有些区域并没有被替换，单击"添加到取样"按钮 ✎，在没有替换掉的颜色上单击鼠标，以添加颜色取样，如图9-45所示。

图9-45　添加到取样

技巧

单击"图像"可在"替换颜色"对话框中查看图像，单击"选区"单选框查看Photoshop在图像中创建的蒙版。"颜色"右侧显示当前选择的颜色。"结果"右侧显示替换后的颜色，即当前设置的颜色。

04 采用同样的方法可以添加其他没有替换的颜色，可以配合"颜色容差"来修改颜色范围，通过"色相""饱和度"和"明度"修改替换后的效果，完成颜色的替换，最终效果如图9-46所示。

图9-46　最终效果

技巧

如果要再次使用自己的设置，方便以后重新加载它们，可单击"存储"按钮，为设置命名并存至磁盘上。"载入"按钮可在需要时重新加载这些设置。

练习9-8 利用"渐变映射"快速为黑白图像着色

难　度：★
素材文件：第9章\小鸟.jpg
案例文件：第9章\快速为黑白图像着色.psd
视频文件：第9章\练习9-8　利用"渐变映射"快速为黑白图像着色.avi

"渐变映射"可以应用渐变重新调整图像，应用原始图像的灰度图像细节，加入所选渐变的颜色。

01 执行菜单栏中的"文件"|"打开"命令，打开"小鸟.jpg"图片，如图9-47所示。

图9-47　打开的图片

02 执行菜单栏中的"图像"|"调整"|"渐变映射"命令，即可打开"渐变映射"对话框，选择"紫、橙渐变"，如图9-48所示。

图9-48　对话框

技巧

在"渐变映射"对话框中，通过单击下方的渐变条，打开"渐变编辑器"对话框，选择预设渐变或编辑需要的渐变；勾选"仿色"复选框，可以使渐变过渡更加均匀柔和；勾选"反向"复选框，可以将编辑的渐变前后颜色反转，比如，编辑的渐变为黑到白渐变，勾选该复选框后将变成白到黑渐变。

03 单击"确定"按钮，即可为图片着色，效果如图9-49所示。

图9-49　着色效果

练习9-9 利用"色调均化"打造亮丽风景图像

难　度：	★

素材文件：第 9 章 \ 亮丽风景 .jpg

案例文件：第 9 章 \ 亮丽风景图像 .psd

视频文件：第 9 章 \ 练习 9-9　利用"色调均化"打造亮丽风景图像 .avi

本例讲解的是如何利用"色调均化"命令打造亮丽风景图像效果。

01 执行菜单栏中的"文件"|"打开"命令，打开"丽风景.jpg"图片，如图9-50所示。

图9-50　打开的图片

02 执行菜单栏中的"图像"|"调整"|"色调均化"命令，这时的图像效果如图所示，这样就完成了效果制作，最终效果如图9-51所示。

图9-51　最终效果

9.5 知识拓展

本章首先讲解了利用直方图分析图像的方法和调整图层的使用技巧，然后讲解了 Photoshop CS6"图像"|"调整"菜单中常用命令的使用方法，通过大量的实例分析与实践，本章将图像调整的使用方法进行了——展示。掌握这些知识，可以令作品颜色更绚丽多彩。

9.6 拓展训练

本章通过 4 个课后习题，对色彩调整进行了更加详细的阐述，帮助读者朋友快速了解图像调整的本质，以便在工作中灵活应用。

训练9-1 利用"色相/饱和度"调出复古照片

◆实例分析

本例讲解的是如何利用色相/饱和度命令调出复古效果。调色前后效果对比如图 9-52 所示。

难　度：★
素材文件：第 9 章 \ 复古照片 .jpg
案例文件：第 9 章 \ 调出复古照片 .psd
视频文件：第 9 章 \ 训练 9-1　利用"色相 / 饱和度"调出复古照片 .avi

图9-52　调色前后效果对比

◆本例知识点

色相 / 饱和度

训练9-2 使用"黑白"命令快速将彩色图像变单色

◆实例分析

"黑白"滤镜主要用来处理黑白图像，创建各种风格的黑白效果，这是一个非常特别的滤镜工具，比去色处理的黑白照片具有更大的灵活性和可编辑性，它可以利用通道颜色对图像进行黑白图像的调整。它还可以通过简单的色调应用，将彩色图像或灰色图像处理成单色图像。调色前后效果对比如图 9-53 所示。

难　度：★
素材文件：第 9 章 \ 油菜花 .jpg
案例文件：第 9 章 \ 将彩色图像变单色 .psd
视频文件：第 9 章 \ 训练 9-2　使用"黑白"命令快速将彩色图像变单色 .avi

图9-53　调色前后效果对比

◆ 本例知识点

黑白

训练9-3 利用"色调分离"制作绘画效果

◆ 实例分析

本例讲解的是"色调分离"命令制作秋日绘画效果。调色前后效果对比如图9-54所示。

难　　度：★
素材文件：第9章\麦田.jpg
案例文件：第9章\制作绘画效果.psd
视频文件：第9章\训练9-3　利用"色调分离"制作绘画效果.avi

图9-54　调色前后效果对比

◆ 本例知识点

色调分离

训练9-4 利用"照片滤镜"打造冷色调

◆ 实例分析

本例讲解的是如何利用"照片滤镜"调整图层来调出图像的冷色调效果。调色前后效果对比如图9-55所示。

难　　度：★
素材文件：第9章\山水图像.jpg
案例文件：第9章\打造冷色调.psd
视频文件：第9章\训练9-4　利用"照片滤镜"打造冷色调.avi

图9-55　调色前后效果对比

◆ 本例知识点

照片滤镜

第 **10** 章

神奇的滤镜特效

滤镜是 Photoshop CS6 中非常强大的工具，它能够在强化图像效果的同时遮盖图像的缺陷，并对图像效果进行优化处理，从而制作出炫丽的艺术作品。在 Photoshop CS6 软件中根据不同的艺术效果，共有 100 多种滤镜命令，另外，软件还提供了特殊滤镜和一个作品保护滤镜组。本章首先讲解了滤镜的应用技巧及注意事项，并讲解了滤镜库的使用方法，然后结合不同的滤镜以案例的形式讲解了该滤镜在实战中的应用技巧。通过本章的学习，读者应该能够掌握如何使用滤镜来为图像添加特殊效果，这样才能真正掌握滤镜的使用，创作出令人称赞的作品。

教学目标

了解滤镜的应用技巧及注意事项
掌握滤镜库的使用
掌握特殊滤镜的使用
掌握常用滤镜命令的使用

扫码观看本章
案例教学视频

10.1 滤镜的整体把握

滤镜是 Photoshop CS6 中非常强大的功能，但在使用上也需要有整体的把握能力，需要注意滤镜的使用规则及注意事项。

10.1.1 滤镜的使用规则

Photoshop CS6 为用户提供了上百种滤镜，都放置在"滤镜"菜单中，且各有各的作用。在使用滤镜时，注意以下几个技巧。

1. 使用滤镜

要使用滤镜，首先在文档窗口中，指定要应用滤镜的文档或图像区域，然后执行"滤镜"菜单中的相关滤镜命令，打开当前滤镜对话框，对该滤镜进行参数的调整，然后确认即可应用滤镜。

2. 重复滤镜

当执行完一个滤镜操作后，在"滤镜"菜单的第 1 行将出现刚才使用的滤镜名称，选择该命令，或按 Ctrl + F 组合键，能够以相同的参数再次应用该滤镜。如果按 Alt + Ctrl + F 组合键，则会重新打开上一次执行的滤镜对话框。

3. 复位滤镜

滤镜经过修改后，在滤镜对话框中，如果想复位当前滤镜到打开时的设置，可以按住 Alt 键，此时该对话框中的"取消"按钮将变成"复位"按钮，单击该按钮可以将滤镜参数恢复到打开该对话框时的状态。

4. 滤镜效果预览

在所有打开的"滤镜"命令对话框中，都有相同的预览设置。比如，执行菜单栏中的"滤镜"|"风格化"|"扩散"命令，打开"扩散"对话框，如图 10-1 所示。下面对相同的预览设置进行详细的讲解。

图10-1 "扩散"对话框

- "预览窗口"：在该窗口中，可以看到图像应用滤镜后的效果，以便及时地调整滤镜参数，达到满意效果。当图像的显示大于预览窗口时，在预览窗口中拖动鼠标，可以移动图像的预览位置，以查看不同图像位置的效果。
- "缩小" ▬：单击该按钮，可以缩小预览窗口中的图像显示区域。
- "放大" ＋：单击该按钮，可以放大预览窗口中的图像显示区域。
- "缩放比例"：显示当前图像的缩放比例值。当单击"缩小"或"放大"按钮时，该值将随着变化。
- "预览"：勾选该复选框，可以在当前图像文档中查看滤镜的应用效果，如果取消勾选该复选框，则只能在对话框中的预览窗口中查看滤镜效果，当前图像文档中没有任何变化。

10.1.2 滤镜应用注意事项

- 如果当前图像中有选区，则滤镜只对选区内的图像起作用；如果没有选区，滤镜将作用在整个图像上。如果想使滤镜与原图像更好地结合，可以将选区设置一定的羽化效果后再应用滤镜效果。

- 如果当前的选择为某一层、某一单一的色彩通道或Alpha通道，则滤镜只对当前的图层或通道起作用。
- 有些滤镜的使用会很占用内存，特别是应用在高分辨率的图像上时。这时可以先对单个通道或部分图像使用滤镜，将参数设置记录下来，然后再对图像使用该滤镜，避免重复无用的操作。
- 位图是由像素点构成的，滤镜的处理也是以像素为单位，所以滤镜的应用效果和图像的分辨率有直接的关系，不同分辨率的图像应用相同的滤镜和参数设置，产生的效果可能会不相同。
- 在位图、索引颜色和16位或32位的色彩模式下不能使用滤镜。另外，不同的颜色模式下也会有不同的滤镜可用，有些模式下的部分滤镜是不能使用的。
- 使用"历史记录"面板配合"历史记录画笔工具"可以对图像的局部应用滤镜效果。
- 在使用相关的滤镜对话框时，如果不想应用该滤镜效果，可以按Esc键关闭当前对话框。
- 如果已经应用了滤镜，可以按Ctrl + Z组合键撤销当前的滤镜操作。
- 一个图像可以应用多个滤镜，但应用滤镜的顺序不同，产生的效果也会不同。

10.1.3 普通滤镜与智能滤镜

在 Photoshop 中，普通滤镜是通过修改像素来生成效果的，如果保存图像并关闭，就无法将图像恢复为原始状态了，如图 10-2 所示。

图10-2 普通滤镜

图10-2 普通滤镜（续）

智能滤镜是一种非破坏性的滤镜，其滤镜效果应用于智能对象上，不会修改图像的原始数据。单击智能滤镜前面的眼睛图标，可将滤镜效果隐藏，如将它删除，图像恢复原始效果，如图 10-3 所示。

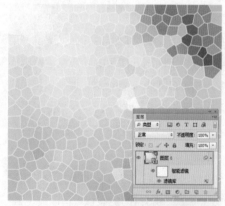

图10-3 智能滤镜

Photoshop CS6 中的特殊滤镜较以前的版本有较大改变，去除了图案生成器和抽出功能，保留了液化和消失点滤镜，同时又添加了镜头校正功能，下面来讲解这些特殊滤镜的使用。

10.2.1 使用滤镜库

"滤镜库"是一个集中了大部分滤镜效果的集合库，它将滤镜作为一个整体放置在库中，利用"滤镜库"可以对图像进行滤镜操作。这样很好地避免了多次单击滤镜菜单，选择不同滤镜的繁杂操作。执行菜单栏中的"滤镜"|"滤镜库"命令，即可打开如图10-4所示的"滤镜库"对话框。

图10-4 "滤镜库"对话框

1. 预览区

在"滤镜库"对话框的左侧，是图像的预览区，如图10-5所示。通过该区域可以完成图像的预览效果。

图10-5 预览区

- "图像预览"：显示当前图像的效果。
- "放大"：单击该按钮，可以放大图像预览效果。
- "缩小"：单击该按钮，可以缩小图像预览效果。
- "缩放比例"：单击该区域，可以打开缩放菜单，从如选择预设的缩放比例。如果选择"实际像素"，则显示图像的实际大小；选择"符合视图大小"则会根据当前对话框的大小缩放图像；选择"按屏幕大小缩放"则会满屏幕显示对话框，并缩放图像到合适的尺寸。

2. 滤镜和参数区

在"滤镜库"的中间显示了6个滤镜组，如图10-6所示。单击滤镜组名称，可以展开或折叠当前的滤镜组。展开滤镜组后，单击某个滤镜命令，即可将该命令应用到当前的图像中，并且在对话框的右侧显示当前选择滤镜的参数选项。还可以从右侧的下拉列表框中，选择各种滤镜命令。

在"滤镜库"右下角显示了当前应用在图像上的所有滤镜列表。单击"新建效果图层"按钮 🖪，可以创建一个新的滤镜效果，以便增加更多的滤镜。如果不创建新的滤镜效果，每次单击滤镜命令，会将刚才的滤镜替换掉，而不会增加新的滤镜命令。选择一个滤镜，然后单击"删除效果图层"按钮 🗑，可以将选择的滤镜删除掉。

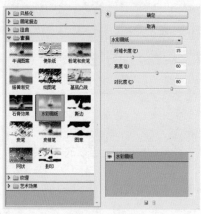

图10-6 滤镜和参数区

10.2.2 自适应广角 （重点）

"自适应广角"可轻松拉直全景图像或使用鱼眼、广角镜头拍摄的照片中的弯曲对象。运用个别镜头的物理特性自动校正弯曲。"自适应广角"也是 Photoshop CS6 加入的新功能。

执行菜单栏中的"滤镜"|"自适应广角"命令，打开"自适应广角"对话框。在预览操作图中绘制出一条操作线，单击白点可进行广角调整。

原图与使用"自适应广角"命令后的对比效果如图 10-7 所示。

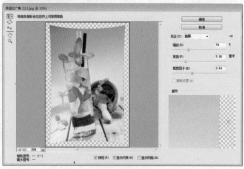

图10-7 原图与使用后的对比效果

- "校正"：单击按钮 ，在下拉菜单中选择投影模型。
- "缩放"：缩放指定图像的比例。
- "焦距"：指定焦距。
- "裁剪因子"：指定裁剪因子。
- "细节"：鼠标指针放置预览操作区时，按照指针的移动在细节显示区可查看图像操作细节。

10.2.3 镜头校正 （重点）

该滤镜主要用来修复常见的镜头瑕疵，如桶形或枕形失真、晕影和色差等拍摄出现的问题。执行菜单栏中的"滤镜"|"扭曲"|"镜头校正"命令，打开"镜头校正"对话框。

原图与使用"镜头校正"命令后的对比效果如图 10-8 所示。

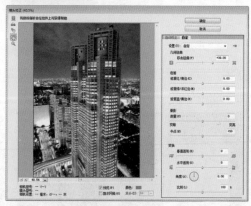

图10-8 原图与使用"镜头校正"后的对比效果

- "设置"：从右侧的下拉菜单中，可以选取一个预设的设置选项。选择"镜头默认值"选项，可以用默认的相机、镜头、焦距和光圈组合进行设置。选择"上一校正"选项，可以使用上一次镜头校正时使用的相关设置。

- **"移去扭曲"**：用来校正镜头枕形和桶形失真效果。向左拖动滑块，可以校正枕形失真；向右拖动滑块，可以校正桶形失真。另外，通过"边缘"选项，可以处理因失真生成的空白图像边缘。

- **"色差"**：校正因失真产生的色边。"修复红/青边"选项，可以调整红色或青色的边缘，利用补色原理修复红边或青边效果。同样"修复蓝/黄边"选项，可以调整蓝色或红色边缘。

- **"晕影"**：用来校正由于镜头缺陷或镜头遮光产生的较亮或较暗的边缘效果。"数量"选项用来调整图像边缘变亮或变暗的程度；"中点"选项用来设置"数量"滑块受影响的区域范围，值越小，受到的影响就越大。

- **"垂直透视"**：用来校正相机由于向上或由下倾斜而导致的图像透视变形效果，可以使图像中的垂直线平行。

- **"水平透视"**：用来校正相机由于向左或向右倾斜而导致的图像透视变形效果，可以使图像中的水平线平行。

- **"角度"**：通过拖动转盘或输入数值来校正倾斜的图像效果。也可以使用"拉直工具"进行校正。

- **"比例"**：向前或向后调整图像的比例，主要移去由于枕形失真、透视或旋转图像而产生的图像空白区域，不过图像的原始尺寸不会发生改变。放大比例将导致多余的图像被裁剪掉，并使差值增大到原始像素尺寸。

10.2.4 液化滤镜 （难点）

使用"液化"滤镜的相关工具在图像上拖动或单击，可以扭曲图像进行变形处理。可以将图像看作一个液态的对象，对其进行推拉、旋转、收缩和膨胀等各种变形操作。执行菜单栏中的"滤镜"|"液化"命令，即可打开图10-9所示的"液化"对话框。在对话框的左侧是滤镜的工具栏，显示"液化"滤镜的工具；中间位置为图像预览操作区，在此对图像进行液化操作并显示最终效果；右侧为相关的选项设置区。

图10-9　"液化"对话框

技巧

将鼠标指针移至预览区域中，按住空格键，可以使用抓手工具移动视图。

1. 液化工具的使用

在"液化"对话框的左侧，系统为用户提供了10个工具，如图10-10所示。各个工具有不同的变形效果，利用这些工具可以制作出神奇有趣的变形特殊。下面来讲解这些工具的使用方法及技巧。

图10-10　工具栏

- **"向前变形工具"** ：使用该工具在图像中拖动，可以将图像向前或向后进行推拉变形。图10-11所示为原图与变形后的图像效果。在小熊耳朵上向外拖动鼠标，将耳朵变长；在小熊的尾巴上向内拖动鼠标，将尾巴变短。

技巧

使用"向前变形工具"拖动变形时，如果一次拖动不能达到满意的效果，可以多次单击或拖动来修改，以达到目的。

189

图10-11　变形图像前后对比效果

- "顺时针旋转扭曲工具" ❻：使用该工具在图像上按住鼠标不动或拖动鼠标，可以将图像进行顺时针变形；如果在按住鼠标不动或拖动鼠标变形时，按住Alt键，则可以将图像进行逆时针变形。使用"顺时针旋转扭曲工具"变形效果如图10-12所示。

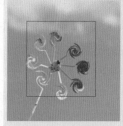

图10-12　顺时针旋转扭曲工具变形效果

- "褶皱工具" ❀：使用该工具在图像上按住鼠标不动或拖动鼠标，可以使图像产生收缩效果。它与"膨胀工具"变形效果正好相反。
- "膨胀工具" ❖：使用该工具在图像上按住鼠标不动或拖动鼠标，可以使图像产生膨胀效果。它与"褶皱工具"变形效果正好相反。

　　分别使用"褶皱工具"和"膨胀工具"对小狗眼睛按住鼠标不动进行图像收缩和膨胀的效果如图10-13所示。

图10-13　收缩和膨胀效果

- "左推工具" ⧓：主要用来移动图像像素的位置。使用该工具在图像上向上拖动，可以将图像向左推动变形，如果向下拖动，则可以将图像向右推动变形。如果按住Alt键推动，将发生相反的效果。原图与向左推动图像效果如图10-14所示。

逆时针变形

图10-14　原图与向左推动图像效果

- "冻结蒙版工具" ✎：使用该工具在图像上单击或拖动，将出现红色的冻结选区，该选区将被冻结，冻结的部分将不再受编辑的影响。
- "解冻蒙版工具" ✐：该工具用来将冻结的区域擦除，以解除图像区域的冻结。冻结效果与擦除冻结效果如图10-15所示。

图10-15　冻结与解冻效果

- "重建工具" ✍：使用该工具在变形图像上拖动，可以将指针经过处的图像恢复为使用变形工具变形前的状态。
- "抓手工具" ✋：当放大到一定程度后，预览操作区中将不能完全显示图像时，利用该工具可以移动图像的预览位置。
- "缩放工具" ⚲：在图像中单击或拖动，可以放大预览操作区中的图像。如果按住Alt键单击，可以缩小预览操作区中的图像。

2. 预览操作区

　　预览操作区除了具有预览功能，还是进行图像液化的主要操作区，使用"液化"工具栏中的工具在操作区中的图像上编辑，即可对图像进行变形操作。

3. 选项设置区

在"液化"对话框的右侧是选项设置区，主要用来设置液化的参数，并分为4个小参数区：工具选项、重建选项、蒙版选项和视图选项。下面来分别讲解这4个小参数区中选项的应用。

工具选项区如图10-16所示，选项参数说明如下。

图10-16　工具选项

- "画笔大小"：设置变形工具的笔触大小。可以直接在列表框中输入数值，也可以在打开的滑杆中拖动滑块来修改。
- "画笔密度"：设置变形工具笔触的作用范围，有些类似于"画笔工具"选项中的硬度。值越大，作用的范围就越大。
- "画笔压力"：设置变形工具对图像变形的程度。画笔的压力值越大，图像的变形越明显。
- "画笔速率"：设置变形工具对图像变形的速度。值越大，图像变形就越快。
- "光笔压力"：如果安装和数字绘图板，勾选该复选框，可以起动光笔压力效果。

重建选项区如图10-17所示，选项参数说明如下。

图10-17　重建选项

- "重建"：单击该按钮，可以重建所有未冻结图像区域，单击一次重建一部分。
- "恢复全部"：单击该按钮，可以将整个图像不管是否冻结都将恢复到变形前的效果。类似于在按Alt键的同时单击"复位"按钮。

技巧

要想将图像的变形效果全部还原，直接单击"恢复全部"按钮，图像立刻恢复到原来的状态。

蒙版选项区如图10-18所示，选项参数说明如下。

图10-18　蒙版选项区

- **选区和蒙版操作区**：该区域可以对图像预存的Alpha通道和图像选区还有透明度进行运算，以制作冻结区域。用法与选区的操作相似。
- "无"：单击该按钮，可以将蒙版去除，解冻所有冻结区域。
- "全部蒙版"：单击该按钮，可以将图像所有区域创建蒙版冻结。
- "全部反相"：单击该按钮，可以将当前冻结区变成未冻结区，而原来的未冻结区变成冻结区，以反转当前图像中的冻结与非冻结区。

视图选项区如图10-19所示，选项参数说明如下。

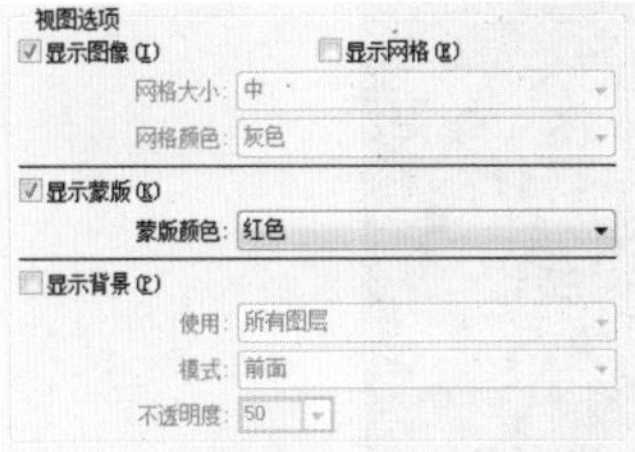

图10-19　视图选项

- "显示图像"：勾选该复选框，在预览操作区中显示图像。
- "显示网格"：勾选该复选框，将在预览操作区中显示辅助网格。可以在"网格大小"右侧的下拉列表中选择网格的大小；在"网格颜色"右侧的下拉列表中，选择网格的颜色。
- "显示蒙版"：勾选该复选框，在预览操作区中将显示冻结区域，并可以在"蒙版颜色"右侧的下拉列表中，指定冻结区域的显示颜色。
- "显示背景"：默认情况下，不管图像有多少层，"液化"滤镜只对当前层起作用。如果想变形其他层，可以在"使用"右侧的下拉列表中，指定分层图像的其他层，并可以为该层通过"模式"下拉列表来指定图层的模式。还可

以通过"不透明度"来指定图像的不透明
程度。

10.2.5 油画

使用"油画"滤镜可将图像转换为油画效果。
执行菜单栏中的"滤镜"|"油画"命令,打开"油
画"对话框。

原图与使用"油画"命令后的对比效果如
图10-20所示。

图10-20 原图与使用"油画"命令后的对比效果

- "样式化":设置画笔描边的样式化。
- "清洁度":设置画笔描边的清洁度。
- "缩放":设置画笔描边的比例。
- "硬毛刷细节":设置画笔硬毛刷细节的丰富
  程度,该值越高,毛刷纹理越清晰。
- "角方向":设置光源的方向。
- "闪亮":设置反射的闪亮,可以提高纹理的
  清晰度,产生锐化效果。

10.2.6 消失点滤镜

"消失点"滤镜对带有规律性透视效果的
图像,可以极大地加速和方便克隆复制操作。
它还填补了修复工具不能修改透视图像的空白,
可以轻松将透视图像修复。例如建筑的加高、
广场地砖的修复等。

选择要应用消失点的图像,执行菜单栏中
的"滤镜"|"消失点"命令,打开如图10-21
所示的"消失点"对话框。在对话框的左侧是
消失点工具栏,显示了消失点操作的相关工具;
对话框的顶部为工具参数栏,显示了当前工具
的相关参数;工具参数栏的下方是工具提示栏,
显示当前工具的相关使用提示;在工具提示下
方显示的是预览操作区,在此可以使用相关的
工具对图像进行消失点的操作,并可以预览到
操作的效果。

图10-21 "消失点"对话框

难 度:	★★★★
素材文件:	第10章\消失点.jpg
案例文件:	第10章\处理透视图像.jpg
视频文件:	第10章\练习10-1 利用"消失点"处理透视图像.avi

下面以一个实例来讲解"消失点"滤镜的使用方法和技巧。

01 执行菜单栏中的"文件"|"打开"命令,打开"消失点.jpg"图片,将图像打开,如图10-22所示。从图中可以看到,在图片中有两只茶杯,而地板从纹理来看带有一定的透视性。

图10-22 打开的图片

02 执行菜单栏中的"滤镜"|"消失点"命令,打开"消失点"对话框,在工具栏中确认选择"创建平面工具",在合适的位置,单击鼠标确定平面的第1个点,然后沿地板纹理的走向单击确定平面的第2个点,如图10-23所示。

图10-23 绘制第1点和第2点

03 使用"创建平面工具"继续创建其他两个点,注意创建点时的透视平面,创建第3点和第4点后,完成平面的创建,完成的效果如图10-24所示。

图10-24 创建平面

04 创建平面网格后,可以使用工具栏中的"编辑平面工具",对平面网格进行修改,可以拖动平面网格的4个角点来修改网格的透视效果,也可以拖动中间的4个控制点来缩放平面网格的大小。通过工具参数栏中的"网格大小"选项,可以修改网格的格子的大小,值越大,格子也越大;通过"角度"选项,可以修改网格的角度。图10-25所示为修改后的网格大小。

图10-25 修改平面网格大小

05 首先来看一下使用"选框工具"修改图像的方法。在"消失点"对话框的工具栏中,选择"选框工具",在图像的合适位置按住鼠标拖动绘制一个选区,可以看到绘制出的选区会根据当前平面产生透视效果。在工具参数栏中,设置"羽化"的值为3,"不透明度"的值为100,"修复"设置为"开","移动模式"设置为目标，如图10-26所示。

图10-26 绘制矩形选区

提示

在工具参数栏中，显示了该工具的相关参数，"羽化"选项可以设置图像边缘的柔和效果；"不透明度"选项可以设置图像的不透明程度，值越大越不透明；"修复"选项可以设置图像修复效果，选择"关"选项将不使用任何效果，选择"明亮度"选项将为图像增加亮度，选择"开"选项将使用修复效果；"移动模式"选项设置拖动选区时的修复模式，选择"目标"选项将使用选区中的图像复制到新位置，不过在使用时要辅助Alt键，选择"源"选项将使用源图像填充选区。

06 这里要用选区中的图像覆盖茶碗，所以在按住Alt键的同时拖动选区到茶碗位置，注意地板纹理的对齐，达到满意的效果后，释放鼠标即可，修复效果如图10-27所示。

图10-27 修复效果

07 下面来讲解使用"图章工具" 🏷 修复图像的方

法。连续按Ctrl + Z组合键，恢复刚才的选区修改前的效果，直到选区消失。效果如图10-28所示。

技巧

在"消失点"对话框中，按Ctrl + Z组合键，可以撤销当前的操作；按Ctrl + Shift + Z组合键，可以还原当前撤销的操作。

图10-28 撤销后的效果

08 在工具栏中选择"图章工具" 🏷，然后按住Alt键，在图像的合适位置单击，以获得取样图像，如图10-29所示。

图10-29 单击鼠标取样

提示

选择"图章工具"后，可以在工具参数栏中，设置相关的参数选项。"直径"控制图章的大小，也可以直接按键盘中的 [和] 键来放大或缩小图章；"硬度"用来设置图章的柔化程度；"不透明度"设置图章仿制图像的不透明程度；如果勾选"对齐"复选框，可以采用对齐的方式仿制图像。

09 取样后释放辅助键并移动鼠标，可以看到根据直径大小显示的取样图像，并且移动指针时，可以看到图像根据当前平面的透视产生不同的变形效果。这里注意地板纹理的对齐，然后按住鼠标拖动，即可将图像修复，修复完成后，单击"确定"按钮，即可完成对图像的修改。修复完成的效果如图10-30所示。

图10-30　修复后的效果

10.3　重点滤镜案例制作

下面通过个实例讲解常用及重点滤镜的实战应用技巧。

通过"凸出"表现三维特效 **重点**

难　度:	★ ★
素材文件:	无
案例文件:	第10章 \ 表现三维特效 .psd
视频文件:	第10章\练习10-2　通过"凸出"表现三维特效 .avi

　　本例主要讲解通过"凸出"滤镜表现三维特效背景，制作出个性视觉效果。

01 执行菜单栏中的"文件"|"新建"命令，在弹出的对话框中设置"宽度"为680像素，"高度"为480像素，"分辨率"为150像素，"颜色模式"为RGB颜色，"背景内容"设置为白色的画布。

02 选择工具箱中的"渐变工具" ■，设置颜色为从白色到灰色（C: 53; M: 44; Y: 42; K: 0）的径向渐变。从画布的中心向外拖动鼠标填充渐变，如图10-31所示。

图10-31　径向渐变

图10-31　径向渐变（续）

图10-32　新建图层

03 单击"图层"面板下方的"创建新图层"按钮 ■，新建图层，如图10-32所示。选择工具箱中的"椭圆选框工具" ○，在画布中绘制一个正圆选区，如图10-33所示。

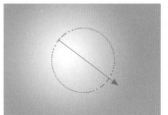

图10-33　绘制选区

04 选择工具箱中的"渐变工具" ■，设置颜色为从白色到橘黄色（C: 3; M: 32; Y: 90; K: 0）的径向渐变，从选区左上角向右下角拖动鼠标并填充渐变，如图10-34所示。

195

图10-34　添加渐变

05 单击"图层"面板下方的"添加图层样式"按钮 fx，在弹出的菜单中选择"内阴影"命令，打开"图层样式"|"内阴影"对话框，单击"确定"按钮，如图10-35所示。

图10-35　内阴影参数设置与效果

06 勾选"斜面和浮雕"复选框，设置"样式"为外斜面，"方法"为雕刻清晰，"深度"为100%，"方向"为下，"大小"为25像素。单击"确定"按钮，如图10-36所示。

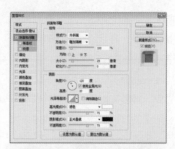

图10-36　斜面和浮雕参数设置与效果

图10-37　新建图层

07 单击"图层"面板下方的"创建新图层"按钮 □ 新建图层，如图10-37所示。选择工具箱中的"矩形选框工具" □，在画布中绘制一个矩形选区，如图10-38所示。

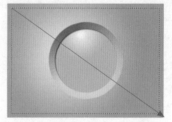

图10-38　绘制选区

08 使用Shift + F6组合键，打开"羽化"对话框，设置"羽化半径"为5像素。单击"确定"按钮，如图10-39所示。按Shift + Ctrl + I组合键反选，并将其填充为黑色，如图10-40所示。

图10-39 设置参数

图10-40 填充黑色

09 按Shift + Ctrl + Alt + E组合键盖印可见图层，如图10-41所示。执行菜单栏中的"滤镜"|"风格化"|"凸出"命令，打开"凸出"对话框，设置"类型"为块，"大小"为25像素，"深度"为30。单击"确定"按钮，如图10-42所示。

图10-41 盖印图层

图10-42 设置参数

10 最后再配上相关的装饰，完成本例的制作。完成效果如图10-43所示。

图10-43 完成效果

练习10-3 利用"波纹"制作拍立得艺术风格相框

难　度：★ ★ ★
素材文件：第 10 章 \ 越野车 .jpg
案例文件：第 10 章 \ 拍立得艺术风格相框 .psd
视频文件：第 10 章 \ 练习 10-3　利用"波纹"制作拍立得艺术风格相框 .avi

　　本例主要讲解利用"波纹"滤镜制作拍立得艺术风格相框。

01 执行菜单栏中的"文件"|"新建"命令，在弹出的对话框中设置"宽度"为640像素，"高度"为480像素，"分辨率"为300像素，"颜色模式"为RGB颜色，"背景内容"设置为白色的画布，如图10-44所示。

图10-44 新建文件

02 最执行菜单栏中的"文件"|"打开"命令，打开"越野车.jpg"图片。使用"移动工具"，将其移动到新建画布中，然后缩小到合适的大小，如图10-45所示。

图10-45 拖入素材

03 在"图层"面板中单击"创建新图层"按钮
🗅，新建图层——图层2，如图10-46所示。选择
工具箱中的"矩形选框工具"🔲，在画布中绘制
一个矩形选区，如图10-47所示。

图10-46 新建图层

图10-47 绘制选区

04 将前景色设置为黑色，然后按Alt + Delete组
合键填充选区。在按Ctrl键的同时在"图层1"图
层缩览图位置单击载入选区，确认选择"图层
2"，如图10-48所示，按Delete键将选区中的黑
色删除，如图10-49所示。

图10-48 建立选区

图10-49 删除图像

05 在"图层"面板中，选择"图层2"。执行菜
单栏中的"滤镜"|"扭曲"|"波纹"命令，打开
"波纹"对话框并设置参数。单击"确定"按钮，
如图10-50所示。最后添加装饰完成效果如图
10-51所示。

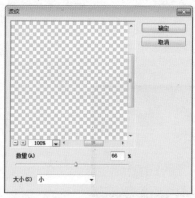

图10-50 "扭曲"滤镜

图10-51 完成效果

练习10-4 以"铬黄渐变"表现液态金属质感

难　　度：★★

素材文件：无

案例文件：第10章\液态金属质感.psd

视频文件：第10章\练习10-4　以"铬黄渐变"表现液态金属质感.avi

本例主要讲解以"铬黄渐变"滤镜表现液态金属质感效果。

01 执行菜单栏中的"文件"|"新建"命令，在弹出的对话框中设置"宽度"为900像素，"高度"为709像素，"分辨率"为300像素，"颜色模式"为RGB颜色，"背景内容"设置为白色的画布，如图10-52所示。

图10-52　新建文件

02 执行菜单栏中的"滤镜"|"渲染"|"云彩"命令，应用云彩效果，如图10-53所示。

图10-53　应用"云彩"

03 执行菜单栏中的"滤镜"|"模糊"|"径向模糊"命令，打开"径向模糊"对话框，设置"数量"为59，单击"确定"按钮，如图10-54所示。

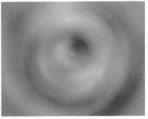

图10-54　"径向模糊"设置与效果

04 执行菜单栏中的"滤镜"|"滤镜库"|"素描"|"基底凸现"命令，打开"基底凸现"对话框并设置参数，单击"确定"按钮，如图10-55所示。

图10-55　"基底凸现"滤镜

05 执行菜单栏中的"滤镜"|"滤镜库"|"素描"|"铬黄渐变"命令，打开"铬黄渐变"对话框，设置参数，如图10-56所示。

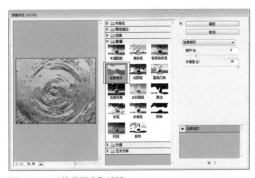

图10-56　"铬黄渐变"滤镜

06 执行菜单栏中的"图像"|"调整"|"色相/饱和度"命令，打开"色相/饱和度"对话框，设置"色相"为216，"饱和度"为29，"明度"为-1，单击"确定"按钮，如图10-57所示。

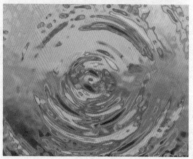

图10-57 调整"色相/饱和度"及效果

07 执行菜单栏中的"图像"|"调整"|"色阶"命令,打开"色阶"对话框并设置参数,单击"确定"按钮,如图10-58所示。最后添加装饰物,完成该效果,完成效果如图10-59所示。

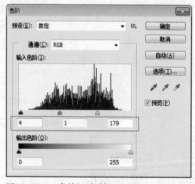

图10-58 "色阶"对话框

图10-59 完成效果

难　度:★★★

素材文件:无

案例文件:第10章\制作具有真实效果的花岗岩纹理.psd

视频文件:第10章\练习10-5 利用"网状"制作具有真实效果的花岗岩纹理.avi

本例主要讲解利用"网状"滤镜制作具有真实效果的花岗岩纹理效果。

01 执行菜单栏中的"文件"|"新建"命令,在弹出的对话框中设置"宽度"为640像素,"高度"为480像素,"分辨率"为150像素,"颜色模式"为RGB颜色,"背景内容"设置为白色的画布,如图10-60所示。

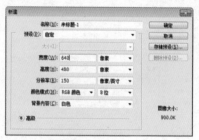

图10-60 新建文件

02 将前景色和背景色设置为默认的黑色和白色,执行菜单栏中的"滤镜"|"渲染"|"云彩"命令,添加云彩滤镜,如图10-61所示。

图10-61 添加"云彩"滤镜

03 执行菜单栏中的"滤镜"|"风格化"|"查找边缘"命令,添加查找边缘滤镜,如图10-62所示。

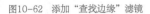

图10-62 添加"查找边缘"滤镜

04 执行菜单栏中的"图像"|"调整"|"色阶"命令,打开"色阶"对话框,设置"输入色阶"的值分别为(229,1,255),单击"确定"按钮,如图10-63所示。

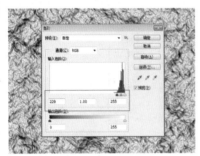

图10-63 调整"色阶"

05 执行菜单栏中的"滤镜"|"滤镜库"|"素描"|"网状"命令,打开"网状"对话框,设置"浓度"值为16,"前景色阶"的值为18,"背景色阶"的值为8,单击"确定"按钮,如图10-64所示。

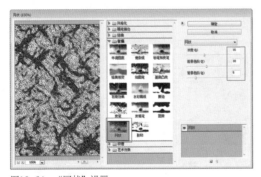

图10-64 "网状"设置

06 执行菜单栏中的"图像"|"调整"|"反相"命令,或按Ctrl + I 组合键将图像反相,如图10-65所示。

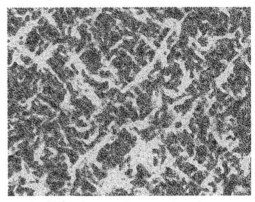

图10-65 反相

07 单击"图层"面板下方的"创建新图层"按钮,新建图层——图层1,如图10-66所示。

08 设置前景色为深蓝色(C:81,M:71,Y:32,K:68),背景色为深褐色(C:58,M:56,Y:51,K:87)。执行菜单栏中的"滤镜"|"渲染"|"云彩"命令,应用云彩滤镜,如图10-67所示。

图10-66 新建图层　　图10-67 "云彩"滤镜

09 在"图层"面板中,将"图层1"的混合模式设置为"叠加","不透明度"设置为70%,如图10-68所示。最后再配上相关的装饰,完成本例的制作,完成效果如图10-69所示。

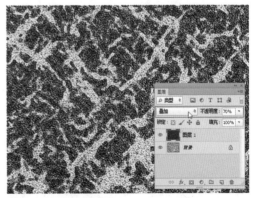

图10-68 设置图层参数

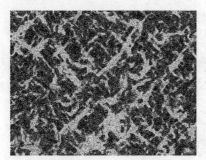

图10-69　完成效果

练习10-6 利用"染色玻璃"制作彩色方格背景

难　　度：★★
素材文件：无
案例文件：第10章\彩色方格背景.psd
视频文件：第10章\练习10-6　利用"染色玻璃"制作彩色方格背景.avi

　　本例主要讲解利用"染色玻璃"滤镜制作具有彩色方格背景效果。

01 执行菜单栏中的"文件"|"新建"命令，在弹出的对话框中设置"宽度"为840像素，"高度"为640像素，"分辨率"为300像素，"颜色模式"为RGB颜色，"背景内容"设置为白色的画布。

02 执行菜单栏中的"滤镜"|"杂色"|"添加杂色"命令，打开"添加杂色"对话框并设置参数，单击"确定"按钮，如图10-70所示。

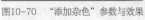

图10-70　"添加杂色"参数与效果

03 执行菜单栏中的"滤镜"|"像素化"|"晶格

化"命令，打开"晶格化"对话框，设置"单元格大小"为80，单击"确定"按钮，如图10-71所示。

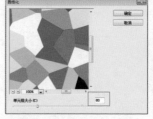

图10-71　"晶格化"设置与效果

04 执行菜单栏中的"滤镜"|"杂色"|"添加杂色"命令，打开"添加杂色"对话框并设置参数，单击"确定"按钮，如图10-72所示。

图10-72　"添加杂色"设置与效果

05 执行菜单栏中的"滤镜"|"杂色"|"中间值"命令，打开"中间值"对话框，设置"半径"为70像素，单击"确定"按钮，如图10-73所示。

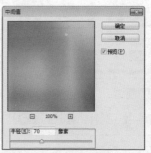

图10-73　"中间值"设置与效果

06 将前景色设置为白色，执行菜单栏中的"滤镜"|"滤镜库"|"纹理"|"染色玻璃"命令，打

开"染色玻璃"对话框并设置参数，单击"确定"按钮，如图10-74所示。最后再配上相关的装饰，完成本例的制作，完成效果如图10-75所示。

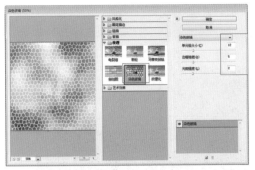

图10-74 "染色玻璃"对话框

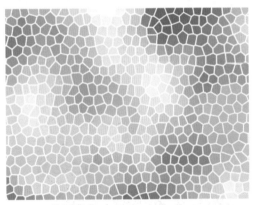

图10-75 完成效果

练习10-7 以"分层云彩"塑造闪电奇观 重点

难 度：	★★★★
素材文件：	第10章\闪电背景.jpg
案例文件：	第10章\塑造闪电奇观.psd
视频文件：	第10章\练习10-7 以"分层云彩"塑造闪电奇观.avi

本例主要讲解利用"分层云彩"制作闪电效果。具体操作步骤如下。

01 执行菜单栏中的"文件"|"打开"命令，打开"闪电背景.jpg"图片。

02 在"图层"面板中，将"背景"层复制一份背景副本。

03 执行菜单栏中的"滤镜"|"模糊"|"径向模糊"命令，打开"径向模糊"对话框，设置"数量"为80，勾选"缩放"单选按钮，单击"确定"按钮，如图10-76所示。

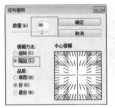

图10-76 "径向模糊"设置与效果

04 将"背景 副本"的混合模式设置为"正片叠底"，"不透明度"设置为40%，如图10-77所示。

图10-77 图层属性设置

05 在"图层"面板中，新建一个"图层1"。按D键恢复默认前景色和背景。执行菜单栏中的"滤镜"|"渲染"|"云彩"命令，添加云彩效果如图10-78所示。

图10-78 添加云彩

06 执行菜单栏中的"滤镜"|"渲染"|"分层云彩"命令添加分层云彩滤镜。如果效果不满意可以多次按Ctrl+F组合键加强效果，如图10-79所示。

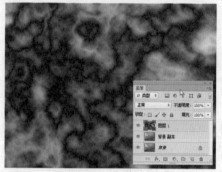

图10-79 多次滤镜效果

07 执行菜单栏中的"图像"|"调整"|"色阶"命令，打开"色阶"对话框，将参数分别设置为（30，0.75，175），单击"确定"按钮，如图10-80所示。

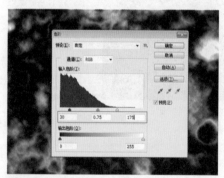

图10-80 调整色阶

08 在"图层"面板中，将"图层1"的混合模式设置为"颜色减淡"，如图10-81所示。

图10-81 设置图层混合模式

09 按Ctrl + T组合键将"图层1"选中，并进行适当的调整，然后在画布中单击，在弹出的快捷菜单中选择"透视"命令，将其适当透视变形，按Enter键确认应用，如图10-82所示。

图10-82 透视变形

10 选择工具箱中的"橡皮擦工具" ，将"图层1"不需要的部分擦除，如图10-83所示。

图10-83 使用"橡皮擦"前后效果

11 选择"通道"面板，按住Ctrl 键不放，然后在红色通道缩览图上单击载入选区。按Shift + Ctrl + l组合键将其反选，如图10-84所示。

12 执行菜单栏中的"选择"|"修改"|"羽化"命令，打开"羽化"对话框，设置"羽化半径"为

10像素，单击"确定"按钮，如图10-85所示。

图10-84 反选选区

图10-85 羽化选区

13 按Ctrl +L组合键，打开"色阶"对话框并设置参数，设置完成后单击"确定"按钮，如图10-86所示。

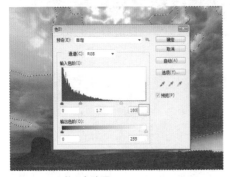

图10-86 调整"色阶"

14 在"图层"面板中，新建图层——图层2。选择工具箱中的"矩形选框工具" ⬚ 在画布中绘制一个矩形选区，如图10-87所示。

图10-87 绘制选区

15 选择工具箱中的"渐变工具" ▣，设置颜色为从黑色到白色的线性渐变，从矩形选区的左侧向右侧拖动鼠标并填充渐变，如图10-88所示。

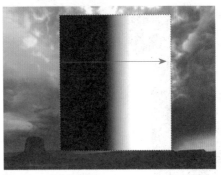

图10-88 建立线性渐变

16 执行菜单栏中的"滤镜"|"渲染"|"分层云彩"命令，应用分层云彩，如图10-89所示。

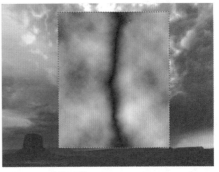

图10-89 分层云彩

17 执行菜单栏中的"图像"|"调整"|"反相"命令，将图像反相，如图10-90所示。

18 执行菜单栏中的"图像"|"调整"|"色阶"命令，打开"色阶"对话框，打开"色阶"对话

框，将参数分别设置为（77，0.15，255），如图10-91所示，单击"确定"按钮。

图10-90　"反相"图像

图10-91　调整"色阶"

19　将"图层2"的混合模式设置为"滤色"。选择工具箱中的"橡皮擦工具" ，设置合适的大小，然后将"图层2"中不需要的部分擦除，如图10-92所示。

图10-92　使用橡皮擦

20　按Ctrl + T组合键，将"图层2"缩小并放置到合适的位置，如图10-93所示。

图10-93　调整闪电

21　将"图层2"复制多份，然后缩小和旋转一定的角度并分别放置到合适的位置，如图10-94所示。最后再配上相关的装饰，完成本例的制作，完成效果如图10-95所示。

图10-94　复制图层

图10-95　完成效果

难　　度：★★

素材文件：无

案例文件：第10章\表现毛玻璃质感.psd

视频文件：第10章\练习10-8　以"塑料包装"表现毛玻璃质感.avi

本例主要讲解以"塑料包装"表现毛玻璃质感效果。

01 执行菜单栏中的"文件"|"新建"命令，在弹出的对话框中设置"宽度"为640像素，"高度"为480像素，"分辨率"为150像素，"颜色模式"为RGB颜色，"背景内容"设置为白色的画布，如图10-96所示。

图10-96　新建文件

02 设置前景色为黑色，背景色为白色，执行菜单栏中的"滤镜"|"渲染"|"云彩"命令添加云彩效果，如图10-97所示。

图10-97　添加"云彩"

03 执行菜单栏中的"滤镜"|"渲染"|"分层云彩"命令添加分层云彩效果，如图10-98所示。

按Ctrl + F组合键3次，重复使用使"分层云彩"滤镜使效果更加强烈，如图10-99所示。

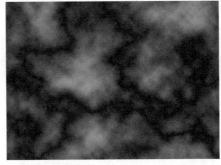

图10-98　滤镜效果

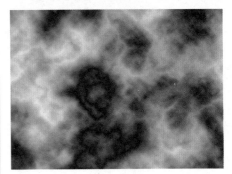

图10-99　多次使用滤镜

04 执行菜单栏中的"滤镜"|"渲染"|"光照效果"命令，打开"光照效果"对话框，设置光照颜色为橘黄色（C: 0; M: 63; Y: 91; K: 0），"光照类型"为无限光，单击"确定"按钮，如图10-100所示。

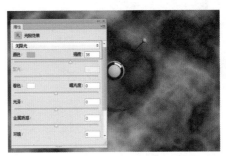

图10-100　光照效果

05 执行菜单栏中的"滤镜"|"滤镜库"|"艺术效果"|"塑料包装"命令，打开"塑料包装"对话框，设置"高光强度"为20，"细节"为15，"平滑度"为15，单击"确定"按钮，如图10-101所示。

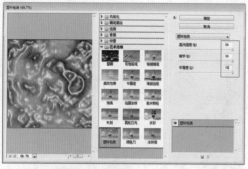

图10-101 "塑料包装"对话框

06 执行菜单栏中的"滤镜"|"扭曲"|"波纹"命令，打开"波纹"对话框，设置"数量"为999%，"大小"为中，单击"确定"按钮，如图10-102所示。

图10-102 "波纹"设置与效果

07 执行菜单栏中的"滤镜"|"滤镜库"|"扭曲"|"玻璃"命令，打开"玻璃"对话框，设置"扭曲度"为20，"平滑度"为7，"缩放"为70%，单击"确定"按钮，如图10-103所示。

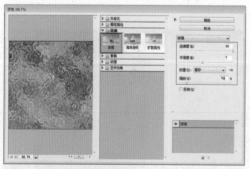

图10-103 "玻璃"设置与效果

08 执行菜单栏中的"滤镜"|"渲染"|"光照效果"命令，打开"光照效果"对话框，设置光照颜色为土黄色（C：63；M：53；Y：100；K：10），如图10-104所示。

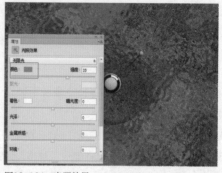

图10-104 光照效果

09 执行菜单栏中的"图像"|"调整"|"色阶"命令，打开"色阶"对话框，将参数分别设置为（0，0.76，150），单击"确定"按钮，如图10-105所示。

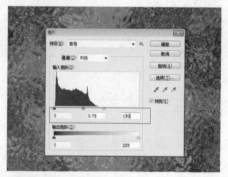

图10-105 调整"色阶"

10 再配上相关的装饰，完成本例的制作，完成效果如图10-106所示。

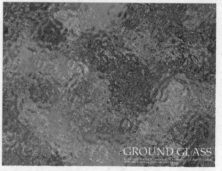

图10-106 完成效果

10.4 知识拓展

本章主要对 Photoshop 的滤镜进行了详细的讲解，特别是滤镜的整体把握，包括滤镜的使用规则、注意事项、普通滤镜与智能滤镜的区别等，还将特殊滤镜的使用加以阐述，重点掌握滤镜在案例中的应用技巧。

10.5 拓展训练

本章通过 3 个课后习题，帮助读者对 Photoshop 内置滤镜的使用进行巩固，熟悉滤镜的应用技巧。

训练10-1 利用"查找边缘"制作具有丝线般润滑背景

◆实例分析

本例主要讲解利用"查找边缘"滤镜制作具有丝线般润滑背景效果。最终效果如图 10-107 所示。

难　度：★★
素材文件：无
案例文件：第 10 章 \ 制作具有丝线般润滑背景 .psd
视频文件：第 10 章 \ 训练 10-1　利用"查找边缘"制作具有丝线般润滑背景 .avi

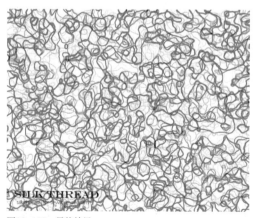

图10-107　最终效果

◆本例知识点

1．添加杂色
2．点状化
3．查找边缘

训练10-2 利用"镜头光晕"制作游戏光线背景

◆实例分析

本例主要讲解利用"镜头光晕"滤镜制作游戏光线背景效果。最终效果如图 10-108 所示。

难　度：★★
素材文件：无
案例文件：第 10 章 \ 游戏光线背景 .psd
视频文件：第 10 章 \ 训练 10-2　利用"镜头光晕"制作游戏光线背景 .avi

图10-108　最终效果

◆本例知识点

1．镜头光晕
2．铜板雕刻
3．旋转扭曲

训练10-3 利用"晶格化"打造时尚
个性熔岩插画效果

◆实例分析

　　本例主要讲解利用"晶格化"滤镜打造时尚个性熔岩插画效果。最终效果如图10-109所示。

难　　度：★★
素材文件：无
案例文件：第10章\打造时尚个性熔岩插画效果 .psd
视频文件：第10章\训练10-3　利用"晶格化"打造时尚个性熔岩插画效果 .avi

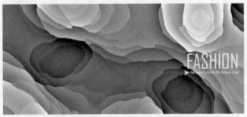

图10-109　最终效果

◆本例知识点

1．云彩
2．晶格化
3．调色刀

第**4**篇

实战篇

第**11**章

数码照片处理秘技

常言道：爱美之心，人皆有之。将自己的照片进行美化处理及制作成艺术的写真效果，也许是很多人都想要的。本章通过几个具体的实例，来满足这种需要，跟随这些设计，就可以让普通照片变得更加靓丽。

教学目标

学习蓝宝石眼睛的处理

学习彩色眼影效果的处理

掌握甜蜜回忆写真的制作技巧

掌握艺术照片的处理技巧

◆ 实例分析

　　本例主要讲解为人物打造蓝宝石眼睛效果，主要使用图层混合模式来制作，让图像中人物眼睛变得更加迷人。处理前后效果对比如图11-1所示。

难　度：★ ★
素材文件：第 11 章 \ 模特 02.jpg
案例文件：第 11 章 \ 蓝宝石眼睛效果 .psd
视频文件：第 11 章 \11-1　打造蓝宝石眼睛效果 .avi

图11-1　处理前后效果对比

◆ 本例知识点

1. 椭圆选框工具 ⬭
2. "羽化"命令
3. 颜色图层混合模式

◆ 操作步骤

01 执行菜单栏中的"文件" | "打开"命令，打开"模特02.jpg"文件。

02 按F7键打开"图层"面板，单击面板底部的"创建新图层"按钮 ，创建一个新图层"图层1"图层。

03 单击工具箱中的"设置前景色"色块，在打开的"拾色器（前景色）"对话框中，设置前景色为粉色（C:100；M:80；Y:0；K:0）。

04 选择工具箱中的"椭圆选框工具" ⬭，如图11-2所示。

图11-2　选择工具

05 在选项栏中单击选中"添加到选区"按钮 ，设置"样式"为"正常"，如图11-3所示。

图11-3　选项栏设置

06 使用设置好的"椭圆选框工具" ⬭，在图像中人物眼睛瞳孔上方各绘制一个椭圆形选框，如图11-4所示。

图11-4　绘制圆形选区

07 按Shift+F7组合键打开"羽化选区"对话框，设置"羽化半径"为4像素，单击"确定"按钮，如图11-5所示。

图11-5 羽化设置

08 按Alt+Delete组合键为选区填充前景色，按Ctrl+D组合键取消选区，填充效果如图11-6所示。

图11-6 填充颜色

09 在"图层"面板中，设置"图层1"的图层混合模式为"颜色"，如图11-7所示。

图11-7 图层模式

10 使选择工具箱中的"橡皮擦工具" ，如图11-8所示。

图11-8 选择工具

11 在选项栏中单击"点按可打开'画笔预设'选取器"按钮，在打开的"'画笔预设'选取器"中设置笔刷为"大小"20像素的柔边缘笔刷，设置"不透明度"为100%，"流量"为100%，如图11-9所示。

图11-9 画笔设置

12 使用设置好的"橡皮擦工具"将人物上眼睑部位多余的蓝色图像擦除，完成制作，最终效果如图11-10所示。

图11-10 最终效果

11.2 打造彩色眼影效果

◆实例分析

　　本例主要讲解打造彩色眼影效果。首先使用钢笔工具勾选眼部路径，将路径转换为选区后填充不同的颜色，然后修改图层混合模式和不透明度制作出彩色眼影效果。处理前后效果对比如图11-11所示。

难　　　度： ★ ★ ★
素材文件：第 11 章 \ 模特 07.jpg
案例文件：第 11 章 \ 彩色眼影 .psd
视频文件：第 11 章 \11-2　打造彩色眼影效果 .avi

图11-11　处理前后效果对比

◆本例知识点

1．钢笔工具
2．"高斯模糊"命令
3．叠加图层混合模式

◆操作步骤

01 执行菜单栏中的"文件"|"打开"命令，打开"模特07.jpg"文件。

02 按F7键打开"图层"面板，单击面板底部的"创建新图层"按钮 🔲，创建一个新图层"图层1"。

03 选择工具箱中的"钢笔工具" ✐，如图11-12所示。

图11-12　钢笔工具

04 在选项栏中设置"选择工具模式"为"路径"，如图11-13所示。

图11-13　设置工具模式

05 使用设置好的"钢笔工具" ✐在图像中人物眼皮上各绘制一个封闭选区，如图11-14所示。

图11-14　绘制路径

06 单击工具箱下方的"设置前景色"色块，在打开的"前景色（拾色器）"中，设置前景色为红色（C:20；M:90；Y:0；K:0）。

07 按Ctrl+Enter组合键将路径快速转换为选区，如图11-15所示。

图11-15　转换为选区

08 按Alt+Delete组合键将选区填充为前景色，按Ctrl+D组合键取消选区，如图11-16所示。

图11-16　填充颜色

09 使用上述方法在图像中人物眼皮上再次绘制两个封闭选区，并填充颜色为蓝色（C:60；M:0；Y:0；K:0），如图11-17所示。

图11-17　绘制路径并填充

10 再次在图像人物的眼皮上绘制两条封闭路径，并填充为绿色（C:35；M:15；Y:60；K:0），如图11-18所示。

图11-18　绘制路径并填充

11 执行菜单栏中的"滤镜"|"模糊"|"高斯模糊"命令，在打开的"高斯模糊"对话框中设置模糊的"半径"为3像素，单击"确定"按钮，如图11-19所示。

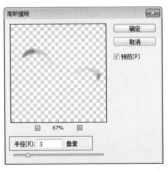

图11-19　设置高斯模糊

12 在"图层"面板中设置"图层1"的图层混合模式为"叠加"，"不透明度"为60%，如图11-20所示。

图11-20 设置图层参数

13 设置完成后，结束本实例的制作，最终效果如图11-21所示。

图11-21 最终效果

11.3 让头发充满光泽

◆实例分析

　　本例主要讲解将头发处理得更加有光泽。首先创建新图层并填充黑色，然后修改图层混合模式，再使用"画笔工具"并设置合适的笔触，为发头添加高光，完成最终效果。处理前后效果对比如图11-22所示。

难　　度：	★★
素材文件：	第11章\模特08.jpg
案例文件：	第11章\让头发充满光泽.psd
视频文件：	第11章\11-3 让头发充满光泽.avi

图11-22 处理前后效果对比

◆本例知识点

1．画笔工具 ✏
2．"高斯模糊"命令
3．颜色减淡图层混合模式

◆操作步骤

01 执行菜单栏中的"文件"|"打开"命令，打开"模特08.jpg"文件。

02 按F7键打开"图层"面板，单击面板底部的"创建新图层"按钮 🔳，创建一个新图层"图层1"图层。

03 单击工具箱下方的"设置前景色"色块，在打开的"拾色器（前景色）"对话框中设置前景色为黑色，如图11-23所示。

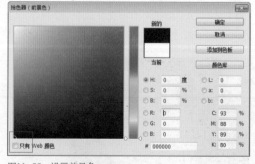

图11-23 设置前景色

04 按Alt+Delete组合键快速将"图层1"图层填充为前景色，在"图层"面板中设置"图层1"图层混合模式为"颜色减淡"，如图11-24所示。

图11-24 设置混合模式

05 选择工具箱中的"画笔工具" ，如图11-25所示。

图11-25 画笔工具

06 在选项栏中设置"画笔工具"的笔刷为"大小"60像素的柔边缘笔刷，设置"不透明度"为30%，"流量"为70%，如图11-26所示。

图11-26 设置画笔工具

07 将前景色设置为白色，使用设置好的"画笔工具"在图像中人物头发的高光区域进行涂抹，可以看到涂抹过的区域变亮了，如图11-27所示。

08 继续使用"画笔工具"在图像中人物头发上的其他高光区域进行涂抹，添加头发高光效果，完成本实例的制作，最终效果如图11-28所示。

图11-27 添加高光

图11-28 最终效果

11.4 甜蜜回忆

◆ 实例分析

本实例制作甜蜜回忆效果，将多幅效果通过图钉的形式钉在砖墙上，制作出类似回忆的墙帖效果，使整个画面充满回忆感觉。最终效果如图 11-29 所示。

难　　度：★★★
素材文件：第 11 章 \ 甜蜜回忆
案例文件：第 11 章 \ 甜蜜回忆 .psd
视频文件：第 11 章 \11-4　甜蜜回忆 .avi

图11-29 最终效果

◆ 本例知识点

1. 矩形选框工具
2. "贴入"命令
3. 图层样式

11.4.1 制作写真背景

01 执行菜单栏中的"文件"|"打开"命令，打开"砖头背景.jpg"和"百合花.psd"文件，使用"移动工具" ▶将百合花拖动到砖头背景画布中，放置到画布中合适的位置，效果如图11-30所示。

图11-30 添加百合花

02 创建新图层——图层1。设置前景色为白色，选择工具箱中的"画笔工具" ✔，设置合适的笔触大小，在画布中多次单击绘制出白色圆点，效果如图11-31所示。

图11-31 添加圆点

03 创建新图层——图层2。选择工具箱中的"矩形选框工具" ▢，在画布中绘制一个矩形选区，然后将其填充为白色，效果如图11-32所示。

图11-32 绘制矩形

04 选择"图层2"。单击"图层"面板下方的"添加图层样式"按钮 fx，在弹出的菜单中选择"投影"命令，打开"图层样式"|"投影"对话框，设置"颜色"为黑色，其他参数保持默认，效果如图11-33所示。

图11-33 添加投影

05 将白色矩形复制三份，然后缩小并旋转一定的角度，并放置到画布中右侧的位置，效果如图11-34所示。

图11-34 复制矩形并调整

11.4.2 添加人物及文字

01 执行菜单栏中的"文件"|"打开"命令，打开"甜蜜1.jpg""甜蜜2.jpg""甜蜜3.jpg"和"甜蜜4.jpg"文件。

02 选择甜蜜1画布，按Ctrl + A组合键全选，再按Ctrl + C组合键复制。切换到砖头背景画布中，选择工具箱中的"矩形选框工具" ▢，在左侧大白色矩形上绘制一个矩形选区，如图11-35所示。

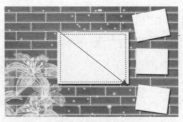

图11-35 绘制矩形选区

03 执行菜单栏中的"编辑"|"选择性粘贴"|"贴入"命令，将甜蜜1照片贴入到白色矩形中并进行适当的缩放，效果如图11-36所示。

04 使用同样的方法将其他照片贴入，并缩放到合适的大小，效果如图11-36所示。

图11-36　贴入照片并调整效果

提示

如果使用"矩形选框工具"不容易选择，可以使用"多边形套索工具" ✓ 来选择。

图11-37　同样的方法贴入

05 创建新图层——图层7。选择工具箱中的"椭圆选框工具" ○ ，在画布中绘制一个圆形选区，将其填充为红色（C：33；M：100；Y：88；K：0），效果如图11-38所示。

图11-38　添加圆形并填充颜色

06 单击"图层"面板下方的"添加图层样式"按钮 fx ，在弹出的菜单中选择"斜面和浮雕"命令，打开"图层样式"|"斜面和浮雕"对话框，将参数保持默认，效果如图11-39所示。

07 将"图层7"即圆形选区复制多份，然后缩小到合适的大小并分别放置到其他照片上边缘中心的位置，效果如图11-40所示。

图11-39　添加斜面和浮雕

图11-40　复制并缩小

08 执行菜单栏中的"文件"|"打开"命令，打开"甜蜜回忆文字.psd"文件，使用"移动工具" ⊕ 将"甜蜜回忆"拖动到砖头背景画布中并适当缩放，效果如图11-41所示。

图11-41　添加文字素材

09 单击"图层"面板下方的"添加图层样式"按钮 fx ，在弹出的菜单中选择"投影"命令，打开"图层样式"|"投影"对话框，设置颜色为黑色，将参数保持默认，单击"确定"按钮。这样就完成了甜蜜回忆的整个效果，如图11-42所示。

图11-42　最终效果

11.5 知识拓展

本章主要对数码照片艺术处理进行了详细的讲解，通过几个简单的实例，向读者展现了 Photoshop 在数码照片处理方面的特长，帮助读者掌握数码照片的处理技巧。

11.6 拓展训练

本章通过 3 个课后习题，将数码照片基础美化及艺术化拼贴处理进行了详细的剖析，使读者掌握这些技能。

训练11-1 打造高鼻梁效果

◆实例分析

本例主要讲解打造高鼻梁效果。由于光线原因、化妆或是本身的原因，照片中鼻子上的高光不是很明显，这样会显得鼻梁较低，此时可以在 Photoshop 中将其处理成高鼻梁效果。处理前后效果对比如图 11-43 所示。

难　度：	★
素材文件：	第 11 章 \ 模特 03.jpg
案例文件：	第 11 章 \ 高鼻梁效果 .psd
视频文件：	第 11 章 \ 训练 11-1　打造高鼻梁效果 .avi

图11-43　处理前后效果对比

◆本例知识点

1．矩形选框工具
2．变换选区
3．"高斯模糊"命令

训练11-2 打造粉色诱人唇彩效果

◆实例分析

本例主要讲解打造诱人的唇彩效果。拥有一张漂亮的亮唇是大多数女孩所渴望的，本例主要利用调整图层打造出一张漂亮的亮唇。处理前后效果对比如图 11-44 所示。

难　度：	★ ★
素材文件：	第 11 章 \ 模特 04.jpg
案例文件：	第 11 章 \ 诱人唇彩 .psd
视频文件：	第 11 章 \ 训练 11-2　打造粉色诱人唇彩效果 .avi

图11-44　处理前后效果对比

图11-44 处理前后效果对比（续）

◆本例知识点

1．套索工具 ◻
2．选区的填充
3．"柔光"混合模式

训练11-3 美女艺术写真

◆实例分析

　　本实例主要制作的是美女艺术写真效果。设计的风格温馨、甜蜜、浪漫，在本实例的制作过程中，学习"色相/饱和度"调整图像色彩，

学习使用"橡皮擦工具"，以及利用"图层蒙版"抠图方法，掌握利用"图层样式"制作特效的技巧。最终效果如图11-45所示。

难　　度：★★★★
素材文件：第11章\美女艺术写真
案例文件：第11章\美女艺术写真.psd
视频文件：第11章\训练11-3　美女艺术写真.avi

图11-45　最终效果

◆本例知识点

1．魔术橡皮擦工具 🖌
2．缩放工具 🔍
3．"色相/饱和度"命令

第 **12** 章

创意设计艺术合成表现

创意设计及艺术合成表现就是使用软件将两个以上的素材合并为统一连贯的图像。这个合成过程非常复杂,不仅涉及许多的技术和方法,还考验工作者的艺术思维能力,因此专业的合成人员不仅要有较深的艺术修为,还得对技术有深刻的理解和熟练使用能力。本章以多个具有代表性的实例为基础,向读者讲述了特效合成的方法和技巧。

教学目标

了解特效合成的含义

学习特效的不同制作方法

掌握图像的合成及处理技巧

扫码观看本章
案例教学视频

◆实例分析

　　本设计充分采用了比喻的手法来表现主题，将奶花与油漆的相似点联系在一起，借用相似之处进行发挥放大，进而形成了美丽的喷溅花朵，达成了媒体创意点，让它超越了一般油漆喷溅的束缚。画面简洁，表达清晰，在原有基础上有所升华，视觉表现突破常规模式，使整个画面变得更有回味。最终效果如图12-1所示。

难　　度： ★ ★ ★ ★ ★
素材文件：第12章 \ 怒放的油漆特效表现
案例文件：第12章 \ 怒放的油漆特效表现 .psd
视频文件：第12章 \12-1　怒放的油漆特效表现 .avi

图12-1　完成效果

◆本例知识点

1．渐变工具 ▣
2．"添加杂色"命令
3．"光照效果"命令
4．"色相 / 饱和度"命令

12.1.1　制作纹理背景

01 执行菜单栏中的"文件"|"新建"命令，打开"新建"对话框，设置"宽度"为130毫米，"高度"为160毫米，"分辨率"为300像素/英寸，"颜色模式"为RGB颜色，"背景内容"为白色。

02 选择工具箱中的"渐变工具" ▣，单击选项栏中的"点按可编辑渐变"区域 ▰，打开"渐变编辑器"对话框，编辑从白色到黑色的渐变。

03 单击选项栏中的"径向渐变"按钮 ▣，从画布的中间位置向外拖动，拖动效果如图12-2所示。释放鼠标就可以将画布填充渐变，填充效果如图12-3所示。

图12-2　拖动效果　　　　　图12-3　填充渐变

04 执行菜单栏中的"滤镜"|"杂色"|"添加杂色"命令，打开"添加杂色"对话框，设置杂色的"数量"为216，选择"平均分布"单选按钮和"单色"复选框，如图12-4所示。

图12-4　杂色设置

05 执行菜单栏中的"滤镜"|"渲染"|"光照效果"命令,打开"光照效果"对话框,选择"光照类型"为"点光",设置"强度"为17,光照颜色为金黄色(C: 7; M: 11; Y: 87; K: 0),"环境"为3,其他参数设置如图12-5所示。

图12-5 光照设置

06 执行菜单栏中的"文件"|"打开"命令,打开"纹理.jpg"文件。

07 将"纹理"图片拖动到怒放的油漆画布中,按Ctrl + T组合键将其适当的缩小并放置在合适的位置。

08 打开"图层"面板,确认选择纹理所在图层,即"图层1",修改图层的混合模式为"叠加",如图12-6所示。叠加后的图像效果如图12-7所示。

图12-6 叠加模式

图12-7 叠加后的效果

12.1.2 制作喷溅的花朵

01 执行菜单栏中的"文件"|"打开"命令,打开"黄花.jpg"文件,如图12-8所示。

02 选择工具箱中的"磁性套索工具",沿花的边缘将花选中,选中效果如图12-9所示。

图12-8 打开的图片　　　图12-9 选择花朵

03 使用"移动工具"将花朵拖动到"怒放的油漆"画布中,按Ctrl + T组合键将其适当缩小,如图12-10所示。

04 执行菜单栏中的"文件"|"打开"命令,打开"奶花.psd"文件,如图12-11所示。

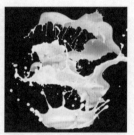

图12-10 缩小效果　　　图12-11 奶花图片

05 为了操作方便,在"图层"面板中,隐藏"奶花2""奶花3"和"奶花4"这三个图层,如图12-12所示。

图12-12 隐藏图层

06 选择工具箱中的"套索工具" ，在"奶花"画布中，按住鼠标选择一部分图像，选择效果如图12-13所示。

图12-13 选区效果

07 使用"移动工具" 将花朵拖动到"怒放的油漆"画布中，按Ctrl + T组合键将其适当缩小，并旋转一定的角度，如图12-14所示。

08 单击鼠标右键，从弹出的快捷菜单中选择"变形"命令，然后根据花朵的形状将"奶花"进行变形处理，变形后的效果如图12-15所示。

图12-14 缩放和旋转　　　图12-15 变形效果

09 按Enter键确认变形。选择工具箱中的"橡皮擦工具" ，按F5键打开"画笔"面板，选择"柔角30"笔触，设置"大小"为100像素，"硬度"为0，如图12-16所示。

10 使用"橡皮擦工具" 将奶花多余的部分擦除，注意擦除时边缘要柔和并要注意与花的融合，擦除后的效果如图12-17所示。

提示

在擦除奶花时，可以根据不同的细节，随时调整画笔的大小，并根据边缘的需要调整画笔的硬度，不用完全按指定的这个大小。按 [键可快速缩小画笔大小；按] 键可以快速放大画笔大小。按 Shift + [组合键可减小画笔硬度；按 Shift +] 组合键可以增加画笔硬度。

图12-16 画笔设置　　　图12-17 擦除效果

11 对奶花调色。在"图层"面板中，选择奶花层，即"图层3"，执行菜单栏中的"图像"|"调整"|"色相/饱和度"命令，打开"色相/饱和度"对话框，选择"着色"复选框，设置"色相"的值为50，"饱和度"的值为100，"明度"的值为-45，如图12-18所示。调整后的奶花变成与花朵相同的颜色，如图12-19所示。

技巧

按 Ctrl + U 组合键，可以快速打开"色相/饱和度"对话框。

图12-18 "色相/饱和度"对话框

图12-19 调色后的效果

12 切换到"奶花"画布中，使用"套索工具" $\mathcal{P}$，按住鼠标选择一部分图像，选择效果如图12-20所示。

13 使用"移动工具" $\vdash_+$ 将花朵拖动到"怒放的油漆"画布中，按Ctrl + T组合键将其适当缩小，并旋转一定的角度，如图12-21所示。

图12-20　选择部分图像　　图12-21　缩小并旋转

14 单击鼠标右键，从弹出的快捷菜单中选择"变形"命令，然后根据花朵的形状将"奶花"进行变形处理，变形后的效果如图12-22所示。

15 使用"橡皮擦工具" $\mathscr{Q}$ 将奶花多余的部分擦除，注意擦除时边缘要柔和并要注意与花的融合，擦除后的效果如图12-23所示。

提示

在进行擦除时，可以在"图层"面板中，调节奶花层的不透明度，这样擦除起来会更加方便。

图12-22　变形效果　　图12-23　擦除效果

16 对奶花调色。在"图层"面板中，选择奶花层，即"图层4"，执行菜单栏中的"图像"|"调整"|"色相/饱和度"命令，打开"色相/饱和度"对话框，选择"着色"复选框，设置"色相"的值为50，"饱和度"的值为100，"明度"的值为-36，如图12-24所示。调整后的奶花变成与花朵相同的颜色，如图12-25所示。

图12-24　"色相/饱和度"对话框

图12-25　调色后的效果

17 在"图层"面板中，隐藏"奶花1""奶花3"和"奶花4"这三个图层，将"奶花2"图层显示出来，如图12-26所示。

18 选择工具箱中的"套索工具" $\mathcal{P}$，在"奶花"画布中，按住鼠标选择一部分图像，选择效果如图12-27所示。

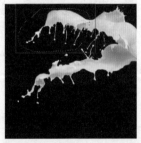

图12-26　隐藏图层　　图12-27　选区效果

19 同样的方法，将花朵拖动到"怒放的油漆"画布中，然后利用变形的方法，将其调整变形，如图12-28所示。

20 使用"橡皮擦工具" $\mathscr{Q}$ 将奶花多余的部分擦除，注意擦除时边缘要柔和并并要注意与花的融合，擦除后的效果如图12-29所示。

图12-28 变形效果　　　　图12-29 擦除效果

21 对奶花调色。在"图层"面板中，选择奶花层，即"图层5"，执行菜单栏中的"图像"|"调整"|"色相/饱和度"命令，打开"色相/饱和度"对话框，选择"着色"复选框，设置"色相"的值为56，"饱和度"的值为100，"明度"的值为-40，如图12-30所示。调整后的奶花变成与花朵相同的颜色，如图12-31所示。

图12-30 "色相/饱和度"对话框

图12-31 调色后的效果

22 在"图层"面板中，隐藏"奶花1""奶花2"和"奶花4"这三个图层，将"奶花3"图层显示出来，如图12-32所示。

23 选择工具箱中的"套索工具" ，在"奶花"画布中，按住鼠标选择一部分图像，选择效果如图12-33所示。

图12-32 隐藏图层　　　　图12-33 选区效果

24 以同样的方法，将花朵拖动到"怒放的油漆"画布中，然后利用变形的方法，将其调整变形，如图12-34所示。

25 使用"橡皮擦工具" 将奶花多余的部分擦除，注意擦除时边缘要柔和并要注意与花的融合，擦除后的效果如图12-35所示。

图12-34 变形效果　　　　图12-35 擦除效果

26 对奶花调色。在"图层"面板中，选择奶花层，即"图层6"，执行菜单栏中的"图像"|"调整"|"色相/饱和度"命令，打开"色相/饱和度"对话框，选择"着色"复选框，设置"色相"的值为56，"饱和度"的值为100，"明度"的值为-43，如图12-36所示。调整后的奶花变成与花朵相同的颜色，如图12-37所示。

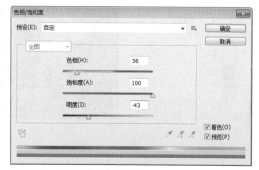

图12-36 "色相/饱和度"对话框

图12-37 调色后的效果

27 在"图层"面板中，隐藏"奶花1""奶花2"和"奶花3"这三个图层，将"奶花4"图层显示出来，选择工具箱中的"套索工具"🔗，选择不同的区域图像，将其拖动到"怒放的油漆"画布中，调整不同的位置和大小，如图12-38所示。然后分别利用"色相/饱和度"命令对其调色，并使用"橡皮擦工具"🧽擦除不需要的部分，如图12-39所示。

图12-38 不同的奶花效果　　图12-39 擦除效果

28 将花朵和所有的奶花层选中，按Ctrl + E组合键将其合并，将合并后的图层重命名为"花朵"，如图12-40所示。

29 将花朵复制多份，并分别进行缩放和旋转，制作出一种从下向上逐渐变大并类似喷溅的效果，如图12-41所示。

图12-40 合并图层　　　图12-41 复制并旋转

12.1.3 添加其他元素

01 执行菜单栏中的"文件"|"打开"命令，打开"油漆桶.jpg"文件，如图12-42所示。

02 选择工具箱中的"魔棒工具"✨，在选项栏中设置"容差"为32，在画布中白色背景上单击鼠标，将白色部分选中，然后执行菜单栏中的"选择"|"反向"命令，将油漆选中，如图12-43所示。

图12-42 打开的图片　　图12-43 选择油漆

03 将油漆图片拖动到怒放的油漆画布中，按Ctrl + T组合键，将其进行适当缩放，然后单击鼠标右键，从弹出的快捷菜单中选择"变形"命令，将其进行变换操作，变形效果如图12-44所示。

04 在"图层"面板中，将油漆层调整到所有花朵图层的下方，调整后的效果如图12-45所示。

图12-44 变形效果　　图12-45 调整图层顺序

05 对油漆调色。在"图层"面板中，选择油漆层，按Ctrl + U 组合键，打开"色相/饱和度"对话框，选择"着色"复选框，设置"色相"的值为52，"饱和度"的值为100，"明度"的值为-5，如图12-46所示。调整后的油漆颜色，如图12-47所示。

图12-46　参数设置

图12-47　调色后的效果

06 分别选择工具箱中的"减淡工具"  和"加深工具" 对油漆的过深部分和过浅的部分进行减淡和加深处理，处理后的效果如图12-48所示。

07 使用"横排文字工具" T 输入文字，并对文字进行适当的修改变换，制作出一个装饰的文字效果，然后对整个画布描边，完成整个怒放的油漆设计制作，最终效果如图12-49所示。

图12-48　处理后的效果

图12-49　最终效果

12.2 闪电侠艺术特效表现

◆实例分析

　　本例采用迷幻表现手法打造闪电侠特效，本创意围绕闪电进行创意，以舞动的人物为原型，在此基础上展开互动，将闪电与舞动的人物结合起来，使整个设计有所升华，形成完美统一的闪电侠效果，创意新颖独特，画面直观犀利，立意独到，浑然天成，酷劲十足。最终效果如图 12-50 所示。

难　度：★★★★
素材文件：第 12 章\闪电侠艺术特效表现
案例文件：第 12 章\闪电侠艺术特效表现 .psd
视频文件：第 12 章\12-2　闪电侠艺术特效表现 .avi

图12-50　完成效果

◆本例知识点

1. 自由钢笔工具
2. "色彩平衡"命令
3. 画笔工具
4. 橡皮擦工具

12.2.1 填充背景并选中人物

01 执行菜单栏中的"文件"|"新建"命令，打开"新建"对话框，设置"宽度"为150毫米，"高度"为180毫米，"分辨率"为300像素/英寸，"颜色模式"为RGB颜色，"背景内容"为白色。

02 选择工具箱中的"渐变工具" ，单击选项栏中的"点按可编辑渐变"区域 ，打开"渐变编辑器"对话框，编辑从白色到黑色的渐变。

03 单击选项栏中的"径向渐变" ，然后在画布中从左侧将右上角拖动鼠标，拖动效果如图12-51所示。释放鼠标即可将背景填充渐变色，填充效果如图12-52所示。

图12-51　拖动效果　　　　图12-52　填充渐变

04 执行菜单栏中的"文件"|"打开"命令，打开"舞动人物.jpg"文件，如图12-53所示。

05 选择工具箱中的"自由钢笔工具" ，在选项栏中选择 选项，选择"磁性的"复选框，沿人物的边缘将人物选中，注意不要选择人物的手和小胳膊位置，如图12-54所示。

图12-53　舞动人物图片　　图12-54　选择效果

06 选择人物后，如果某些位置选择的不理想，可以使用工具箱中的相关路径工具对其进行调整，调整完成后，按Ctrl + Enter组合键将路径转换为选区，如图12-55所示。

07 使用"移动工具" 将选中的人物拖动到"闪电侠"画布中，按Ctrl + T组合键对其进行适当缩小，如图12-56所示。

图12-55　转换为选区　　　图12-56　缩小人物

12.2.2 制作闪电效果

01 执行菜单栏中的"文件"|"打开"命令，打开"闪电.psd"文件，如图12-57所示。

02 在"图层"面板中，同时选中"闪电1"和"闪电2"两个图层，然后使用"移动工具" 将这两个图片拖动到"闪电侠"画布中，并在"图层"面板中将其调整到人物层的下方，然后分别缩放，放置在衣袖的位置，如图12-58所示。

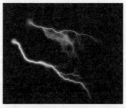 

图12-57　闪电图片　　　　图12-58　缩小放置

03 首先将"闪电1"复制三份，然后分别通过自由变换命令将其进行调整大小，并旋转不同的角度，为了表现其复杂程度，可以将某些闪电垂直翻转，如图12-59所示。

提示

为了让读者看的更加清楚，在进行图示讲解时，将"闪电2"图层隐藏了。

04 以同样的方法，将"闪电2"复制两份，然后分别通过自由变换命令将其进行调整，并旋转不同的角度或进行垂直的翻转，效果如图12-60所示。

提示

为了让读者看得更加清楚，在进行图示讲解时，将"闪电1"图层隐藏了。

图12-59 闪电1效果　　　图12-60 闪电2效果

05 此时，如果不隐藏任何图层，图像的效果如图12-61所示。

06 在"图层"面板中，将所有的闪电图层选中，将其复制一份并调整到人物层的上方，如图12-62所示。

图12-61 闪电效果　　图12-62 复制并调整图层

07 按Ctrl + E组合键将刚复制的这些图层合并，然后按Ctrl + T组合键启动自由变换命令，在画布中单击鼠标右键，从弹出的快捷键菜单中选择"垂直翻转"命令，如图12-63所示。

08 将其旋转一定的角度，然后再将闪电缩小并复制一份，并摆放在人物的面部，如图12-64所示。

图12-63 垂直翻转　　　图12-64 缩小并复制

09 从图中可以看出，现在闪电的位置是不正确的，应该位于人物衣服的里面，下面删除不需要的部分。在删除前可以先将这两个闪电拼合图层，并将其隐藏，以便选择。选择工具箱中的"磁性套索工具"，沿人物的帽子上边缘拖动鼠标，注意要将闪电包括在选区中，如图12-65所示。

10 按Shift + Ctrl + I组合键将选区反向选择，确认选择拼合后的闪电图层，按键盘上的Delete键将多余的闪电删除，按Ctrl + D组合键取消选区，效果如图12-66所示。

提示

在删除闪电时，需要特别注意图层的选择，如果没有拼合闪电图层，可以通过分别选择闪电图层然后按Delete键进行分别删除。

图12-65 绘制选区　　　图12-66 删除多余部分

11 将前面制作的手臂位置的闪电再复制一份，然后将其"垂直翻转"后适当缩小和旋转，放置在另一个手臂位置，如图12-67所示。

图12-67 调整效果

12 分别复制"闪电1"和"闪电2"，在人物的腰部通过调整变换制作出闪电效果，如图12-68所示。

13 选择工具箱中的"磁性套索工具" 🔲，沿人物的上衣边缘创建选区，注意将腰部的闪电都包括在选区中，如图12-69所示。

 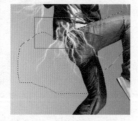

图12-68 腰部闪电处理　　图12-69 创建选区

14 按Shift + Ctrl + I组合键将选区反向选择，分别选择腰部闪电所在图层，组合盘上的Delete键将多余的闪电删除，按Ctrl + D组合键取消选区，效果如图12-70所示。

图12-70 删除多余闪电

15 使用同样的方法，复制闪电并调整，为两只脚的位置制作闪电效果，如图12-71所示。完成后，使用选区将多余的闪电部分删除，删除后的效果如图12-72所示。

图12-71 脚部闪电　　　图12-72 删除后的效果

16 至此，整个人物身上的闪电效果制作出来了，整体效果如图12-73所示。

图12-73 整体闪电效果

12.2.3 调色并添加高光

01 单击"图层"面板底部的"创建新的填充或调整图层" 🔘，从弹出的菜单中选择"色彩平衡"命令，打开"属性"面板，取消"保留明度"复选框，选择"阴影"单选按钮，修改参数如图12-74所示，此时的图像效果如图12-75所示。

图12-74 调整参数　　　图12-75 调整后的效果

02 选择"中间调"单选按钮，修改参数如图12-76所示，此时的图像效果如图12-77所示。

图12-76 调整参数　　　图12-77 调整后的效果

03 此时，在"图层"面板中，将出现一个调整图层，注意将调整图层调整到所有图层的上方，如图12-78所示。

04 添加高光。在"图层"面板中创建一个新的图层，并将该图层放置在"色彩平衡1"图层的下方。选择工具箱中的"画笔工具" ，按F5键打开"画笔"面板，选择"柔角30"笔触，设置"大小"为70像素，如图12-79所示。

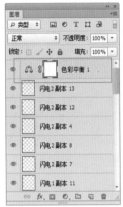

图12-78 调整图层

图12-79 画笔设置

05 将前景色设置为白色，使用"画笔工具" 在闪电与人物连接处拖动绘制高光，如图12-80所示。

06 在"图层"面板中，将高光所在图层——图层2的图层"不透明度"修改为70%，如图12-81所示，降低高光的亮度。

图12-80 绘制高光

图12-81 降低图层不透明度

07 降低图层不透明度后，可以看到高光不再那么的强烈，此时的图像效果如图12-82所示。

图12-82 图像效果

08 从图中可以看出，有很多地方的高光超出了边界，下面将这些修改一下。选择工具箱中的"橡皮擦工具" ，在选项栏中打开"'画笔预设'选取器"，设置一个柔边笔触，如图12-83所示。

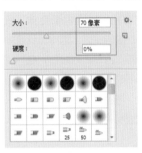

图12-83 设置参数

09 在画布中，将超出的高光小心擦除，擦除后的效果如图12-84所示。

10 由于进行了调色，整个人物的衣服也发生了颜色的变化，失去了本来的颜色效果，下面来将其恢复。在按住Ctrl键的同时单击人物所在图层的图层缩览图，将人物的选区载入，如图12-85所示。

图12-84 擦除多余部分高光

图12-85 载入选区

11 将前景色设置为黑色，在"图层"面板中选择"色彩平衡1"右侧的蒙版缩览图，然后按Alt + Delete组合键将其填充黑色，从蒙版缩览图上可以看到一个人物效果，如图12-86所示。

12 填充后，在画布中可以看到人物恢复到初始的状态，如图12-87所示。

图12-86　填充蒙版

图12-87　填充后的效果

提示

因为前面使用画笔时已经调整过参数，再次使用时系统将自动保持这个参数，所以这里不用再进行笔触参数的调整，直接使用前面的设置即可。

14 按Ctrl + D组合键取消选区，然后为其添加一些装饰，完成整个特效的制作，最终效果如图12-89所示。

13 填充后从图中可以看到局部的闪电变成了白色，这是由于颜色调整去除的原因。选择工具箱中的"画笔工具" ，将前景色设置为白色，在"图层"面板中选择"色彩平衡1"的蒙版缩览图，在变成白色的闪电上拖动，将其恢复到闪电的颜色状态，如图12-88所示。

图12-88　恢复部分颜色

图12-89　最终效果

12.3 炫光艺术特效表现

◆实例分析

　　本例采用多次复制变换的方法，制作出复杂的交织线条效果，通过添加彩色和白色圆点高光，使图像更加活泼、灵动、迷幻，多彩的颜色运用巧妙地与线条结合在一起，达到和谐统一。在美术造型和平面设计中采用所谓的"极多主义"，即以丰富多彩的线条和色彩构成画面的基本面貌，强调烦琐的点线面，从而产生令人目不暇接的视觉感受，五彩缤纷的图形设计使人联想到动漫的迷幻光线效果。最终效果如图 12-90 所示。

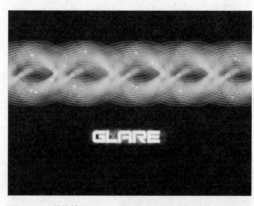

图12-90　最终效果

◆本例知识点

1.钢笔工具
2.画笔工具
3.用画笔描边路径
4."高斯模糊"命令
5.橡皮擦工具

难　　度：	★ ★ ★ ★
素材文件:	无
案例文件:	第 12 章 \ 炫光艺术特效表现 .psd
视频文件:	第 12 章 \12-3　炫光艺术特效表现 .avi

12.3.1 绘制并变换路径

01 执行菜单栏中的"文件"|"新建"命令，打开"新建"对话框，设置"宽度"为120毫米，"高度"为90毫米，"分辨率"为300像素/英寸，"颜色模式"为RGB颜色，"背景内容"为白色。

02 将前景色设置为黑色，按Alt + Delete组合键将背景填充为黑色。

03 选择工具箱中的"钢笔工具" ，在画布中拖动鼠标绘制一条路径，如图12-91所示。

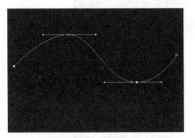

图12-91　绘制路径

04 按Alt + Ctrl + T组合键，启动复制变换命令，按住Shift键的同时垂直向下拖动一段距离，如图12-92所示。

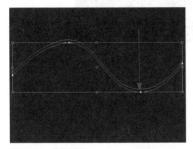

图12-92　复制路径

05 按Enter键确认变换，然后在按住Alt + Shift + Ctrl组合键的同时，按一次T键，将其再复制一份，如图12-93所示。

图12-93　复制路径

06 使用"路径选择工具" 将路径全部选中，然后按Alt + Ctrl + T组合键，启动复制变换命令，然后将指针放置在变换框的外侧，当指针变成 状时，按住鼠标将其旋转一定的角度，如图12-94所示。

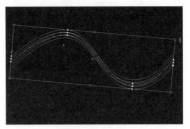

图12-94　旋转复制路径

07 按Enter键确认变换，然后在按住Alt + Shift + Ctrl组合键的同时，按五次T键，将其再复制5份，如图12-95所示。

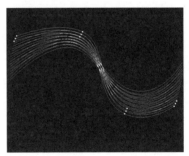

图12-95　复制路径

08 使用"路径选择工具" 将路径全部选中，然后按Ctrl +Alt + T组合键启动复制变换命令，将其复制并旋转一定的角度，如图12-96所示。

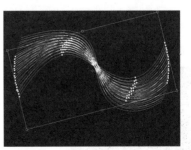

图12-96　旋转并复制路径

12.3.2 描边路径并变换图像

01 在"图层"面板中，单击面板底部的"创建新图层"按钮 ，创建一个新的图层——图层1，如图12-97所示。

02 选择工具箱中的"画笔工具" ，按F5打开"画笔"面板，首先选择"画笔笔尖形状"选项，选择"尖角30"笔触，然后设置画笔的"大小"为2像素，"硬度"为100%，如图12-98所示。

图12-97 创建新图层　　图12-98 画笔设置

03 将前景色设置为橙色（C：12；M：30；Y：81；K：0），在"路径"面板中，单击面板底部的"用画笔描边路径" ，为路径进行描边，如图12-99所示。描边后的图像效果如图12-100所示。

图12-99 路径描边

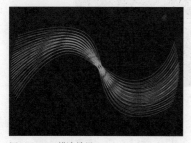

图12-100 描边效果

04 确认选择"图层1"即描边层，按Ctrl + T组合键启动自由变换命令，然后拖动将图像旋转一定的角度，并将其适当缩小，如图12-101所示。

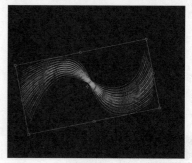

图12-101 路径描边

05 确认变换。按住Alt键的同时使用"移动工具" 拖动将描边复制一份，并适当向右移动，效果如图12-102所示。

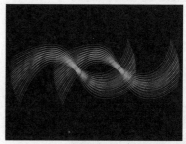

图12-102 复制图形

06 选择工具箱中的"橡皮擦工具" ，在选项栏中设置橡皮擦的"大小"为100像素，"硬度"为0，如图12-103所示。

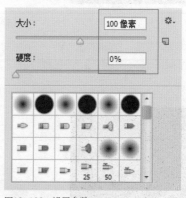

图12-103 设置参数

07 在"图层"面板中，分别选择两个描边层，配合"橡皮擦工具" 在画布中拖动擦除，将连接处融合，如图12-104所示。

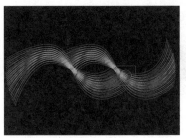

图12-104　擦除效果

08 将两个描边层全部选中，然后将其向右侧拖动复制两份，并注意使用"橡皮擦工具" 将连接处的擦除融合，如图12-105所示。

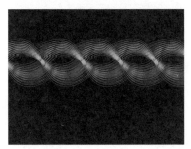

图12-105　复制并移动

09 将除背景层以外的所有描边图层选中，在"图层"面板中，将选中的图层拖动到"创建新图层"按钮 上，如图12-106所示，将描边图层复制一份。

图12-106　复制描边

10 复制完成后，在图层处于选择状态下按Ctrl + T组合键启动自由变换命令，然后在画布中单击鼠标右键，从弹出的快捷菜单中选择"垂直翻转"命令，将其垂直翻转，如图12-107所示。

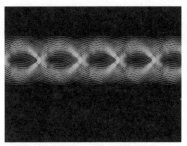

图12-107　垂直翻转

11 将图像再复制一份，并向右侧适当移动，然后将其进行垂直缩放，效果如图12-108所示。

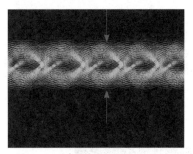

图12-108　垂直缩放

12.3.3 设置高光并添加颜色

01 调整完成后，按Enter键确认变换，然后将除背景层以外的所有图层选中，按Ctrl + E组合键将其合并成一个图层，并将该图层重命名为"光线1"，如图12-109所示。

图12-109　合并并重命名

02 选择"光线1"图层，执行菜单栏中的"滤镜"|"模糊"|"高斯模糊"命令，打开"高斯模

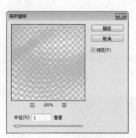

图12-110 模糊设置

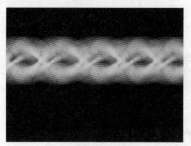

图12-114 滤色后的效果

糊"对话框，设置模糊的"半径"为1像素，如图12-110所示。

03 将"光线1"图层复制一份，在"图层"面板中，将其重命名为"光线2"，选择"光线2"图层，执行菜单栏中的"滤镜"|"模糊"|"高斯模糊"命令，打开"高斯模糊"对话框，设置模糊的"半径"为7像素，如图12-111所示。此时的图形效果如图12-112所示。

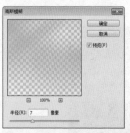

图12-111 高斯模糊

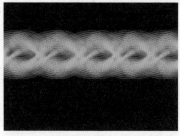

图12-112 模糊后的效果

04 在"图层"面板中，将"光线2"图层的混合模式设置为"滤色"，如图12-113所示，增加光线的亮度，此时的图像效果如图12-114所示。

图12-113 混合模式

05 在"图层"面板中，单击面板底部的"创建新图层"按钮，将该图层重命名为"彩色"，如图12-115所示。

06 选择工具箱中的"画笔工具"，按F5打开"画笔"面板，首先选择"画笔笔尖形状"选项，选择"柔角30"笔触，然后设置画笔的"大小"为100像素，"硬度"为0，如图12-116所示。

图12-115 新建图层

图12-116 画笔设置

07 将前景色设置为红色（C：0；M：100；Y：100；K：0），使用"画笔工具"在画布中拖动绘制红色笔触，如图12-117所示。

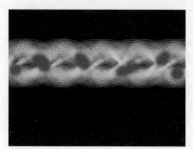

图12-117 红色笔触

08 将前景色设置为绿色（C：100；M：0；Y：100；K：0），使用"画笔工具" 在画布中拖动绘制绿色笔触，如图12-118所示。

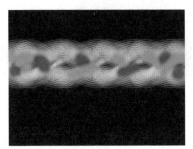
图12-118 绿色笔触

09 将前景色设置为洋红色（C：0；M：100；Y：0；K：0），使用"画笔工具" 在画布中拖动绘制洋红色笔触，如图12-119所示。

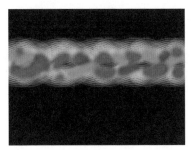
图12-119 洋红色笔触

10 确认选择"彩色"图层，执行菜单栏中的"滤镜"|"模糊"|"高斯模糊"命令，打开"高斯模糊"对话框，设置模糊的"半径"为60像素，如图12-120所示。

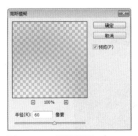
图12-120 模糊设置

11 在"图层"面板中，将"彩色"图层的混合模式设置为"叠加"，如图12-121所示，叠加后的图像效果如图12-122所示。

图12-121 混合模式

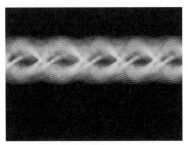
图12-122 叠加后的效果

12.3.4 设置高光并添加颜色

01 在"图层"面板中，单击面板底部的"创建新图层"按钮 ，将该图层重命名为"圆点"，如图12-123所示。

02 选择工具箱中的"画笔工具" ，按F5打开"画笔"面板，首先选择"画笔笔尖形状"选项，选择"柔角30"笔触，然后设置画笔的"大小"为23像素，"硬度"为0，"间距"为122%，如图12-124所示。

图12-123 新建图层

图12-124 笔尖形状设置

03 选择"形状动态"复选框,设置"大小抖动"为100%,如图12-125所示。

图12-125 设置形状动态

04 使用"画笔工具" ✐,在画布中通过单击或拖动的方法添加白色高光圆点,效果如图12-126所示。

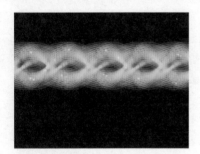

图12-126 添加高光

05 选择工具箱中的"横排文字工具" T,在画布中单击鼠标输入文字,设置文字的字体为"Bitsumishi",文字大小为"30点",颜色为白色,如图12-127所示。将文字放置在光线的下方,并注意放置在中间位置,如图12-128所示。

图12-127 "字符"面板

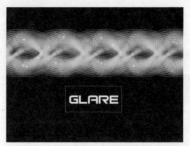

图12-128 输入文字

06 在"图层"面板中,单击面板底部的"添加图层样式"按钮 fx,从弹出的菜单中选择"锚边"命令,打开"描边"对话框,设置描边的"大小"为5像素,颜色为灰色(C:0;M:0;Y:0;K:40),如图12-129所示。描边后的文字效果如图12-130所示。

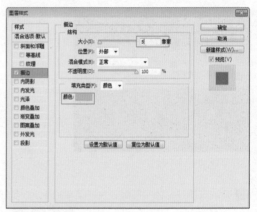

图12-129 描边设置

图12-130 描边效果

07 在"图层"面板中,选择"彩色"和"光线2"两个图层,将其复制一份,然后按Ctrl + T组合键将其适当缩小，如图12-131所示。

08 将复制的两个图层移动到文字图层的上方，然后使用"橡皮擦工具" ▰ 将明显的边缘擦除，效果如图12-132所示。这样就完成了炫光特效的制作。

图12-132　擦除效果

图12-131　缩小效果

12.4 知识拓展

本章主要对特效艺术合成进行了详细的讲解，使读者了解合成的含义及特效艺术的处理技巧。

12.5 拓展训练

本章通过 2 个课后习题，加深读者对特效艺术处理及合成的印象，进而掌握这些技能，将其应用在日常工作中。

训练12-1 爆裂特效艺术表现

◆ 实例分析

本例运用夸张表现手法，将舞者的局部处理成爆裂效果，将舞者的狂野、奔放、激情、忘我融为一体，使画面产生很强烈的视觉冲击力，并以此产生联想，让人有种与画面共同舞动的冲动。从表面感受到深度剖析，重塑感观形象，赋予其更多附加价值，本例将设计的灵

魂体现出来，将舞者的气质烘托出来，形成强大的震撼力，使整个创意充满张力和想象力。最终效果如图 12-133 所示。

难　　度：★ ★ ★ ★
素材文件：第 12 章＼爆裂特效艺术表现
案例文件：第 12 章＼爆裂特效艺术表现 .psd
视频文件：第 12 章＼训练 12-1　爆裂特效艺术表现 .avi

图12-133 完成效果

◆本例知识点

1．添加杂色
2．定义画笔预设
3．画笔工具
4．图层蒙版

训练12-2 撕裂旧照片特效

◆实例分析

　　本例讲解撕裂旧照片特效的制作方法，首先应用"色相／饱和度""色彩平衡""渐变工具"▣和"照片滤镜"调整背景图片；然后使用"添加图层样式" *fx* 与"纹理化"滤镜对图像进行老照片的效果制作；最后应用"自由变换"等命令，对图像进行旋转等操作最终效果如图12-134 所示。

难　　度：★ ★ ★ ★
素材文件：第 12 章 \ 撕裂旧照片特效
案例文件：第 12 章 \ 撕裂旧照片特效 .psd
视频文件：第 12 章 \ 训练 12-2　撕裂旧照片特效 .avi

图12-134　最终效果

◆本例知识点

1．色相／饱和度
2．变换选区
3．图层样式
4．剪贴蒙版

第 **13** 章

UI 图标及界面设计

本章主要讲解 UI 图标及界面设计制作，图标是
具有明确指代含义的计算机图形，在 UI 界面中
主要指软件标识，是 UI 界面应用图形化的重要
组成部分；界面就是设计师赋予物体的新面孔，
用户和系统进行双向信息交互的支持软件、硬件
和方法的集合。界面应用是一个综合性的，它可
以看成是很多界面元素的组成，在设计上要符合
用户心理行为的界面，在追求华丽的同时，也应
当遵循符合大众审美的界面。

扫码观看本章
案例教学视频

教学目标

了解图标及界面的含义
掌握不同图标及界面的设计技巧

◆实例分析

本例讲解加速图标的制作，本例的可识别性极强，以十分形象的小火箭图形表现出加速的特点，整个绘制过程比较简单。最终效果如图13-1所示。

难　度：★★
素材文件：无
案例文件：第13章＼加速图标.psd
视频文件：第13章＼13-1　加速图标.avi

图13-1　最终效果

◆本例知识点

1. 圆角矩形工具 ▭
2. 钢笔工具 ✐
3. "自由变换"命令

13.1.1　制作背景及轮廓

01 执行菜单栏中的"文件"|"新建"命令，在弹出的对话框中设置"宽度"为600像素，"高度"为500像素，"分辨率"为72像素/英寸，新建一个空白画布，将画布填充为深蓝色（R：20，G：32，B：44）。

02 选择工具箱中的"圆角矩形工具" ▭，在选项栏中将"填充"更改为白色，"描边"为无，"半径"为50像素，在画布中间位置按住Shift键绘制一个圆角矩形，此时将生成一个"圆角矩形1"图层，如图13-2所示。

图13-2　绘制图形

03 在"图层"面板中，选中"圆角矩形1"图层，单击面板底部的"添加图层样式"按钮 _fx_，在菜单中选择"渐变叠加"命令，在弹出的对话框中将"渐变"更改为蓝色（R：0，G：87，B：193）到蓝色（R：57，G：147，B：254），完成之后单击"确定"按钮。

13.1.2　绘制图标元素

01 选择工具箱中的"钢笔工具" ✐，在选项栏中单击"选择工具模式"按钮 路径，在弹出的选项中选择"形状"，将"填充"更改为白色，"描边"更改为无，在图标位置绘制半个小火箭图形，此时将生成一个"形状1"图层，如图13-3所示。

02 选中"形状1"图层，将其拖至面板底部的"创建新图层"按钮 ▯上，复制1个"形状1拷贝"图层，如图13-4所示。

图13-3　绘制图形　　　图13-4　复制图层

03 选中"形状1拷贝"图层，按Ctrl+T组合键对其执行"自由变换"命令，单击鼠标右键，从弹出的快捷菜单中选择"水平翻转"命令，完成之后按Enter键确认，将图形与原图形对齐，如图13-5所示。

04 同时选中"形状 1"及"形状 1 拷贝"图层，按Ctrl+E组合键将其合并，此时将生成一个"形状 1 拷贝"图层，如图13-6所示。

图13-5　变换图形

图13-6　合并图层

05 选择工具箱中的"钢笔工具" ，在选项栏中单击"选择工具模式" 按钮 ，在弹出的选项中选择"形状"，将"填充"更改为黄色（R：254，G：156，B：0），"描边"更改为无，在小火箭图形底部位置绘制一个不规则图形，此时将生成一个"形状 2"图层，如图13-7所示。

06 选中"形状 2"图层，将其拖至面板底部的"创建新图层"按钮 上，复制出1个"形状 2 拷贝"图层，如图13-8所示。

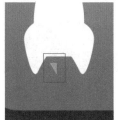

图13-7　绘制图形

图13-8　复制图层

07 以同样的方法选中"形状 2 拷贝"图层对其图形进行变换，再将"形状2"和"形状2拷贝"图层合并，此时将生成一个"形状 2 拷贝"图层，如图13-9所示。

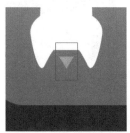
图13-9　变换图形并合并图层

08 选择工具箱中的"椭圆工具" ，在选项栏中将"填充"更改为蓝色（R：24，G：108，B：208），"描边"为无，在小火箭靠上半部分位置按住Shift键绘制一个圆形图形，此时将生成一个"椭圆 1"图层，如图13-10所示。

图13-10　绘制图形

09 选中"椭圆 1"图层，按住Alt键将图形复制数份并变换，如图13-11所示。

图13-11　复制变换图形

10 同时选中除"背景"和"圆角矩形 1"之外所有图层，按Ctrl+G组合键将其编组，此时将生成一个"组1"组，如图13-12所示。

11 选中"组1"组，将其拖至面板底部的"创建新图层"按钮 上，复制1个"组 1拷贝"组，选中"组 1拷贝"组按Ctrl+E组合键将其合并，此时将生成一个"组 1 拷贝"图层，如图13-13所示。

图13-12　将图层编组

图13-13　合并组

13.1.3　制作阴影

01 在"图层"面板中，选中"组 1 拷贝"图层，单击面板上方的"锁定透明像素" 按钮 ⊠，将透明像素锁定，将图像填充为蓝色（R：24，G：108，B：208），填充完成之后再次单击此按钮将其解除锁定，如图13-14所示。

图13-14 锁定透明像素并填充颜色

02 选中"组 1 拷贝"图层，将其图层"不透明度"更改为20%，选择工具箱中的"矩形选框工具" ▢，在图像左半部分位置绘制一个矩形选区，按Delete键删除图像，完成之后按Ctrl+D组合键将选区取消，如图13-15所示。

图13-15 更改不透明度并删除图像

03 同时选中除"背景"和"圆角矩形 1"之外所有图层，按Ctrl+T组合键对其执行"自由变换"命令，当出现变形框以后在选项栏中"旋转"后方文本框中输入45，完成之后按Enter键确认，如图13-16所示。

图13-16 旋转图像

04 选择工具箱中的"钢笔工具" ✑，在选项栏中

单击"选择工具模式" 按钮 路径 ，在弹出的选项中选择"形状"，将"填充"更改为黑色，"描边"更改为无，在小火箭图像右下角位置绘制1个不规则图形，此时将生成一个"形状 1"图层，将"形状 1"图层移至"组 1"组下方，如图13-17所示。

图13-17 绘制图形

05 选中"形状 1"图层，将其图层"不透明度"更改为10%，再单击面板底部的"添加图层蒙版"按钮 ▢，为其添加图层蒙版，如图13-18所示。

图13-18 添加图层蒙版

06 按住Ctrl键单击"圆角矩形 1"图层缩览图，将其载入选区，执行菜单栏中的"选择"|"反向"命令将选区反向，如图13-19所示。

07 将选区填充为黑色将部分图像隐藏，完成之后按Ctrl+D组合键将选区取消，这样就完成了效果制作，最终效果如图13-20所示。

图13-19 载入选区并反向   图13-20 最终效果

◆实例分析

　　本例讲解无线连接图标制作，此款图标的外观十分简洁，用醒目的无线连接符号表现出很好的可识别性，整个色彩以科技蓝色调为主，绘制过程中重点在于对无线符号的绘制。最终效果如图13-21所示。

难　　度：★★
素材文件：无
案例文件：第13章\无线连接图标.psd
视频文件：第13章\13-2　无线连接图标.avi

图13-21　完成效果

◆本例知识点

1．椭圆工具◉
2．"创建剪贴蒙版"命令
3．多边形套索工具▷
4．图层蒙版

13.2.1　制作背景

01 执行菜单栏中的"文件"|"新建"命令，在弹出的对话框中设置"宽度"为600像素，"高度"为500像素，"分辨率"为72像素/英寸，新建一个空白画布，将画布填充为蓝色（R：215，G：236，B：253）。

02 选择工具箱中的"圆角矩形工具"▢，在选项栏中将"填充"更改为白色，"描边"为无，"半径"为60像素，在画布中按住Shift键绘制一个圆角矩形，此时将生成一个"圆角矩形1"图层，如图13-22所示。

图13-22　绘制圆角矩形

03 选择工具箱中的"椭圆工具"◉，在选项栏中将"填充"更改为蓝色（R：208，G：233，B：253），"描边"为无，在图标左下角位置按住Shift键绘制一个圆形图形，此时将生成一个"椭圆1"图层，如图13-23所示。

图13-23　绘制圆形图形

04 选中"椭圆1"图层，按住Shift键在刚才绘制的图形右侧位置绘制多个图形，如图13-24所示。

图13-24　绘制多个圆形图形

05 选中"椭圆1"图层，执行菜单栏中的"图层"|"创建剪贴蒙版"命令，为当前图层创建剪贴蒙版将部分图形隐藏，单击面板底部的"添加图

层蒙版"按钮 ▣，为其添加图层蒙版，如图13-25所示。

06 选择工具箱中的"渐变工具" ▣，编辑黑色到白色的渐变，单击选项栏中的"线性渐变"按钮 ▣，将"不透明度"更改为50%，在其图形上拖动将部分图形隐藏，如图13-26所示。

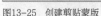

图13-25　创建剪贴蒙版　　　　图13-26　填充渐变

07 以同样的方法绘制2份相似图形，并创建剪贴蒙版，如图13-27所示。

图13-27　绘制图形并创建剪贴蒙版

13.2.2　绘制图形

01 选择工具箱中的"钢笔工具" ✒，在选项栏中单击"选择工具模式"按钮，在弹出的选项中选择"形状"，将"填充"更改为无，"描边"更改为蓝色（R：16，G：143，B：240），"大小"为15点，在图标底部位置绘制1个不规则图形，此时将生成一个"形状 1"图层，如图13-28所示。

图13-28　绘制图形

02 在"图层"面板中，选中"形状 1"图层，单击面板底部的"添加图层蒙版"按钮 ▣，为其图层添加图层蒙版，如图13-29所示。

03 按住Ctrl键单击"圆角矩形 1"图层缩览图，将其载入选区，执行菜单栏中的"选择"|"反向"命令将选区反向，如图13-30所示。

图13-29　添加图层蒙版　　　　图13-30　载入选区并反向

04 将选区填充为黑色将部分图形隐藏，完成之后按Ctrl+D组合键将选区取消，如图13-31所示。

图13-31　隐藏图形

05 选择工具箱中的"椭圆选区工具" ◯，在三角图形顶部位置按住Shift键绘制一个圆形选区，如图13-32所示。

06 将选区填充为黑色将部分图形隐藏，完成之后按Ctrl+D组合键将选区取消，如图13-33所示。

图13-32　绘制选区　　　　图13-33　隐藏图形

07 选择工具箱中的"椭圆工具" ◯，在选项栏中将"填充"更改为无，"描边"更改为蓝色（R：16，G：143，B：240），"大小"为15点，在图标中间位置绘制一个椭圆图形，此时将生成一个

"椭圆 4"图层，如图13-34所示。

图13-34 绘制圆形图形

08 在"图层"面板中，选中"椭圆 4"图层，单击面板底部的"添加图层蒙版"按钮，为其添加图层蒙版，如图13-35所示。

09 选择工具箱中的"多边形套索工具"，在椭圆图形下半部分位置绘制一个多边形选区，如图13-36所示。

图13-35 添加图层蒙版　　图13-36 绘制选区

10 将选区填充为黑色将部分图形隐藏，完成之后按Ctrl+D组合键将选区取消，如图13-37所示。

图13-37 隐藏图形

11 选择工具箱中的"椭圆工具"，在选项栏中将"填充"更改为蓝色（R：16，G：143，B：240），"描边"为无，在图形左侧顶端位置按住Shift键绘制一个圆形图形，此时将生成一个"椭圆 5"图层，如图13-38所示。

12 在"图层"面板中，选中"椭圆 5"图层，将其拖至面板底部的"创建新图层"按钮上，复制1个"椭圆 5 拷贝"图层，选中"椭圆 5 拷贝"图

层，在画布中按住Shift键向右侧平移至与原图形相对位置，如图13-39所示。

图13-38 绘制圆形

图13-39 复制图层并移动图形

13 以同样的方法在刚才绘制的图形下方位置再次绘制一个稍小的相似图形，如图13-40所示。

图13-40 绘制图形

14 选择工具箱中的"椭圆工具"，在选项栏中将"填充"更改为蓝色（R：16，G：143，B：240），"描边"为无，在刚才绘制的图形下方位置按住Shift键绘制一个圆形图形，这样就完成了效果制作，最终效果如图13-41所示。

图13-41 最终效果

◆实例分析

　　本例讲解私人电台界面，本例中的界面相当简洁，同时文字信息清晰明了，以经典的图像作为装饰图像使整个界面的前卫、时尚感极强。最终效果如图13-42所示。

难　　度：★★★
素材文件：第13章\私人电台界面
案例文件：第13章\私人电台界面.psd
视频文件：第13章\13-3　私人电台界面.avi

图13-42　最终效果

◆本例知识点

1．"高斯模糊"命令
2．锁定透明像素
3．横排文字工具**T**

13.3.1　绘制主界面

01 执行菜单栏中的"文件"|"新建"命令，在弹出的对话框中设置"宽度"为600像素，"高度"为450像素，"分辨率"为72像素/英寸，新建一个空白画布，将画布填充为灰色（R：210，G：213，B：214）。

02 选择工具箱中的"圆角矩形工具" ▢ ，在选项栏中将"填充"更改为灰色（R：237，G：240，B：240），"描边"为无，"半径"为10像素，在画布中绘制一个圆角矩形，此时将生成一个"圆角矩形 1"图层，如图13-43所示。

03 在"图层"面板中，选中"圆角矩形 1"图层，将其拖至面板底部的"创建新图层"按钮 🔲 上，复制1个"圆角矩形 1 拷贝"图层，如图13-44所示。

图13-43　绘制图形　　　　图13-44　复制图层

04 选中"圆角矩形 1"图层，将"填充"更改为深灰色（R：47，G：47，B：47），执行菜单栏中的"滤镜"|"模糊"|"高斯模糊"命令，在弹出的对话框中将"半径"更改为5像素，完成之后单击"确定"按钮。

05 选中"圆角矩形 1"图层，执行菜单栏中的"滤镜"|"模糊"|"动感模糊"命令，在弹出的对话框中将"角度"更改为90度，"距离"更改为50像素，设置完成之后单击"确定"按钮，再按Ctrl+T组合键对其执行"自由变换"命令，将图像适当缩小，完成之后按Enter键确认，如图13-45所示。

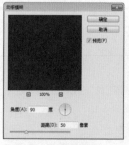

图13-45　设置动感模糊

06 在"图层"面板中，选中"圆角矩形 1"图层，单击面板底部的"添加图层蒙版"按钮 🔲 ，为其图层添加图层蒙版，如图13-46所示。

07 选择工具箱中的"画笔工具" ，在画布中单击鼠标右键，在弹出的面板中选择一种圆角笔触，将"大小"更改为150像素，"硬度"更改为0，在选项栏中将"不透明度"更改为30%，如图13-47所示。

图13-46 添加图层蒙版

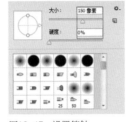
图13-47 设置笔触

08 将前景色更改为黑色，在其图像上部分区域涂抹将其隐藏，如图13-48所示。

图13-48 隐藏图形

13.3.2 添加图像

01 执行菜单栏中的"文件"|"打开"命令，打开"图像.jpg"文件，将打开的素材拖入画布中并适当缩小，其图层名称将自动更改为"图层1"。

02 选中"图层1"图层，执行菜单栏中的"图层"|"创建剪贴蒙版"命令，为当前图层创建剪贴蒙版将部分图像隐藏，再按Ctrl+T组合键对其执行"自由变换"命令，将图像缩小，完成之后按Enter键确认，如图13-49所示。

图13-49 创建剪贴蒙版并调整大小

03 在"图层"面板中，选中"图层1"图层，将其拖至面板底部的"创建新图层"按钮上，复制1个"图层1拷贝"图层，如图13-50所示。

04 在"图层"面板中，选中"图层1拷贝"图层，单击面板上方的"锁定透明像素"按钮，将透明像素锁定，将图像填充为深青色（R：127，G：147，B：154），填充完成之后再次单击此按钮将其解除锁定，如图13-51所示。

图13-50 复制图层

图13-51 填充颜色

05 在"图层"面板中，选中"图层1拷贝"图层，将其图层混合模式设置为"叠加"，如图13-52所示。

图13-52 设置图层混合模式

06 选择工具箱中的"圆角矩形工具" ，将"填充"更改为灰色（R：206，G：210，B：215），"描边"为无，"半径"为5像素，在界面靠下方位置绘制一个细长圆角矩形，此时将生成一个"圆角矩形2"图层，如图13-53所示。

图13-53 绘制圆角矩形

07 在"图层"面板中，选中"圆角矩形 2"图层，将其拖至面板底部的"创建新图层"按钮 🔲 上，复制1个"圆角矩形 2拷贝"图层，将"填充"更改为深灰色（R：69，G：69，B：69），然后将其缩短宽度，如图13-54所示。

图13-54　复制图形并缩短宽度

13.3.3　添加细节

01 选择工具箱中的"横排文字工具" **T**，在画布适当位置添加文字，如图13-55所示。

02 执行菜单栏中的"文件"|"打开"命令，打开"图标.psd"文件，将打开的素材拖入界面中文字右侧位置并适当缩小并分别更改其颜色，如图13-56所示。

图13-55　添加文字　　　　图13-56　添加素材

03 选择工具箱中的"椭圆工具" ⬭，在选项栏中将"填充"更改为灰色（R：65，G：65，B：65），"描边"为无，在界面左下角位置按住Shift键绘制一个圆形图形，此时将生成一个"椭圆 1"图层，如图13-57所示。

04 在"图层"面板中，选中"椭圆 1"图层，将其拖至面板底部的"创建新图层"按钮 🔲 上，复制1个"椭圆 1拷贝"新图层，如图13-58所示。

05 选中"椭圆 1 拷贝"图层，按Ctrl+T组合键对其执行"自由变换"命令，将图形等比缩小，完成之后按Enter键确认，再将图形向右侧平移，再选中"椭圆 1 拷贝"图层，按住Alt+Shift组合键向右侧拖动将图形复制，如图13-59所示。

图13-57　绘制正圆

图13-58　复制图层　　　　图13-59　变换图形

06 执行菜单栏中的"文件"|"打开"命令，打开"图标 2.psd"文件，将打开的素材拖入画布中适当位置并缩小，这样就完成了效果制作，最终效果如图13-60所示。

图13-60　添加素材及最终效果

13.4 知识拓展

本章主要讲解 UI 图标及界面的设计方法，通过几个具体的实例，详细讲解了如何利用 Photoshop 进行图标及界面的制作。

13.5 拓展训练

本章通过 3 个课后习题，包括一个图标实例和两个界面实例，帮助读者朋友了解图标及界面的设计技巧，巩固加深前面学习的内容。

训练13-1 写实收音机

◆实例分析

本例讲解收音机图标制作，此款图标在制作过程中模拟出收音机外观特征，小孔图像与上方橘色显示屏体现出了数码时代的精粹。最终效果如图 13-61 所示。

难　　度：★ ★ ★ ★
素材文件：无
案例文件：第 13 章 \ 写实收音机 .psd
视频文件：第 13 章 \ 训练 13-1　写实收音机 .avi

图13-61　最终效果

◆本例知识点

1．圆角矩形工具▢
2．直线工具╱
3．渐变工具▣
4．横排文字工具

训练13-2 存储数据界面

◆实例分析

本例讲解存储数据界面，此款界面的视觉效果十分直观，将环形图像与清晰明了的文字信息相结合，整体的效果相当不错。最终效果如图 13-62 所示。

难　　度：★ ★ ★
素材文件：第 13 章 \ 存储数据界面
案例文件：第 13 章 \ 存储数据界面 .psd
视频文件：第 13 章 \ 训练 13-2　存储数据界面 .avi

图13-62　最终效果

◆本例知识点

1．渐变工具
2．椭圆工具
3．"创建剪贴蒙版"命令
4．图层蒙版

训练13-3 游客统计界面

◆实例分析

　　本例讲解游客统计界面制作，此款界面十分直观，将曲线图像与清晰明了的文字相结合，保留了数据的严谨性，整个界面的制作比较简单。最终效果如图 13-63 所示。

难　　度：★ ★ ★
素材文件：无
案例文件：第 13 章＼游客统计界面 .psd
视频文件：第 13 章＼训练 13-3　游客统计界面 .avi

图13-63　最终效果

◆本例知识点

1．矩形工具
2．钢笔工具
3．"创建剪贴蒙版"命令
4．图层样式

第 **14** 章

商业广告艺术设计

商业广告设计是对图像、文字、色彩、版面、图形等表达广告的元素，结合广告媒体的使用特征，在计算机上通过相关设计软件为实现表达广告目的和意图，进行平面艺术创意的一种设计活动或过程。广告设计是由广告的主题、创意、语言文字、形象、衬托五个要素构成的组合。广告设计就是通过广告来达到吸引眼球的目的。本章主要讲解商业广告设计的技巧和基本知识。

教学目标

了解商业广告设计的含义

掌握书签的设计方法

掌握网店主页的设计技巧

掌握海报和招贴的设计技巧

掌握包装设计的应用技巧

扫码观看本章
案例教学视频

◆ **实例分析**

　　本例讲解水墨书签设计的制作方法，首先应用"矩形选框工具"▣与"波纹"等命令制作图章效果，然后使用"直线工具"／与添加文字丰富画面效果，最终效果如图14-1所示。

难　　度：★★★	
素材文件：第 14 章 \ 水墨书签设计	
案例文件：第 14 章 \ 水墨书签设计 .psd	
视频文件：第 14 章 \14-1　水墨书签设计 .avi	

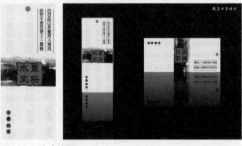

图14-1　完成效果

◆ **本例知识点**

1. 直排文字工具 IT
2. 矩形选框工具 ▣
3. "波纹"命令

14.1.1　绘制图章

01 执行菜单栏中的"文件"|"新建"命令，将弹出"新建"对话框，设置"宽度"为25毫米，"高度"为58毫米，"分辨率"为150像素/英寸，颜色模式为RGB，将其填充为浅黄色（C：5；M：5；Y：10；K：0）如图14-2所示。

02 选择工具箱中的"直排文字工具"IT，在画布中输入文字"水墨是中国的象征"，将字体设置为"汉仪篆书繁"，大小为"21点"，颜色为淡黄色（C：10；M：10；Y：15；K：0）。将文字复制两份，效果如图14-3所示。

图14-2　填充前景色　　　　图14-3　复制文字

03 执行菜单栏中的"文件"|"打开"命令，打开"墨条.psd"文件。将"墨条"拖动到新建画布中，然后缩小并将混合模式设置为"正片叠底"，如图14-4所示。

04 新建一个图层，选择工具箱中的"矩形选框工具"▣，在画布中绘制一个正方形选区，将其填充为红色（C：20；M：100；Y：90；K：0），效果如图14-5所示。

图14-4　打开素材　　　　图14-5　绘制矩形

05 执行菜单栏中的"滤镜"|"扭曲"|"波纹"命令，打开"波纹"对话框，将"数量"设置为100%，"大小"为中。经过添加波纹后的效果如图14-6所示。

06 单击"图层"面板下方的"添加图层样式"按钮 *fx*，在打开的选项中选择"描边"命令，打开"图层样式"对话框，将"大小"设置为2像素，"不透明度"设置为100%，"颜色"设置为黑色，其他参数保持默认，如图14-7所示。

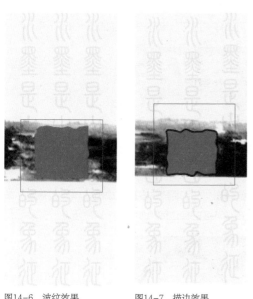

图14-6 波纹效果   图14-7 描边效果

14.1.2 添加文字

01 新建一个图层，选择工具箱中的"椭圆选框工具" ○，在画布中绘制一个圆形，然后将其填充为红色（C：20；M：100；Y：90；K：0），

并将其垂直向下移制3份。再将其复制一份，将填充颜色修改为灰色（C：77；M：63；Y：50；K：6），放置在顶部，效果如图14-8所示。

02 选择工具箱中的"直排文字工具" **T** 和"横排文字工具" **IT**，分别在画布中输入文字，设置不同的字体和大小，分别放置到合适的位置，效果如图14-9所示。

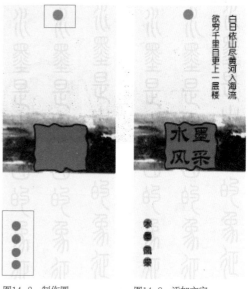

图14-8 制作圆   图14-9 添加文字

03 新建一个图层，选择工具箱中的"直线工具" ╱，在选项栏中选择 像素 选项，设置"粗细"为1像素，将前景色设置为红色（C：0；M：95；Y：95；K：0），在画布中绘制一条直线，然后复制两份，分别放置到文字的两侧。这样就完成了水墨书签设计。

14.2 黄昏美景招贴设计

◆实例分析

　　首先通过编辑渐变将背景填充渐变颜色，然后利用"椭圆选框工具"绘制圆形选区并多次变换填充，绘制出彩虹效果，绘制直线并添加方块和三角形装饰，制作出城市的代表元素，再添加小鸟使画面更有层次感。整个设计展现出晚霞斑斓的效果，从而使主题更加突出，使整个画面看上去温暖又时尚，充满现代感和科技感。最终效果如图14-10所示。

难　　度：★★★
素材文件：第 14 章\黄昏美景招贴设计
案例文件：第 14 章\黄昏美景招贴设计 .psd
视频文件：第 14 章\14-2　黄昏美景招贴设计 .avi

图14-10　最终效果

◆ 本例知识点

1．渐变工具 ▣
2．椭圆选框工具 ○
3．"描边"命令
4．直线工具 ✐

14.2.1　制作背景

01 执行菜单栏中的"文件"|"新建"命令，在弹出的对话框中设置"宽度"为640像素，"高度"为480像素，"分辨率"为150像素的画布。选择工具箱中的"渐变工具" ▣，设置颜色为从绿色（C: 75; M: 15; Y: 100; K: 33）到橘黄色（C: 5; M: 30; Y: 90; K: 0）在到暗红色（C: 55; M: 100; Y: 100; K: 50）的线性渐变，从画布的上方向下方拖动鼠标填充渐变，效果如图14-11所示。

02 创建一个新图层并重命名为"彩虹"。选择工具箱中的"椭圆选框工具" ○，在画布中按住Shift键拖动绘制一个正圆选区，如图14-12所示。

图14-11　填充渐变　　　　　　图14-12　绘制选区

03 执行菜单栏中的"编辑"|"描边"命令，打开"描边"对话框，设置"宽度"为10像素，颜色为深红色（C: 0; M: 100; Y: 100; K: 40），再选择"内部"单选按钮，如图14-13所示。

图14-13　设置描边参数

04 描边的各项参数设置完成后，单击"确定"按钮，选区的描边效果如图14-14所示。

图14-14　描边效果

05 确认当前所使用的工具为"选框工具"。在画布中单击右键，在弹出的快捷菜单中选择"变换选区"命令，然后再将圆形选区缩小，按Enter键确认，效果如图14-15所示。

06 重复步骤03和步骤04的操作，为选区添加10像素的橘黄色（C: 0; M: 50; Y: 95; K: 0）

的描边，效果如图14-16所示。

图14-15 变换选区

图14-16 描边效果

07 用同样的方法先缩小选区，然后再分别描边黄色（C: 0；M: 0；Y: 70；K: 0）绿色（C: 90；M: 40；Y: 100；K: 40），最后取消选区，效果如图14-17所示。

08 选择工具箱中的"矩形选框工具" [ ]，将彩虹的下半部分选中，然后按Delete键将选中的部分删除，然后再放置到画布的右下角，效果如图14-18所示。

技巧

如果当前画布中有选区，在使用"矩形选框工具" [ ] 时，按住Alt键可以启用从选区减去功能。

图14-17 变换选区

图14-18 删除效果

09 将刚修剪后的彩虹复制一份，然后再稍加缩小并移动放置到画布的左下角，效果如图14-19所示。

10 执行菜单栏中的"文件"|"打开"命令，打开"房子.psd"和"墨迹图.psd"文件，使用"移动工具" [ ] 将素材都拖动到画布中，然后再分别对其进行调整，效果如图14-20所示。

图14-19 复制效果

图14-20 添加图像

11 在"图层"面板中，将刚添加的墨迹的"不透明度"设置为36%，效果如图14-21所示。

图14-21 降低不透明度

14.2.2 添加其他图像

01 创建一个新图层并重命名为"直线"中，将前景色设置为黑色。选择工具箱中的"直线工具" [ ]，在选项栏中选择 像素 选项，并设置"粗细"为1像素，然后在画布中绘制一条竖线，效果如图14-22所示。

技巧

对图层重命名，首先要在图层名称上双击鼠标将其激活，然后输入新的名称确认即可，注意双击的位置是图层名称，而不是图层。

图14-22 竖线效果

02 将刚绘制的竖线复制多份，然后再分别调整其高度和位置，效果如图14-23所示。

03 创建一个新图层并重命名为"方块"。选择工具箱中的"矩形选框工具"□，在画布中绘制一个正方形选区，然后将其填充为红色（C: 0; M: 100; Y: 100; K: 0），再放置到合适的位置，效果如图14-24所示。

图14-23　复制竖线　　　　　图14-24　绘制矩形

04 将矩形复制一份并修改其填充颜色为黑色，然后缩小到合适的大小，效果如图14-25所示。

05 将刚绘制的矩形复制多份，然后再分别调整其大小和位置，效果如图14-26所示。

图14-25　更改颜色　　　　　图14-26　复制并调整

06 创建一个新图层并重命名为"三角形"，将前景色设置为黑色。选择工具箱中的"自定形状工具"，在选项栏中选择 像素 ≑选项，再单击"点按可打开'自定形状'拾色器"按钮，打开"'自定形状'拾色器"面板，然后选择"'形状'|'三角形'"形状，并在画布中进行绘制，效果如图14-27所示。

07 按Ctrl + T组合键执行变换命令，然后再将刚

绘制的三角形进行垂直翻转，按Enter键确认，效果如图14-28所示。

图14-27　绘制三角形　　　　图14-28　垂直翻转效果

技巧

如果在"自定形状拾色器"对话框中找不到需要的形状，可以单击对话框右上方的黑色按钮 ✿，在弹出的菜单中选择相关的命令来显示形状，也可以选择"全部"命令，弹出提示对话框，单击"确定"按钮，来显示全部的形状。

08 将刚绘制的三角形复制多份，然后再分别调整其大小、颜色和位置，效果如图14-29所示。

09 执行菜单栏中的"文件"|"打开"命令，打开"小鸟.psd"文件，使用"移动工具"将小鸟拖动到画布中，再调整其大小和位置。然后再复制多份缩小到合适的大小，再放置到画布中合适的位置，效果如图14-30所示。这样就完并成了黄昏美景的最终效果。

图14-29　复制三角形　　　　图14-30　添加小鸟

14.3 打造游戏网站主页

◆实例分析

　　本例采用迷幻手法表现游戏主题，运用虚拟的视觉形式来表现游戏的核心诉求，视觉表现突破常规模式，同时更加具有画面记忆性，将飘浮的云彩和浮动的城堡融合在一起，在观者眼前复原形成一幅完整的梦幻画面，以当代年轻人追求梦想的形式构思设计，符合现在时尚受众的心理，让人从画面中感受游戏的内涵所在，从而激发人们的联想，立意独到，浑然天成。最终效果如图 14-31 所示。

难　度：★ ★ ★ ★ ★
素材文件：第 14 章 \ 打造游戏网站主页
案例文件：第 14 章 \ 打造游戏网站主页 .psd
视频文件：第 14 章 \14-3　打造游戏网站主页 .avi

图14-31　完成效果

◆ 本例知识点

1．渐变工具
2．磁性套索工具
3．加深工具
4．套索工具

14.3.1　填充背景并制作浮山

01 执行菜单栏中的"文件"|"新建"命令，打开"新建"对话框，设置"名称"为"游戏主页"，"宽度"为1024像素，"高度"为620像素，"分辨率"为72像素/英寸，"颜色模式"为RGB颜色，"背景内容"为白色。

02 选择工具箱中的"渐变工具"，单击选项栏中的"点按可编辑渐变"区域，打开"渐变编辑器"对话框，编辑从白色到浅褐色（R：159；G：153；B：101）的渐变。

03 在选项栏中单击"径向渐变"按钮，然后从画布的中心向右上角拖动鼠标指针，释放鼠标即可为背景填充渐变，填充后的效果如图14-32所示。

图14-32　填充渐变效果

04 执行菜单栏中的"文件"|"打开"命令，打开"石山.jpg"文件。

05 选择工具箱中的"磁性套索工具"，沿石山的边缘选中其中一部分山，选中效果如图14-33所示。

图14-33　选中效果

06 使用"移动工具"将选区中的石山拖动到"游戏主页"画布中，按Ctrl + T组合键将图片适当缩小，然后单击鼠标右键，从弹出的快捷菜单中选择"垂直翻转"命令，如图14-34所示。

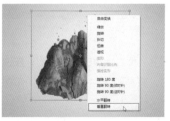

图14-34　选择命令

07 将石山垂直翻转后，将指针放置在变换框的外侧，当指针变成 ↴ 状时按住鼠标将图片旋转一定的角度，使纹理看上去更加顺畅，如图14-35所示。

图14-35　旋转效果

08 执行菜单栏中的"文件"|"打开"命令，打开"草地.jpg"文件。

09 使用"移动工具" ⊕ 将选区中的草地拖动到"游戏主页"画布中，按Ctrl + T组合键将图片适当缩小，然后单击鼠标右键，从弹出的快捷菜单中选择"透视"命令，如图14-36所示。

图14-36　缩放效果

10 将指针放置在变换框右上角的控制点上，按住鼠标向左侧拖动，将草地图片透视变形，如图14-37所示。

图14-37　透视操作

11 按Enter键确认变换，选择工具箱中的"套索工具" ☿，在画布中绘制一个选区，注意选区位于草地图片中，并注意与下方的石山轮廓匹配，如图14-38所示。

图14-38　绘制选区

12 按Shift + Ctrl + I组合键，将选区反向选择，注意选择草地所在图层，然后按键盘上的Delete键，将选区中的草地图片删除，删除后的效果如图14-39所示。

图14-39　删除效果

13 选择工具箱中的"加深工具" ⚫，在选项栏中设置其笔触"大小"为60像素，"硬度"为0，如图14-40所示。

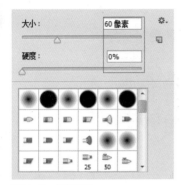

图14-40　笔触设置

14 在"图层"面板中，分别选择石山和草地所在图层，将石山和草地局部进行加深处理，效果如图14-41所示。

图14-41　加深效果

14.3.2　制作坠落山石并添加绿藤

01 选择工具箱中的"套索工具" ⚫，在"图层"面板中确认选择"石山"图层，使用"套索工具" ⚫在石山上绘制一个自由选区，如图14-42所示。

02 在按住Alt + Ctrl组合键的同时将指针放置在选区中，当指针变成 ▶状时按住鼠标拖动，将选区中的图像复制一份并移动到下方合适位置，如图14-43所示。

图14-42　绘制选区　　　　图14-43　拖动效果

03 用同样的方法，使用"套索工具" ⚫绘制不同大小的选区，然后拖动复制多份并摆放在不同的位置，制作出一种山石坠落的效果，如图14-44所示。

图14-44　山石坠落效果

04 执行菜单栏中的"文件" | "打开"命令，打开"绿藤.psd"文件，如图14-45所示。

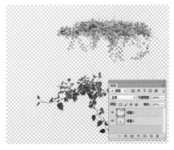

图14-45　绿藤图片

05 选择"绿藤2"图层，将其拖动到"游戏主页"画布中，然后按Ctrl + T组合键将其缩小并旋转一定的角度，放置在合适的位置，如图14-46所示。

图14-46　添加绿藤2

06 将"绿藤2"图层复制两份，分别将复制的绿藤缩小并旋转一定的角度，旋转在不同的位置，如图14-47所示。

图14-47　复制绿藤

07 选择"绿藤1"图层，将其拖动到"游戏主页"画布中，然后按Ctrl + T组合键将其缩小并旋转一定的角度，放置在合适的位置，如图14-48所示。

图14-48　添加绿藤1

08 将"绿藤1"图层复制六份，分别将复制的绿藤缩小并旋转一定的角度，旋转在不同的位置，如图14-49所示。

图14-49　复制并变换绿藤

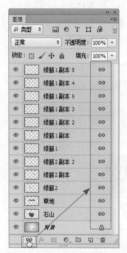

09 将除"背景"图层以外的所有图层选中，单击"图层"面板中底部的"链接图层"按钮 ，如图14-50所示，将图层进行链接，然后将其复制两份，并分别链接缩放，放置在不同的位置，效果如图14-51所示。

图14-50　链接图层

图14-51　复制效果

提示

链接图层可以将选中的图层进行绑定，以便进行整体的选择与移动操作，这是在设计中非常实用的功能，希望读者牢记。

14.3.3 添加建筑和古井

01 执行菜单栏中的"文件"|"打开"命令，打开"建筑1.jpg"文件。

02 选择建筑物。选择工具箱中的"魔棒工具"，在选项栏中设置"容差"的值为10，取消"连续"复选框，然后在画布中的白色背景位置单击鼠标，将白色背景选中。

> **提示**
>
> 取消"连续"复选框后，在选择图像时，可以将画布中所有与鼠标单击点相似的颜色选中。

03 按Shift + Ctrl + I组合键，将选区反向选择，以选中建筑，然后选择"移动工具"将选区中的建筑拖动到"游戏主页"画布中，按Ctrl + T组合键将其进行适当缩小并放置在上方，如图14-52所示。

图14-52 添加建筑1

04 执行菜单栏中的"文件"|"打开"命令，打开"建筑2.jpg"文件，如图14-53所示。

图14-53 建筑2图片

05 使用"魔棒工具"将建筑选中，然后使用"移动工具"将其拖动到"游戏主页"画布中，按Ctrl + T组合键将其等比缩小并旋转一定的角度，放置在右侧浮山上，如图14-54所示。

图14-54 缩小并旋转

06 将建筑2复制一份，然后按Ctrl + T组合键，在画布中单击鼠标右键，从弹出的快捷菜单中选择"水平翻转"命令，如图14-55所示。

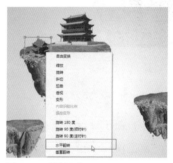

图14-55 选择命令

07 按Enter键确认变换。将建筑2再复制一份，将其放置在小浮山左侧，并将其适当缩小，效果如图14-56所示。

08 执行菜单栏中的"文件"|"打开"命令，打开"古井.jpg"文件。

09 选择工具箱中的"魔棒工具"，在选项栏中设置"容差"的值为32，取消"连续"复选框，然后在画布中的黑色背景位置单击鼠标，将黑色背景选中，然后按Shift+ Ctrl + I组合键将选区反向选择，将古井选中。

10 使用"移动工具"将古井拖动到"游戏主页"画布中，按Ctrl + T组合键将其等比缩，如图14-57所示。

图14-56 缩小建筑2

图14-57 缩小古井

14.3.4 添加植物及云彩

01 执行菜单栏中的"文件"|"打开"命令，打开"树木.psd"文件，如图14-58所示。

图14-58 树木图片

提示

添加树木时要注意各树木图层的顺序，比如将"树1"图层移动到其他层的下方。

02 使用"移动工具" ⊕ 将所有树木拖动到"游戏主页"画布中，按Ctrl + T组合键分别将其等比缩，放置在不同的位置，如图14-59所示。

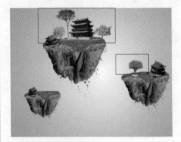

图14-59 添加树木

03 将"树4"复制一份，将其适当缩小并放置在最小浮山的右侧边缘，如图14-60所示。

图14-60 复制树4

04 执行菜单栏中的"文件"|"打开"命令，打开"花朵.psd"文件，如图14-61所示。

图14-61 花朵图片

05 使用"移动工具" ⊕ 将"花01"和"花02"拖动到"游戏主页"画布中，按Ctrl + T组合键分别将其等比缩，放置在不同的位置，并复制多份，如图14-62所示。

06 使用同样的方法，将"花01"和"花02"复制多份，并放置在另外两个浮山的不同位置，如图

14-63所示。

图14-62　添加花朵

图14-63　复制花朵

07 执行菜单栏中的"文件"|"打开"命令，打开"云彩.psd"文件。

08 使用"移动工具" ，将除"背景"层以外的所有云彩图层拖动到"游戏主页"画布中，按Ctrl + T组合键分别将其等比缩，并复制多份放置在不同的位置，如图14-64所示。

图14-64　添加云彩

14.3.5　添加标志及文字

01 执行菜单栏中的"文件"|"置入"命令，将弹出"置入"对话框，置入"标志.ai"文件，如图

14-65所示。

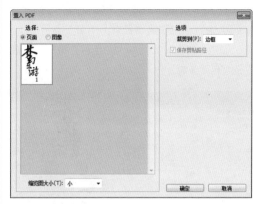

图14-65　置入标志

02 置入的标志是一个智能对象，类似于矢量图片，可以进行放大或缩小而不会失真，将标志进行适当缩小并将其置在右上角位置，如图14-66所示。

图14-66　缩小效果

03 选择工具箱中的"套索工具" ，在文字的左侧绘制一个自由选区，如图14-67所示。

04 在"图层"面板中，单击底部的"创建新图层"按钮 ，创建一个新的图层，然后将选区填充为深红色（R：102；G：0；B：0），按Ctrl + D组合键取消选区，如图14-68所示。

图14-67　绘制选区

图14-68　填充深红色

05 选择工具箱中的"直排文字工具" IT，在画布中单击鼠标输入文字"畅游于梦幻国度"，设置文字的字体为"方正黄草简体"，文字大小为15点，颜色为白色，如图14-69所示。将文字放置在深红色图像的上方，效果如图14-70所示。

图14-69 文字参数设置　　图14-70 文字效果

06 在"图层"面板中选择"标志"图层，单击面板底部的"添加图层样式"按钮 fx，从弹出的快捷菜单中选择"投影"命令，打开"图层样式"对话框，设置投影的颜色为黑色，"不透明度"为65%，"距离"为5像素，"扩展"为3%，"大小"为9像素，如图14-71所示。添加投影后的标志效果如图14-72所示。

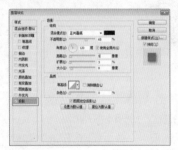

图14-71 投影设置

图14-72 投影效果

07 勾选"斜面和浮雕"复选框，设置"样式"为内斜面，"深度"为161%，"大小"为10像素，如图14-73所示。添加斜面和浮雕后的标志效果如图14-74所示。

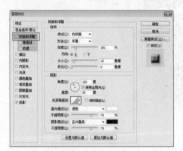

图14-73 参数设置

图14-74 斜面和浮雕效果

08 在"标志"图层的效果上单击鼠标右键，从弹出的快捷菜单中选择"拷贝图层样式"命令，如图14-75所示。将"标志"图层的样式拷贝，分别选择小的文字层和填充深红色的图层，单击鼠标右键，从弹出的快捷菜单中选择"粘贴图层样式"命令，将效果粘贴到这两个图层上，粘贴后的效果如图14-76所示。

图14-75 选择样式　　图14-76 粘贴图层样式

09 分别双击粘贴图层样式的样式，打开对应的样式对话框，修改其样式参数，以制作的更加真实，修改后的图像效果如图14-77所示。

10 将文字图层下方的云彩调整到文字层的上方，制作出文字在云彩中的效果如图14-78所示。

图14-77 修改图层样式　　图14-78 调整图层顺序

11 执行菜单栏中的"文件"|"打开"命令，打开"水墨.psd"文件，如图14-79所示。

12 使用"移动工具" ↪ 将"水墨"拖动到"游戏主页"画布中，按Ctrl + T组合键将图片适当缩小，将其放置在左下角的位置，如图14-80所示。

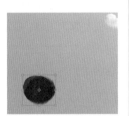

图14-79 水墨图片　　　　图14-80 缩小图片

13 选择工具箱中的"横排文字工具" **T**，在画布中单击鼠标分别输入文字，设置不同的大小和颜色，如图14-81所示。这样就完成了整个游戏主页的设计制作，完成的最终效果如图14-82所示。

图14-81 输入文字

图14-82 最终效果

14.4 知识拓展

在当今信息相当重要的时代，商业广告设计是企业宣传的重要手段。本章精选几个商业案例，真实再现设计过程。希望读者充分掌握本章内容，为以后的商业广告设计工作打下基础。

14.5 拓展训练

本章通过 4 个课后习题，商业广告设计内容进行更加完整的补充，让读者快速掌握商业广告设计的精髓。

训练14-1 别墅海报设计

◆实例分析

本例主要讲解的是别墅海报的设计方法，先利用金黄色为主色调，然后再添加文字，使整体画面看起来富贵华丽。最终效果如图14-83所示。

难　度：★★★

素材文件：第 14 章\别墅海报设计

案例文件：第 14 章\别墅海报设计 .psd

视频文件：第 14 章\训练14-1　别墅海报设计 .avi

图14-83　最终效果

◆本例知识点

1．钢笔工具
2．橡皮擦工具
3．图层蒙版
4．直排文字工具

训练14-2 音乐CD装帧设计

◆实例分析

本例讲解音乐 CD 装帧设计的制作方法，首先应用"椭圆选框工具" 绘制 CD 的轮廓；然后添加素材与使用"添加剪贴蒙版"命令等制作 CD 的封面；最后使用"横排文字工具" 添加文字丰富画面。最终效果如图14-84所示。

难　度：★★★★

素材文件：第 14 章\音乐 CD 装帧设计

案例文件：第 14 章\音乐 CD 装帧设计 .psd

视频文件：第 14 章\训练14-2　音乐 CD 装帧设计 .avi

图14-84　最终效果

◆本例知识点

1．椭圆选框工具
2．横排文字工具 T
3．去色命令
4．创建剪贴蒙版命令

训练14-3 POP商场招贴设计

◆实例分析

本例主要制作 POP 广告，通过本例的制作，学习选区工具、自定形状工具的使用，其中包括磁性套索工具、套索工具、魔棒工具的使用，自定形状的选择、自定形状的调整等知识。最终效果如图 14-85 所示。

难　度：★★★★

素材文件：第 14 章\POP 商场招贴设计

案例文件：第 14 章\POP 商场招贴设计 .psd

视频文件：第 14 章\训练 14-3　POP 商场招贴设计 .avi

图14-85　最终效果

◆本例知识点

1. 磁性套索工具
2. 描边命令
3. 套索工具
4. 魔棒工具
5. 钢笔工具
6. 自定形状工具

图14-86　最终效果

训练14-4 木盒酒包装设计

◆实例分析

　　本实例是一款木盒的酒包装设计，整个设计追随古典大气的特点，凸显品牌的典雅与气质，木盒的设计是整个设计的看点与亮点，主题明确，暗红色调的运用衬托出美酒的古香与古韵。画面精致典雅、质感强烈、主题突出。最终效果如图 14-86 所示。

难　　度：★★★★★
素材文件：第 14 章 \ 木盒酒包装设计
案例文件：第 14 章 \ 木盒酒包装设计平面效果图 .psd、木盒酒包装设计立体效果图 .psd
视频文件：第 14 章 \ 训练 14-4　木盒酒包装设计 .avi

◆本例知识点

1. 矩形选框工具
2. 钢笔工具
3. 渐变工具
4. 添加杂色命令
5. 图层样式
6. 图层蒙版

默认键盘快捷键

在具有多个工具的行中，重复按同一快捷键可以在这组工具中进行切换。

结果	Windows	Mac OS
使用同一快捷键循环切换工具	按住 Shift 键并按快捷键（如果选中"使用 Shift 键切换工具"首选项）	按住 Shift 键并按快捷键（如果选中"使用 Shift 键切换工具"首选项）
循环切换隐藏的工具	按住 Alt 键并单击工具（添加锚点、删除锚点和转换点工具除外）	按住 Option 键并单击工具（添加锚点、删除锚点和转换点工具除外）
移动工具	V	V
矩形选框工具；椭圆选框工具	M	M
套索工具；多边形套索工具；磁性套索工具	L	L
快速选择工具；魔棒工具	W	W
裁剪工具；透视剪切工具；切片工具；切片选取工具	C	C
吸管工具；3D 材质吸管工具；颜色取样器工具；标尺工具；注释工具；计数工具	I	I
污点修复画笔工具；修复画笔工具；内容感知移动工具；修补工具；红眼工具	J	J
画笔工具；铅笔工具；颜色替换工具；混合器画笔工具	B	B
仿制图章工具；图案图章工具	S	S
历史记录画笔工具；历史记录艺术画笔工具	Y	Y
橡皮擦工具；背景橡皮擦工具；魔术橡皮擦工具	E	E
渐变工具；油漆桶工具；3D 材质拖放工具	G	G
减淡工具；加深工具；海绵工具	O	O
钢笔工具；自由钢笔工具	P	P
横排文字工具；直排文字工具；横排文字蒙版工具；直排文字蒙版工具	T	T
路径选择工具；直接选择工具	A	A
矩形工具；圆角矩形工具；椭圆工具；多边形工具；直线工具；自定形状工具	U	U
抓手工具	H	H
旋转视图工具	R	R
缩放工具	Z	Z

用于查看图像的快捷键

此部分列表提供不显示在菜单命令或工具提示中的快捷键。

结果	Windows	Mac OS
循环切换打开的文档	Ctrl + Tab	Ctrl + Tab
切换到上一文档	Shift + Ctrl + Tab	Shift + Command + `
在 Photoshop 中关闭文件并转到 Bridge	Shift + Ctrl + W	Shift + Command + W
在"标准"模式和"快速蒙版"模式之间切换	Q	Q
在标准屏幕模式、最大化屏幕模式、全屏模式和带有菜单栏的全屏模式之间切换（前进）	F	F
在标准屏幕模式、最大化屏幕模式、全屏模式和带有菜单栏的全屏模式之间切换（后退）	Shift + F	Shift + F
切换（前进）画布颜色	空格键 + F （或右键单击画布背景并选择颜色）	空格键 + F （或按住 Ctrl 键单击画布背景并选择颜色）
切换（后退）画布颜色	空格键 + Shift + F	空格键 + Shift + F
将图像限制在窗口中	双击抓手工具双	双击抓手工具双
放大 100%	双击缩放工具 或 Ctrl + 1	双击缩放工具或 Command + 1
切换到"抓手"工具（当不处于文本编辑模式时）	空格键	空格键
使用抓手工具同时平移多个文档	按住 Shift 键拖移	按住 Shift 键拖移
切换到放大工具	Ctrl + 空格键	Command + 空格键
切换到缩小工具	Alt + 空格键	Option + 空格键
使用"缩放工具"拖动时移动"缩放"选框	按住空格键拖移	按住空格键拖移
应用缩放百分比，并使缩放百分比框保持现用状态	在"导航器"面板中按住 Shift + Enter 以激活缩放百分比框	在"导航器"面板中按住 Shift + Return 以激活缩放百分比框
放大图像中的指定区域	按住 Ctrl 键并在"导航器"面板的预览中拖移	按住 Command 键并在"导航器"面板的预览中拖移
临时缩放到图像	按住 H 键，然后在图像中单击，并按住鼠标键	按住 H 键，然后在图像中单击，并按住鼠标键
使用抓手工具滚动图像	按住空格键拖移，或拖移"导航器"面板中的视图区域框	按住空格键拖移，或拖移"导航器"面板中的视图区域框
向上或向下滚动一屏	Page Up 或 Page Down	Page Up 或 Page Down
向上或向下滚动 10 个单位	Shift + Page Up 或 Page Down	Shift + Page Up 或 Page Down
将视图移动到左上角或右下角	Home 或 End	Home 或 End

结果	Windows	Mac OS
打开 / 关闭图层蒙版的宝石红显示（必须选定图层蒙版）	\（反斜杠）	\（反斜杠）

用于调整边缘的快捷键

结果	Windows	Mac OS
打开"调整边缘"对话框	Ctrl + Alt + R	Command + Option + R
在预览模式之间循环切换（前进）	F	F
在预览模式之间循环切换（后退）	Shift + F	Shift + F
在原始图像和选区预览之间切换	X	X
在原始选区和调整的版本之间切换	P	P
在打开和关闭半径预览之间切换	J	J
在调整半径和抹除调整工具之间切换	E	E

用于滤镜库的快捷键

结果	Windows	Mac OS
在所选对象的顶部应用新滤镜	按住 Alt 键并单击滤镜	按住 Option 键并单击滤镜
打开 / 关闭所有展开三角形	按住 Alt 键并单击展开三角形	按住 Option 键并单击展开三角形
将"取消"按钮更改为"默认"	Ctrl	Command
将"取消"按钮更改为"复位"	Alt	Option
还原 / 重做	Ctrl + Z	Command + Z
向前一步	Ctrl + Shift + Z	Command + Shift + Z
向后一步	Ctrl + Alt + Z	Command + Option + Z

用于液化的快捷键

结果	Windows	Mac OS
向前变形工具	W	W
重建工具	R	R
顺时针旋转扭曲工具	C	C
褶皱工具	S	S
膨胀工具	B	B
左推工具	O	O
镜像工具	M	M
冻结蒙版工具	F	F
解冻蒙版工具	D	D

结果	Windows	Mac OS
手抓工具	H	H
缩放工具	Z	Z
反转"膨胀"工具"褶皱"工具"左推"工具和"镜像"工具的方向	按住 Alt 键并单击工具按住	Option 键并单击工具
连续不断地对扭曲进行取样	选中重建工具、"置换""扩张"或"关联"模式时，在预览中按住 Alt 键拖移	使用重建工具并选中"置换""扩张"或"关联"模式，在预览中按住 Option 键并拖动
将画笔大小减小 / 增大 2，或者将浓度、压力、比率或湍流抖动减小 / 增大 1	"画笔大小""浓度""压力""比率"或"湍流抖动"文本框中的向下箭头 / 向上箭头	"画笔大小""浓度""压力""比率"或"湍流抖动"文本框中的向下箭头 / 向上箭头
从上到下在右侧循环切换控件	Tab	Tab
从下到上在右侧循环切换控件	Shift + Tab	Shift + Tab
将"取消"更改为"复位"	Alt	Option
按住 Shift 键可减小 / 增大 10		

用于消失点的快捷键

结果	Windows	Mac OS
缩放两倍（临时）	X	X
放大	Ctrl + +（加号）	Command + +（加号）
缩小	Ctrl + −（连字符）	Command + −（连字符）
符合视图大小	Ctrl + 0（零）、双击抓手工	Command + 0（零）、双击抓手工具
按 100% 放大率缩放到中心	双击缩放工具	双击缩放工具
增加画笔大小（画笔工具、图章工具）	]	]
减小画笔大小（画笔工具、图章工具）	[	[
增加画笔硬度（画笔工具、图章工具）	Shift' +]	Shift +]
减小画笔硬度（画笔工具、图章工具）	Shift + [	Shift + [
还原上一动作	Ctrl + Z	Command + Z
重做上一动作	Ctrl + Shift + Z	Command + Shift + Z
全部取消选择	Ctrl + D	Command + D
隐藏选区和平面	Ctrl + H	Command + H
将选区移动 1 个像素	箭头键	箭头键
将选区移动 10 个像素	Shift + 箭头键	Shift + 箭头键
拷贝	Ctrl + C	Command + C
粘贴	Ctrl + V	Command + V

结果	Windows	Mac OS
重复上一个副本并移动	Ctrl + Shift + T	Command + Shift + T
从当前选区创建浮动选区	Ctrl + Alt + T	–
使用指针下的图像填充选区按住	Ctrl 键拖移按住	Command 键拖移
将选区副本作为浮动选区创建按住	Ctrl + Alt 组合键拖移按住	Command + Option 组合键拖移
限制选区为 15° 旋转	按住 Alt+Shift 进行旋转	按住 Option+Shift 进行旋转
在另一个选定平面下选择平面	按住 Ctrl 键单击该平面	按住 Command 键并单击平面
创建与父平面成 90 度的平面	按住 Ctrl 键拖移	按住 Command 键拖移
在创建平面的同时删除上一个节点	Backspace	Delete
建立一个完整的画布平面(与相机一致)	双击创建平面工具	双击创建平面工具
显示 / 隐藏测量 (仅限 Photoshop Extended)	Ctrl + Shift + H	Command + Shift + H
导出到 DFX 文件 (仅限 Photoshop Extended)	Ctrl + E	Command + E
导出到 3DS 文件 (仅限 Photoshop Extended)	Ctrl + Shift + E	Command + Shift + E

用于"黑白"对话框的快捷键

结果	Windows	Mac OS
打开"黑白"对话框将	Shift + Ctrl + Alt + B	Shift + Command + Option+B
选定值增大 / 减少 1%	向上箭头键 / 向下箭头键	向上箭头键 / 向下箭头键
将选定值增大 / 减少 10%	Shift + 向上箭头键 / 向下箭头键	Shift + 向上箭头键 / 向下箭头键
更改最接近的颜色滑块的值	单击并在图像上拖移	单击并在图像上拖移

用于"曲线"命令的快捷键

结果	Windows	Mac OS
打开"曲线"对话框	Ctrl + M	Command + M
选择曲线上的下一个点	+ (加)	+ (加)
选择曲线上的上一个点	– (减)	– (减)
选择曲线上的多个点	按住 Shift 键并单击这些点	按住 Shift 键并单击这些点
取消选择某个点	Ctrl + D	Command + D
删除曲线上的某个点	选择某个点并按 Delete 键	选择某个点并按 Delete 键
将选定的点移动 1 个单位	箭头键	箭头键
将选定的点移动 10 个单位	Shift + 箭头键	Shift + 箭头键
显示将修剪的高光和阴影	按住 Alt 键并拖移黑场 / 白场滑块	按住 Option 键并拖移黑场 / 白场滑块
在复合曲线上设置一个点	按住 Ctrl 键并单击图像	按住 Command 键并单击图像

结果	Windows	Mac OS
在通道曲线上设置一个点	按住 Shift + Ctrl 组合键并单击图像	按住 Shift + Command 组合键并单击图像
切换网格大小	按住 Alt 键并单击域	按住 Option 键并单击域

用于选择和移动对象的快捷键

此部分列表提供不显示在菜单命令或工具提示中的快捷键。

结果	Windows	Mac OS
选择时重新定位选框	任何选框工具（单列和单行除外）+ 空格键并拖移	任何选框工具（单列和单行除外）+ 空格键并拖移
添加到选区	任何选择工具 + Shift 键并拖移	任何选择工具 + Shift 键并拖移
从选区中减去	任何选择工具 + Alt 键并拖移	任何选择工具 + Option 键并拖移
与选区交叉	任何选择工具（快速选择工具除外）+Shift + Alt 并拖移	任何选择工具（快速选择工具除外）+Shift + Option 并拖移
将选框限制为方形或圆形（如果没有任何其他选区处于现用状态）	按住 Shift 键拖移	按住 Shift 键拖移
从中心绘制选框（如果没有任何其他选区处于现用状态）	按住 Alt 键拖移按	住 Option 键拖移
限制形状并从中心绘制选框	按住 Shift + Alt 组合键拖移	按住 Shift + Option 组合键拖移
切换到移动工具	Ctrl（选定抓手、切片、路径、形状或任何钢笔工具时除外）	Command（选定抓手、切片、路径、形状或任何钢笔工具时除外）
从磁性套索工具切换到套索工具	按住 Alt 键拖移	按住 Option 键拖移
应用 / 取消磁性套索的操作	Enter/Esc 或 Ctrl + .（句点）	Return/Esc 或 Command + .（句点）
移动选区的拷贝	移动工具 + Alt 键并拖移选区	移动工具 + Option 键并拖移选区
将所选区域移动 1 个像素	任何选区 + 向右箭头键、向左箭头键、向上箭头键或向下箭头键	任何选区 + 向右箭头键、向左箭头键、向上箭头键或向下箭头键
将选区移动 1 个像素	移动工具 + 向右箭头键、向左箭头键、向上箭头键或向下箭头键	移动工具 + 向右箭头键、向左箭头键、向上箭头键或向下箭头键
当未选择图层上的任何内容时，将图层移动 1 个像素	Ctrl + 向右箭头键、向左箭头键、向上箭头键或向下箭头键	Command + 向右箭头键、向左箭头键、向上箭头键或向下箭头键
增大 / 减小检测宽度	磁性套索工具 + [或]	磁性套索工具 + [或]
接受裁剪或退出裁剪	裁剪工具 + Enter 或 Esc	裁剪工具 + Return 或 Esc
切换裁剪屏蔽开 / 关	/（正斜杠）	/（正斜杠）
创建量角器	标尺工具 +Alt 并拖移终点	标尺工具 +Option 并拖移终点
将参考线与标尺记号对齐（未选中"视图" > "对齐"时除外）	按住 Shift 键拖移参考线	按住 Shift 键拖移参考线

结果	Windows	Mac OS
在水平参考线和垂直参考线之间转换	按住 Alt 键拖移参考线	按住 Option 键拖移参考线
按住 Shift 键可移动 10 个像素适用于形状工具		

用于变换选区、选区边界和路径的快捷键

此部分列表提供不显示在菜单命令或工具提示中的快捷键。

结果	Windows	Mac OS
从中心变换或对称	Alt	Option
限制	Shift	Shift
扭曲	Ctrl	Command
取消	Ctrl + .（句点）或 Esc	Command + .（句点）或 Esc
使用重复数据自由变换	Ctrl + Alt + T	Command + Option + T
再次使用重复数据进行变换	Ctrl + Shift + Alt + T	Command + Shift + Option + T
应用	Enter	Return

用于编辑路径的快捷键

此部分列表提供不显示在菜单命令或工具提示中的快捷键。

结果	Windows	Mac OS
选择多个锚点	方向选择工具 + Shift 键并单击	方向选择工具 + Shift 键并单击
选择整个路径	方向选择工具 + Alt 键并单击	方向选择工具 + Option 键并单击
复制路径	钢笔（任何钢笔工具）、路径选择工具或直接选择工具 + Ctrl + Alt 并拖移	钢笔（任何钢笔工具）、路径选择工具或直接选择工具 + Command + Option 并拖移
从路径选择工具、钢笔工具、添加锚点工具、删除锚点工具或转换点工具切换到直接选择工具	Ctrl	Command
当指针位于锚点或方向点上时从钢笔工具或自由钢笔工具切换到转换点工具	Alt	Option
关闭路径	磁性钢笔工具 + 双击	磁性钢笔工具 + 双击
关闭含有直线段的路径	磁性钢笔工具 + Alt 键并双击	磁性钢笔工具 + Option 键并双击

用于绘画的快捷键

此部分列表提供不显示在菜单命令或工具提示中的快捷键。

结果	Windows	Mac OS
从拾色器中选择前景颜色	任何绘画工具 + Shift + Alt + 右键单击并拖动	任何绘画工具 + Ctrl + Option + Command 键并拖动
使用吸管工具从图像中选择前景颜色	任何绘画工具 + Alt 键或任何形状工具 + Alt 键（选中"路径"选项时除外）	任何绘画工具 + Option 键或任何形状工具 +Option 键（选中"路径"选项时除外）
选择背景色	吸管工具 + Alt 键并单击	吸管工具 + Option 键并单击
颜色取样器工具	吸管工具 + Shift 键	吸管工具 + Shift 键
删除颜色取样器	颜色取样器工具 + Alt 键并单击	颜色取样器工具 + Option 键并单击
设置绘画模式的不透明度、容差、强度或曝光量	任何绘画或编辑工具 + 数字键（例如 0 =100%、1 = 10%、按完 4 后紧接着按 5 =45%）（在启用"喷枪"选项时，使用 Shift + 数字键）	任何绘画或编辑工具 + 数字键（例如 0 =100%、1 = 10%、按完 4 后紧接着按 5 =45%）（在启用"喷枪"选项时，使用 Shift + 数字键）
设置绘画模式的流量	任何绘画或编辑工具 + Shift + 数字键（例如 0= 100%、1 = 10%、按完 4 后紧接着按 5 =45%）（在启用"喷枪"选项时，省略 Shift 键）	任何绘画或编辑工具 + Shift + 数字键（例如 0= 100%、1 = 10%、按完 4 后紧接着按 5 =45%）（在启用"喷枪"选项时，省略 Shift 键）
混合器画笔更改"混合"设置	Alt + Shift + 数字	Option + Shift + 数字
混合器画笔更改"潮湿"设置	数字键	数字键
混合器画笔将"潮湿"和"混合"更改为零	00	00
循环切换混合模式	Shift + +（加号）或 –（减号）	Shift + +（加号）或 –（减号）
使用前景色或背景色填充选区 / 图层	Alt + Backspace 或 Ctrl + Backspace	Option + Delete 或 Command + Delete
从历史记录填充	Ctrl + Alt + Backspace	Command + Option + Delete
显示"填充"对话框	Shift + Backspace	Shift + Delete
锁定透明像素的开 / 关	/（正斜杠）	/（正斜杠）
连接点与直线	任何绘画工具 + Shift 键并单击	任何绘画工具 + Shift 键并单击

按住 Shift 键可保留透明度

用于混合模式的快捷键

结果	Windows	Mac OS
循环切换混合模式	Shift + +（加号）或 –（减号）	Shift + +（加号）或 –（减号）
正常	Shift + Alt + N	Shift + Option + N
溶解	Shift + Alt + I	Shift + Option + I
背后（仅限画笔工具）	Shift + Alt + Q	Shift + Option + Q
清除（仅限画笔工具）	Shift + Alt + R	Shift + Option + R

结果	Windows	Mac OS
变暗	Shift + Alt + K	Shift + Option + K
正片叠底	Shift + Alt + M	Shift + Option + M
颜色加深	Shift + Alt + B	Shift + Option + B
线性加深	Shift + Alt + A	Shift + Option + A
变亮	Shift + Alt + G	Shift + Option + G
滤色	Shift + Alt + S	Shift + Option + S
颜色减淡	Shift + Alt + D	Shift + Option + D
线性减淡	Shift + Alt + W	Shift + Option + W
叠加	Shift + Alt + O	Shift + Option + O
柔光	Shift + Alt + F	Shift + Option + F
强光	Shift + Alt + H	Shift + Option + H
亮光	Shift + Alt + V	Shift + Option + V
线性光	Shift + Alt + J	Shift + Option + J
点光	Shift + Alt + Z	Shift + Option + Z
实色混合	Shift + Alt + L	Shift + Option + L
差值	Shift + Alt + E	Shift + Option + E
排除	Shift + Alt + X	Shift + Option + X
色相	Shift + Alt + U	Shift + Option + U
饱和度	Shift + Alt + T	Shift + Option + T
颜色	Shift + Alt + C	Shift + Option + C
明度	Shift + Alt + Y	Shift + Option + Y
去色	按住 Shift + Alt + D 组合键并单击海绵工具	按住 Shift + Option + D 组合键并单击海绵工具
饱和	按住 Shift + Alt + S 组合键并单击海绵工具	按住 Shift + Option + S 组合键并单击海绵工具
减淡 / 加深阴影	按住 Shift + Alt + S 组合键并单击减淡工具 / 加深工具	按住 Shift + Option + S 组合键并单击减淡工具 / 加深工具
减淡 / 加深中间调	按住 Shift + Alt + M 组合键并单击减淡工具 / 加深工具	按住 Shift + Option + M 组合键并单击减淡工具 / 加深工具
减淡 / 加深高光	按住 Shift + Alt + H 组合键并单击减淡工具 / 加深工具	按住 Shift + Option + H 组合键并单击减淡工具 / 加深工具
将位图图像的混合模式设置为"阈值",将所有其他图像的混合模式设置为"正常"	Shift + Alt + N	Shift + Option + N

用于选择和编辑文本的快捷键

此部分列表提供不显示在菜单命令或工具提示中的快捷键。

结果	Windows	Mac OS
移动图像中的文字	选中"文字"图层时按住 Ctrl 键拖移文字	选中"文字"图层时按住 Command 键拖移文字
向左/向右选择 1 个字符或向上/向下选择 1 行，或向左/向右选择 1 个字	Shift + 向左箭头键/向右箭头键或向下箭头键/向上箭头键，或 Ctrl + Shift + 向左箭头键/向右箭头键	Shift + 向左箭头键/向右箭头键或向下箭头键/向上箭头键，或 Command + Shift + 向左箭头键/向右箭头键
选择插入点与鼠标单击点之间的字符	按住 Shift 键并单击	按住 Shift 键并单击
左移/右移 1 个字符，下移/上移 1 行或左移/右移 1 个字	向左箭头键/向右箭头键/向下箭头键/向上箭头键，或 Ctrl + 向左箭头键/向右箭头键	向左箭头键/向右箭头键/向下箭头键/向上箭头键，或 Command + 向左箭头键/向右箭头键
当文本图层在"图层"面板中处于选定状态时，创建一个新的文本图层	按住 Shift 键并单击	按住 Shift 键并单击
选择字、行、段落或文章	双击、单击三次、单击四次或单击五次	双击、单击三次、单击四次或单击五次
显示/隐藏所选文字上的选区	Ctrl + H	Command + H
在编辑文本时显示用于转换文本的定界框，或者在光标位于定界框内时激活移动工具	Ctrl	Command
在调整定界框大小时缩放定界框内的文本	按住 Ctrl 键拖移定界框手柄	按住 Command 键拖移定界框手柄
在创建文本框时移动文本框	按住空格键拖移	按住空格键拖移

用于设置文字格式的快捷键

此部分列表提供不显示在菜单命令或工具提示中的快捷键。

结果	Windows	Mac OS
左对齐、居中对齐或右对齐	横排文字工具 + Ctrl + Shift + L、C 或 R	横排文字工具 + Command + Shift + L、C 或 R
顶对齐、居中对齐或底对齐	直排文字工具 + Ctrl + Shift + L、C 或 R	直排文字工具 + Command + Shift + L、C 或 R
选择 100% 水平缩放	Ctrl + Shift + X	Command + Shift + X
选择 100% 垂直缩放	Ctrl + Shift + Alt + X	Command + Shift + Option + X
选择自动行距	Ctrl + Shift + Alt + A	Command + Shift + Option + A
选择 0 字距调整	Ctrl + Shift + Q	Command + Ctrl + Shift + Q
对齐段落（最后一行左对齐）	Ctrl + Shift + J	Command + Shift + J
调整段落（全部调整）	Ctrl + Shift + F	Command + Shift + F
切换段落连字的开/关	Ctrl + Shift + Alt + H	Command + Ctrl + Shift + Option + H

结果	Windows	Mac OS
切换单行 / 逐行合成器的开 / 关	Ctrl + Shift + Alt + T	Command + Shift + Option + T
减小或增大选中文本的文字大小（2 点 / 像素）	Ctrl + Shift + < 或 >	Command + Shift + < 或 >
增大或减小行距 2 个点或像素	Alt + 向下箭头或向上箭头	Option + 向下箭头或向上箭头
增大或减小基线移动 2 个点或像素	Shift + Alt + 向下箭头或向上箭头	Shift + Option + 向下箭头或向上箭头
减小或增大字距微调 / 字距调整（20/1000em）	Alt + 向左箭头或向右箭头	Option + 向左箭头或向右箭头
按住 Alt 键 (Win) 或 Option 键 (Mac OS) 可减小 / 增大 10 按住 Ctrl 键 (Windows) 或 Command 键 (Mac OS) 可减小 / 增大 10		

用于切片和优化的快捷键

结果	Windows	Mac OS
在切片工具和切片选区工具之间切换	Ctrl	Command
绘制方形切片	按住 Shift 键拖移	按住 Shift 键拖移
从中心向外绘制	按住 Alt 键拖移	按住 Option 键拖移
从中心向外绘制方形切片	按住 Shift + Alt 组合键拖移	按住 Shift + Option 组合键拖移
创建切片时重新定位切片	按住空格键拖移	按住空格键拖移
打开上下文相关菜单	右键单击切片	按住 Ctrl 键并单击切片

用于使用面板的快捷键

此部分列表提供不显示在菜单命令或工具提示中的快捷键。

结果	Windows	Mac OS
针对新项目设置选项（"动作""动画""样式""画笔""工具预设"和"图层复合"面板除外）	按住 Alt 键并单击"新建"	按钮按住 Option 键并单击"新建"按钮
删除而无须进行确认（"画笔"面板除外）	按住 Alt 键并单击删除	按钮按住 Option 键并单击"删除"按钮
应用值并使文本框保持启用状态	Shift + Enter	Shift + Return
显示 / 隐藏所有面板	Tab	Tab
显示 / 隐藏除工具箱和选项栏之外的所有面板	Shift + Tab	Shift + Tab
高光显示选项栏选择工具	然后按 Enter 键选择工具	然后按 Return 键
将选定值增大 / 减少 10	Shift + 向上箭头键 / 向下箭头键	Shift + 向上箭头键 / 向下箭头键

用于动作面板的快捷键

此部分列表提供不显示在菜单命令或工具提示中的快捷键。

结果	Windows	Mac OS
打开一个命令并关闭所有其他命令，或者打开所有命令	按住 Alt 键并单击命令旁边的复选标记。	按住 Option 键并单击命令旁边的复选标记
打开当前模态控制并切换所有其他模态控制	按住 Alt 键并单击	按住 Option 键并单击
更改动作或动作组选项	按住 Alt 键并双击动作或动作组	按住 Option 键并双击动作或动作组
显示用于已记录命令的"选项"对话框	双击已记录的命令	双击已记录的命令
播放整个动作	按住 Ctrl 键并双击动作	按住 Command 键并双击动作
折叠／展开动作的所有组件	按住 Alt 键并单击三角形按住	Option 键并单击三角形
播放命令	按住 Ctrl 键并单击"播放"按钮	按住 Command 键并单击"播放"按钮
创建新动作并开始记录而无须确认	按住 Alt 键并单击"新动作"按钮	按住 Option 键并单击"新动作"按钮
选择同一类型的相邻项目	按住 Shift 键并单击动作／命令	按住 Shift 键并单击动作／命令
选择同一类型的不相邻项目	按住 Ctrl 键并单击动作／命令	按住 Command 键并单击动作／命令

用于调整面板的快捷键

如果您希望将以 Ctrl/Command + 1 开头的通道快捷键用于红色，请选择"编辑" > "键盘快捷键"，然后选择"使用旧版通道快捷键"。

结果	Windows	Mac OS
为调整选择特定通道	Alt + 3（红）、4（绿）、5（蓝）	Option + 3（红）、4（绿）、5（蓝）
为调整选择复合通道	Alt + 2	Option + 2
删除调整图层	Delete 或 Backspace	Delete
为色阶和曲线定义自动选项	按住 Alt 键并单击"自动"按钮	按住 Option 键并单击"自动"按钮

用于画笔面板的快捷键

结果	Windows	Mac OS
删除画笔	按住 Alt 键并单击画笔	按住 Option 键并单击画笔
重命名画笔	双击画笔	双击画笔
更改画笔大小	按住 Alt 键右键单击并拖移（向左或向右）	按住 Ctrl 和 Option 键并拖移（向左或向右）

结果	Windows	Mac OS
减小 / 增大画笔软度 / 硬度	按住 Alt 键右键单击并向上或向下拖动	按住 Ctrl 和 Option 键并向上或向下拖动
选择上一 / 下一画笔大小	,（逗号）或 .（句点）	,（逗号）或 .（句点）
选择第一个 / 最后一个画笔	Shift + ,（逗号）或 .（句点）	Shift + ,（逗号）或 .（句点）
显示画笔的精确十字线	Caps Lock 或 Shift + Caps	Lock Caps Lock
切换喷枪选项	Shift + Alt + P	Shift + Option + P

用于通道面板的快捷键

如果您希望将以 Ctrl/Command + 1 开头的通道快捷键用于红色，请选择"编辑">"键盘快捷键"，然后选择"使用旧版通道快捷键"。

结果	Windows	Mac OS
选择各个通道	Ctrl + 3（红）、4（绿）、5（蓝）	Command + 3（红）、4（绿）、5（蓝）
选择复合通道	Ctrl + 2	Command + 2
将通道作为选区载入	按住 Ctrl 键并单击通道缩览图，或按住 Alt + Ctrl + 3 键（红色）、Alt + Ctrl + 4 键（绿色）、Alt + Ctrl + 5 键（蓝色）	按住 Command 键并单击通道缩览图，或按住 Option + Command + 3 键（红色）、Option + Command + 4 键（绿色）、Option + Command + 5 键（蓝色）
添加到当前选区	按住 Ctrl + Shift 键并单击通道缩览图	按住 Command + Shift 键并单击通道缩览图
从当前选区中减去	按住 Ctrl + Alt 键并单击通道缩览图	按住 Command + Option 键并单击通道缩览图
与当前选区交叉按住	Ctrl + Shift + Alt 键并单击通道缩览图	按住 Command + Shift + Option 键并单击通道缩览图
为"将选区存储为通道"按钮设置选项	按住 Alt 键单击"将选区存储为通道"按钮	按住 Option 键单击"将选区存储为通道"按钮
创建新的专色通道	按住 Ctrl 键并单击"创建新通道"按钮	按住 Command 键并单击"创建新通道"按钮
选择 / 取消选择多个颜色通道选区	按住 Shift 键并单击颜色通道	按住 Shift 键并单击颜色通道
选择 / 取消选择 Alpha 通道并显示 / 隐藏以红宝石色进行的叠加	按住 Shift 键并单击 Alpha 通道	按住 Shift 键并单击 Alpha 通道
显示通道选项	双击 Alpha 通道或专色通道缩览图	双击 Alpha 通道或专色通道缩览图
在"快速蒙版"模式中切换复合蒙版和灰度蒙版	~ 键	~ 键

用于颜色面板的快捷键

结果	Windows	Mac OS
选择背景色	按住 Alt 键并单击颜色条中的颜色	按住 Option 键并单击颜色条中的颜色
显示"颜色条"菜单	右键单击颜色条	按住 Ctrl 键并单击颜色条
循环切换可供选择的颜色	按住 Shift 键并单击颜色条	按住 Shift 键并单击颜色条

用于历史记录面板的快捷键

结果	Windows	Mac OS
创建一个新快照	Alt + 新建快照	Option + 新建快照
重命名快照	双击快照名称	双击快照名称
在图像状态中向前循环	Ctrl + Shift + Z	Command + Shift + Z
在图像状态中后退一步	Ctrl + Alt + Z	Command + Option + Z
复制任何图像状态（当前状态除外）	按住 Alt 键点并按图像状态	按住 Option 键并单击图像状态
永久清除历史记录（无法还原）	Alt + "清除历史记录"（在"历史记录"面板弹出式菜单中）	Option + "清除历史记录"（在"历史记录"面板弹出式菜单中）

用于信息面板的快捷键

结果	Windows	Mac OS
更改颜色读数模式	单击吸管图标	单击吸管图标
更改测量单位	单击十字线图标	单击十字线图标

用于图层面板的快捷键

结果	Windows	Mac OS
将图层透明度作为选区载入	按住 Ctrl 键并单击图层缩览图	按住 Command 键并单击图层缩览图
添加到当前选区	按住 Ctrl + Shift 组合键并单击图层缩览图	按住 Command + Shift 组合键并单击图层缩览图
从当前选区中减去	按住 Ctrl + Alt 组合键并单击图层缩览图	按住 Command + Option 组合键并单击图层缩览图
与当前选区交叉	按住 Ctrl + Shift + Alt 组合键并单击图层缩览图	按住 Command + Shift + Option 组合键并单击图层缩览图
将滤镜蒙版作为选区载入	按住 Ctrl 键并单击滤镜蒙版缩览图	按住 Command 键并单击滤镜蒙版缩览图
图层编组	Ctrl + G	Command + G
取消图层编组	Ctrl + Shift + G	Command + Shift + G
创建 / 释放剪贴蒙版	Ctrl + Alt + G	Command + Option + G

结果	Windows	Mac OS
选择所有图层	Ctrl + Alt + A	Command + Option + A
合并可视图层	Ctrl + Shift + E	Command + Shift + E
使用对话框创建新的空图层	按住 Alt 键并单击"新建图层"按钮	按住 Option 键并单击"新建图层"按钮
在目标图层下面创建新图层	按住 Ctrl 键并单击"新建图层"按钮	按住 Command 键并单击"新建图层"按钮
选择顶部图层	Alt + . （句点）	Option + . （句点）
选择底部图层	Alt + , （逗号）	Option + , （逗号）
添加到"图层"面板中的图层选区	Shift + Alt + [或]	Shift + Option + [或]
向下 / 向上选择下一个图层	Alt + [或]	Option + [或]
下移 / 上移目标图层	Ctrl + [或]	Command + [或]
将所有可视图层的拷贝合并到目标图层	Ctrl + Shift + Alt + E	Command + Shift + Option + E
合并图层高亮显示要合的图层	按 Control + E 组合键	按 Command +E 组合键
将图层移动到底部或顶部	Ctrl + Shift + [或]	Command + Shift + [或]
将当前图层拷贝到下面的图层	Alt + 面板弹出式菜单中的"向下合并"命令	Option + 面板弹出式菜单中的"向下合并"命令
将所有可见图层合并为当前选定图层上面的新图层	Alt + 面板弹出式菜单中的"合并可见图层"命令	Option + 面板弹出式菜单中的"合并可见图层"命令
仅显示 / 隐藏此图层 / 图层组，或显示 / 隐藏所有图层 / 图层组	右键单击眼睛图标	按住 Ctrl 键并单击眼睛图标
显示 / 隐藏其他所有的当前可视图层	按住 Alt 键并单击眼睛图标	按住 Option 键并单击眼睛图标
切换目标图层的锁定透明度或最后应用的锁定	/ （正斜杠）	/ （正斜杠）
编辑图层效果 / 样式、选项	双击图层效果 / 样式	双击图层效果 / 样式
隐藏图层效果 / 样式	按住 Alt 键并双击图层效果 / 样式	按住 Option 键并双击图层效果 / 样式
编辑图层样式	双击图层	双击图层
停用 / 启用矢量蒙版	按住 Shift 键并单击矢量蒙版缩览图	按住 Shift 键并单击矢量蒙版缩览图
打开"图层蒙版显示选项"对话框	双击图层蒙版缩	览图双击图层蒙版缩览图
切换图层蒙版的开 / 关	按住 Shift 键并单击图层蒙版缩览图	按住 Shift 键并单击图层蒙版缩览图
切换滤镜蒙版的开 / 关	按住 Shift 键并单击滤镜蒙版缩览图	按住 Shift 键并单击滤镜蒙版缩览图
在图层蒙版和复合图像之间切换	按住 Alt 键并单击图层蒙版缩览图	按住 Option 键并单击图层蒙版缩览图
在滤镜蒙版和复合图像之间切换	按住 Alt 键并单击滤镜蒙版缩览图	按住 Option 键并单击滤镜蒙版缩览图
切换图层蒙版的宝石红显示模式开 / 关	\\(反斜杠），或 Shift + Alt 组合键并单击	\\(反斜杠），或 Shift + Option 组合键并单击

结果	Windows	Mac OS
选择所有文字工具；暂时选择文字工具	双击文字图层缩览图	双击文字图层缩览图
创建剪贴蒙版	按住 Alt 键并单击两个图层的分界线	按住 Option 键并单击两个图层的分界线
重命名图层	双击图层名称	双击图层名称
编辑滤镜设置	双击滤镜效果	双击滤镜效果
编辑滤镜混合选项	双击"滤镜混合"图标	双击"滤镜混合"图标
在当前图层 / 图层组下创建新图层组	按住 Ctrl 键并单击"新建组"按钮	按住 Command 键并单击"新建组"按钮
使用对话框创建新图层组	按住 Alt 键并单击"新建组"按钮	按住 Option 键并单击"新建组"按钮
创建隐藏全部内容 / 选区的图层蒙版	按住 Alt 键并单击"添加图层蒙版"按钮	按住 Option 键并单击"添加图层蒙版"按钮
创建显示全部 / 路径区域的矢量蒙版	按住 Ctrl 键并单击"添加图层蒙版"按钮	按住 Command 键并单击"添加图层蒙版"按钮
创建隐藏全部或显示路径区域的矢量蒙版	按住 Ctrl + Alt 组合键并单击"添加图层蒙版"按钮	按住 Command + Option 组合键并单击"添加图层蒙版"按钮
显示图层组属性	右键单击图层组并选择"组属性"，或双击组	按住 Crtl 键并单击图层组，然后选择"组属性"，或双击组
选择 / 取消选择多个连续图层	按住 Shift 键并单击	按住 Shift 键并单击
选择 / 取消选择多个不连续的图层	按住 Ctrl 键并单击	按住 Command 键并单击

注：如果将 Kotoeri 作为日语输入法，则"切换图层蒙版的宝石红显示模式开 / 关"快捷键会启动 Kototeri 中的动作。请切换到其他模式（如"U.S."）以启用该快捷键。

用于路径面板的快捷键

结果	Windows	Mac OS
将路径作为选区载入	按住 Crtl 键并单击路径名	按住 Command 键并单击路径名
向选区中添加路径	按住 Ctrl + Shift 组合键并单击路径名	按住 Command + Shift 组合键并单击路径名
从选区中减去路径	按住 Ctrl + Alt 组合键并单击路径名	按住 Command + Option 组合键并单击路径名
将路径的交叉区域作为选区保留	按住 Ctrl + Shift + Alt 组合键并单击路径名	按住 Command + Shift + Option 组合键并单击路径名
隐藏路径	Ctrl + Shift + H	Command + Shift + H
为"用前景色填充路径"按钮"用画笔描边路径"按钮"将路径作为选区载入"按钮"从选区建立工作路径"按钮和"创建新路径"钮设置选项	按住 Alt 键并单击该按钮	按住 Option 键并单击该按钮

用于色板面板的快捷键

结果	Windows	Mac OS
从前景色创建新色板	在面板的空白区域中单击	在面板的空白区域中单击
将色板颜色设置为背景色	按住 Ctrl 键并单击色板	按住 Command 键并单击色板
删除色板	按住 Alt 键并单击色板	按住 Option 键并单击色板

用于测量的快捷键 (Photoshop Extended)

结果	Windows	Mac OS
记录测量	Shift + Ctrl + M	Shift + Command + M
取消选择所有测量	Ctrl + D	Command + D
选择所有测量	Ctrl+ A	Command+ A
隐藏 / 显示所有测量	Shift+ Ctrl+ H	Shift+ Command+ H
删除测量	Backspace	Delete
轻移测量	箭头键	箭头键
按增量轻移测量	Shift + 箭头键	Shift + 箭头键
延长 / 缩短选定的测量	Ctrl+ 向左箭头键 / 向右箭头键	Command+ 向左箭头键 / 向右箭头键
按增量延长 / 缩短选定的测量	Shift+ Ctrl+ 向左箭头键 / 向右箭头键	Shift+ Command+ 向左箭头键 / 向右箭头键
旋转选定的测量	Ctrl+ 向上箭头键 / 向下箭头键	Command+ 向上箭头键 / 向下箭头键
按增量旋转选定的测量	Shift+ Ctrl+ 向上箭头键 / 向下箭头键	Shift+ Command+ 向上箭头键 / 向下箭头键

功能键

结果	Windows	Mac OS
启动帮助	F1	帮助键
还原 / 重做	–	F1
剪切	F2	F2
拷贝	F3	F3
粘贴	F4	F4
显示 / 隐藏 "画笔" 面板	F5	F5
显示 / 隐藏 "颜色" 面板	F6	F6
显示 / 隐藏 "图层" 面板	F7	F7
显示 / 隐藏 "信息" 面板	F8	F8
显示 / 隐藏 "动作" 面板	F9	Option + F9
恢复	F12	F12
填充	Shift + F5	Shift + F5
羽化选区	Shift + F6	Shift + F6
反转选区	Shift + F7	Shift + F7